技术进步
促进生态文明建设
机｜制｜研｜究

李　鹏 ◎ 著

THE MECHANISM OF TECHNOLOGICAL PROGRESS
PROMOTING ECOLOGICAL
CIVILIZATION CONSTRUCTION

中国社会科学出版社

图书在版编目（CIP）数据

技术进步促进生态文明建设机制研究／李鹏著 . --北京：中国社会科学
出版社，2024.4

ISBN 978 - 7 - 5227 - 3624 - 2

Ⅰ.①技… Ⅱ.①李… Ⅲ.①技术进步—影响—生态环境建设—研究—
中国 Ⅳ.①X321.2

中国国家版本馆 CIP 数据核字（2024）第 110688 号

出 版 人	赵剑英
责任编辑	周　佳
责任校对	胡新芳
责任印制	李寡寡

出　　版	中国社会科学出版社
社　　址	北京鼓楼西大街甲 158 号
邮　　编	100720
网　　址	http://www.csspw.cn
发 行 部	010 - 84083685
门 市 部	010 - 84029450
经　　销	新华书店及其他书店

印　　刷	北京君升印刷有限公司
装　　订	廊坊市广阳区广增装订厂
版　　次	2024 年 4 月第 1 版
印　　次	2024 年 4 月第 1 次印刷

开　　本	710×1000　1/16
印　　张	14.5
插　　页	2
字　　数	231 千字
定　　价	78.00 元

凡购买中国社会科学出版社图书,如有质量问题请与本社营销中心联系调换
电话:010 - 84083683

前　言

　　历经 40 多年的高速发展，中国的经济发展已取得重大成就，但与此同时，化石能源的过度使用导致生态环境的破坏日益突出，特别是空气污染成为中国迈向现代文明的明显短板，严重制约了中国经济的高质量发展。在此背景下，生态文明建设越来越受到党中央的重视。特别是党的十八大以来，党中央赋予生态文明建设以新的历史地位，将生态文明作为建设中国特色社会主义"五位一体"总体布局的重要内容。党的十九大报告进一步强调，"生态文明建设功在当代、利在千秋"，"建设生态文明是中华民族永续发展的千年大计"。党的二十大报告提出，"推动绿色发展，促进人与自然和谐共生"，"必须牢固树立和践行绿水青山就是金山银山的理念，站在人与自然和谐共生的高度谋划发展"。目前，总体上，中国生态文明建设水平仍然滞后于经济发展，发展与能源环境之间的矛盾在未来相当长的时期内会持续存在，生态文明建设任重道远。更重要的是，党的十八大报告提出创新驱动发展战略，强调"科技创新必须摆在国家发展全局的核心位置"。党的十九大报告进一步提出，加快建设创新型国家的发展战略。由此，技术创新是推动社会生产力、促进人类文明进步的重要动力。特别是，绿色技术创新为生态文明建设提供了战略支撑。然而，现阶段中国的技术进步整体上是否有利于生态文明建设，并不明确。这是因为技术进步分为生产型技术进步与清洁型技术进步，只有后者才有利于节能环保。本书正是基于上述两个重要背景展开研究的。具体而言，本书拟从技术创新推动环境污染治理与提高能源效率的视角，研究绿色技术进步促进生态文明建设的作用机制及相关政策。

　　本书的贡献在于：（1）以往的研究侧重于省级数据，本书首次收集了城市层面的专利数据来表征国内自主创新。由于 $PM_{2.5}$ 历年年度统计数据的缺失，本书使用卫星栅格数据解析出城市层面 2003—2012 年的历史数据，并将其与 2013—2015 年的年度统计数据结合起来，构建了 2003—2015 年的 $PM_{2.5}$ 浓度年度数据。基于这些数据与现有经济理论，第三章系统地研究了自主创新、国外技术引进以及国内企业对引进技术的消化吸收能力分别对环境污染（SO_2 与 $PM_{2.5}$）的影响，考虑到经济增长与环境污染之间可能存在内生性，运用空间动态广义矩估计（GMM）模型考察了不同来源的技术进步对环境污染的空间溢出效应。（2）通过线性规划的方法，第四章首先测算了能源环境约束下城市层面的共同前沿生产率指数（绿色全要素生产率），以此作为能源效率的代理变量，同时加总分析 2004—2015 年中国三大区域能源效率的演变。该部分研究的出发点在于，现有研究很少考虑到技术进步与能源效率可能存在非线性关系。具体而言，技术进步对能源效率的影响可能因各城市的经济发展程度、产业结构等不同而存在差异。因此，该部分构建了面板平滑转换模型来研究不同来源的技术进步与能源效率的非线性关系。（3）鉴于第三章与第四章均是对历史数据进行实证分析，本书在随后的章节应用可计算一般均衡模型（CGE）反事实模拟了绿色技术进步对环境改善可能的作用以及对宏观经济的冲击。第五章以生态破坏较为严重的山西省为例，模拟了该省在绿色技术进步条件下实现 SO_2 减排目标对该地区的经济影响以及带来的协同效益，并给出实现污染减排目标的政策选择。第六章则基于2015 年中国政府在《巴黎协定》上作出的 2030 年碳强度降低 60％—65％目标的承诺，将技术进步内生化，考虑了"十三五"时期以及 2030年的非化石能源发展目标，模拟了诱导型技术变迁下实现该碳强度下降目标的宏观经济影响以及政策选择。第七章进一步构建动态多区域 CGE模型，研究了"双碳"目标约束下工业碳排放的演变及其对宏观变量的影响，并就重点工业行业展开具体分析。

　　本书的主要发现在于：（1）不同来源的技术进步对环境污染的影响存在较大差异。例如，对于 SO_2，国内自主创新并未抑制 SO_2 排放，但技术引进与国内企业的消化吸收能力具有积极的减排效应。同时，中国存在 SO_2 环境库兹涅茨曲线，且技术进步对 SO_2 排放的影响存在空间溢出效应。（2）技术进步对能源效率具有非线性影响，受到五个门限变量的影响。国内技术进步对能源效率具有不利影响，且相对于非资源依赖型城市，这一负面影响在资源依赖型城市更为突出。外商直接投资带来的技术转让对能源效率的影响显著依赖于门限变量，在高、低区制中的作用明显不同。国内企业的消化吸收能力对能源效率的影响较为有限。（3）单一的绿色技术进步情景不能实现山西省的 SO_2 减排目标，甚至会导致能源反弹问题，需要同时借助其他市场型环境规制工具。（4）征收碳税和绿色技术进步的政策组合能够实现 2030 年碳排放强度相对于 2005 年降低 60%—65% 的目标，但会造成传统能源部门的较大损失，产出和就业水平明显下降，同时会加快清洁能源行业的发展。研究还发现，内生技术进步有利于缓解碳减排政策对经济增长的负面效应，需要发挥自主创新的作用。（5）中国能够于 2030 年实现碳达峰，但越早达峰，相应的经济社会成本越高。中国实施碳排放权市场交易政策能够促进碳排放峰值继续下降，且之前的碳排放权交易试点地区已经形成了较好的示范效应。从区域来看，东部地区率先达峰，但需要注意的是，制造业部门会受到较大冲击。

最后，根据研究结论，针对技术进步如何从节能减排的视角推动中国的生态文明建设给出了相应的对策建议：（1）提高绿色研发投入比重，完善绿色技术创新体系；（2）调整招商引资政策，提升外商直接投资准入门槛；（3）扩大清洁能源消费比重，提高能源利用效率；（4）适时开征环境税，制定差别化税率；（5）强化生态环保意识，转变居民消费方式。

由于笔者水平有限，错误或不当之处在所难免，诚恳欢迎同行专家和读者批评指正，并提出宝贵意见。

李　鹏

2023 年 12 月 30 日

目　　录

第 一 章

导　　论

第一节　研究背景

改革开放 40 多年来，中国经济快速发展，取得了骄人的成就。中国已成为世界第二大经济体，但与此同时，经济的粗放式增长也带来了能源过度消耗与环境污染问题。面对能源环境约束以及生态系统日益退化的现实，必须大力推进以绿色发展为目标的生态文明建设，实现经济可持续增长。早在党的十七大报告中，"生态文明"理念就被写入党的行动纲领，并与物质文明、政治文明、精神文明处于同等重要的地位。该理念要求产业结构、增长方式以及消费模式要以节约能源和保护环境为前提。2012 年，党的十八大报告将生态文明摆在了更加突出的战略位置，将其作为建设中国特色社会主义"五位一体"总体布局的重要内容。党的十九大报告进一步强调，"生态文明建设功在当代、利在千秋"，"加快生态文明体制改革，建设美丽中国"，以及"必须坚持节约优先、保护优先、自然恢复为主的方针，形成节约资源和保护环境的空间格局、产业结构、生产方式、生活方式"等。党的十九大报告明确指出，"建设生态文明是中华民族永续发展的千年大计"。党的二十大报告指出，"中国式现代化是人与自然和谐共生的现代化"，"推动绿色发展，促进人与自然和谐共生"。由此来看，生态文明建设随着时代的发展，其重要性不言而喻，不仅关系着人民福祉、民族未来，而且是建设美丽中国、实现绿色发展的必由之路，是社会主义事业的重要内容，事关第二个百年奋斗目标以及建设社会主义现代化强国目标的顺利实现。为了推动生态文明建设，中共中央、国务院先后出台了一系列政策文件。特别是 2015 年 9 月，中共中央、国务院通过了《生态文明体制改革总体方案》，为生态文明体制改革指明了方向。2017 年 5 月，原中华人民共和国环境保护部（以下简称"原环保部"）联合国家发展和改革委员会（以下简称"国家发改委"）印发了《生态保护红线划定指南》，进一步推进了生态保护工作。总体来看，当前中国的生态文明建设仍然滞后于经济发展，发展与资源环境不平衡、不相协调、不统一的问题仍然存在，特别是资源短缺与环境污染已成为制约经济可持续发展的双重障碍。

一　资源约束成为经济社会全面发展的重大瓶颈

"富煤、贫油、少气"是中国能源结构的基本特征。中国的能源资源特别是煤炭在储量上排名靠前，根据《BP 世界能源统计年鉴（2017）》，截至 2016 年，中国煤炭探明储量约占世界总量的 21.4%；而石油、天然气探明储量分别为 25.7 百万桶、5.4 万亿立方米，分别约占世界探明储量的 1.5%、2.9%。[①] 然而，中国的人均能源占有量水平较低。以 2010 年为例，煤炭可采储量居世界第三位，人均煤炭可采储量占世界平均值的 60%；原油和液化天然气的可采储量仅占全球的 3%，居世界第十二位，相应的人均占有量仅为世界平均水平的 6%—7%。[②] 人均水资源量只有世界平均水平的 30%。

从不同种类的能源消费结构来看，根据《中国能源统计年鉴（2017）》，自 20 世纪 80 年代起中国煤炭消费比重常年保持在 65% 以上（见图 1-1），近年来整体呈现逐渐下降的趋势。这得益于国家实行的一系列煤炭结构调整相关政策，例如供给侧结构性改革中的去产能政策减少了高耗能产业对煤炭的需求；石油消费结构较为稳定，基本稳定在 17%—21%，由于国家在 2000 年实行西部大开发战略与 2001 年加入世界贸易组织（WTO）的影响，中国 2000—2005 年对原油的需求量比重相对增加；2006 年之前，天然气消费比重不足 3%，在随后的十年内呈现稳步上升态势，至 2016 年天然气的消费比重已超过 6%。2015 年，中国能源消费量

---

①　https：//www. bp. com/en/global/corporate/energy-economics/statistical-review-of-world-energy/oil. html.

②　https：//link. springer. com/book/10. 1007/978 - 3 - 642 - 37084 - 7hno - access = true.

为 43 亿吨标准煤，为全球第一大能源消费国。[①] 未来随着工业化与新型城镇化的加速推进，国内对能源的需求量将继续增加，能源资源的有限性与经济可持续增长之间的矛盾会越发突出。根据《BP 世界能源展望（2017）》，2035 年，中国能源消费将达到 63.13 亿吨标准煤。另外，中国以往的经济增长主要靠投资和出口需求拉动，且高耗能产业比重相对较高。中国能源消费与经济增长之间的关系在不同年份表现出一定的不相协调性。从图 1-2 中可以看出，2007 年之前，能源消费增长速度与经济增速之间的缺口较大，在 20 世纪 90 年代初至 2007 年这一阶段内尤为明显，其中在 2004 年达到峰值。随着中国步入从粗放增长向集约增长转变、由增量扩能为主向调整存量和做优增量并存为典型特征的新发展阶段，整体上能源消费增长速度与经济增速之间的差距有所缓和。根据世界银行和《BP 世界能源统计年鉴（2017）》，2016 年，中国的国内生产总值（GDP）占世界总量的 14.84%，但能源消费量比重为 23%。与此同时，根据国家统计局数据，中国的石油消费量为 5.78 亿吨，原油进口量为 3.78 亿吨，原油对外依存度达 65.4%，远超 50% 的国际警戒线。据 BP 能源机构统计数据预测，中国的煤炭消费比重将由 2015 年的 64% 下降至 2035 年的 42%，届时能源消费总需求占全球的比重将上升至 26%，原油对外依存度将达到 79%，中国仍是全球最大的原油净进口国。[②] 虽然水电等清洁能源经济性好，但总量有限，受技术、安全以及开发成本等因素的影响，短期内无法对化石能源形成有效替代。

由此来看，鉴于中国当前的能源禀赋约束趋紧以及未来对能源的巨大需求，加强能源管理，提高能源使用效率，采用技术上可行、经济上合理的举措来减少生产经营各环节的能源浪费是促进能源有效节约的重要途径。通过转变经济发展方式，提高能源利用效率，可以实现经济增长与化石能源消费需求的增长"脱钩"。以美国和日本为例，在工业化与城市化发展最快的时期，能源消费增长同步上升。特别是日本，20 世纪 70 年代在全球石油价格大幅上涨冲击下，日本在保持能源利用效率年均

---

① http://data.stats.gov.cn/easyquery.htmhcn = C01.

② https://www.bp.com/content/dam/bp/pdf/energy-economics/energy-outlook-2017/bp-energy-outlook-2017-country-insight-china.pdf.

增长 0.4% 的情况下，通过实施严厉的能源节约政策以促进能源使用效率进一步提高。尽管随后其工业仍保持一定的增长速度，但能源消耗速度在持续下降。这表明在加快经济发展的同时，通过提高能源效率来实现经济可持续发展是可行的。根据《BP 世界能源统计年鉴（2017）》，2005—2016年中国的能源强度由 0.276 千克油当量/美元（2005 年不变价格）下降至 0.179 千克油当量/美元。然而，2016 年，英国、意大利和德国的能源强度分别为 0.074 千克油当量/美元、0.093 千克油当量/美元和 0.101 千克油当量/美元。中国的能源强度与发达国家相比，仍有一定差距。

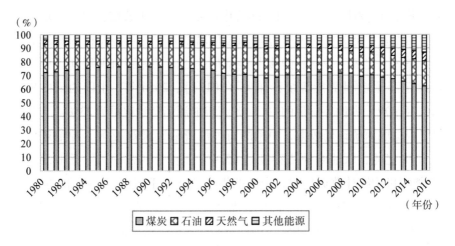

图 1-1 1980—2016 年中国能源消费结构变动（根据发电煤耗法计算）

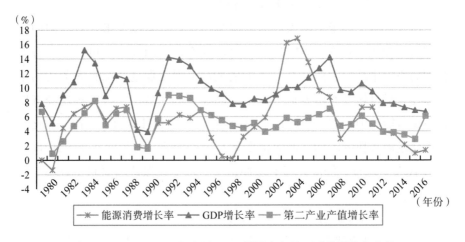

图 1-2 1980—2016 年中国 GDP 增长率与能源消费增长率走势

二　生态环境现状

改革开放以来，中国经济发展取得了长足的进步，以近 40 年的发展取得了西方发达国家 100 年的成就，但环境也遭到了不同程度的破坏。根据耶鲁大学、哥伦比亚大学以及世界经济论坛联合发布的 2018 年全球环境绩效指数（Environmental Performance Index），中国在 180 个参评的国家中位居第 120 位，较 2015 年的第 109 位有所下降。[①] 目前，中国生态环境局部恶化的趋势已基本得到遏制，但整体地区的环境污染趋势依旧严峻，表现为污染物排放总量较大、环境治理成本较高、改进潜力较大等。根据国家统计局数据，2022 年，全国 SO_2、一般工业固体废物产生量分别为 243.5 万吨、41.1 亿吨，较 2016 年显著下降。

从与人居环境较为相关的空气指标来看，根据《2016 中国环境状况公报》，在全国 338 个地级及以上城市中，相比于 2015 年整体上平均优良天数比例上升了 2.1 个百分点，但 2016 年空气质量超标的城市有 254 个，相比之下达标的城市仅有 84 个，占比仅为 1/4；338 个城市发生重度污染 2464 天，以 $PM_{2.5}$ 和 PM_{10} 为首要污染物的天数分别占重度以上污染天数的 80.3% 和 20.4%。根据《2022 中国生态环境状况公报》，2022 年全国空气质量达标的城市有 213 个，仍有 126 个城市超标。同时，339 个城市中，环境空气质量优良天数的平均比重为 86.5%。这表明，近年来全国空气质量有所提升，整体向好，但局部地区尤其是京津冀地区、山西、山东和河南的个别时段空气污染依旧十分严重。酸雨的污染也不容忽视，2016 年，在被检测的 474 个城市（县、区）中，产生酸雨城市的比重接近 40%，酸雨污染主要分布在长江以南地区—云贵高原以东地区。而在"十三五"时期末，这一情况得到明显改善，在 2020 年被抽查的 465 个城市（县、区）中，酸雨城市比例为 34%。2022 年，出现酸雨的城市比例进一步降至 33.8%。

关于水污染方面，根据国家统计局数据，2016 年中国废水中主要污染物排放情况依次为：化学需氧量（658.10 万吨）、总氮（123.55 万吨）、氨氮（56.77 万吨）。而 2022 年，废水中主要污染物排放情况依次

[①] http://www.economyworld.net：9091/economyworld/index/init.

为：化学需氧量（2595.8 万吨）、总氮（317.20 万吨）、氨氮（82.03 万吨）。可以看出，近年来中国水污染状况有所加剧。然而，中国地表水质改善明显，根据《2016 中国环境状况公报》，2016 年在 1940 个评价、考核、排名断面中，一类、二类、三类、四类和五类水质分别为 47 个、728 个、541 个、325 个和 133 个，分别占总量的 2.4%、37.5%、27.9%、16.8% 和 6.9%。比较而言，2022 年一类、二类、三类、四类和五类水质分别占总量的 9.0%、50.8%、28.1%、9.7% 和 1.7%。从不同水域来看，长江流域、珠江流域、浙闽片河流、西北诸河、西南诸河水质为优，黄河流域、淮河流域和辽河流域水质良好，松花江和淮河流域为轻度污染。同时，地下水污染也不容乐观，在全国监测的 1890 个国家地下水环境考核点位中，2022 年不同水质比重结果显示：四类及以上的水质点位占比 77.6%，五类水质占比 22.4%。此外，随着城镇化水平不断提高，以生活垃圾为主的固体废弃物污染也日益严重，但处理率不断提升。根据《2020 年全国大、中城市固体废物污染环境防治年报》，2016 年，214 个大、中城市生活垃圾的产生量、处置量分别为 1.89 亿吨、1.87 亿吨，处置率为 98.9%，其中约有 20% 采用直接堆放或简易掩埋的方式简单处理。2019 年，196 个大、中城市生活垃圾产生量为 2.36 亿吨，处理量为 2.35 亿吨，处理率达 99.6%。

从污染成本来看，生态环境破坏给社会造成了巨大的经济损失，治理环境的社会成本也在不断上升。根据世界银行于 2021 年发布的《更健康的空气，更健康的地球》，空气污染具有致命性，每年导致全世界约 700 万人死亡，对全球造成了约 8.1 万亿美元的损失。从国内来看，原环保部发布的《中国环境经济核算研究报告》指出，2013 年中国生态环境退化破坏损失接近 2.05 万亿元，约占当年国内生产总值的 3.4%。从不同地区的核算结果来看，东部地区的环境退化成本最高，中部地区次之，西部地区最低，分别为 8490 亿元、3680.6 亿元和 3532.4 亿元，比重分别为 54.1%、23.4% 和 22.5%。"十一五"时期后，随着中国出台严格的环境质量防控政策，环境退化成本有所下降，2021 年为 1.4 万亿元，较 2013 年下降约 30%。其中，江苏、广东、山东等省份环境退化成本较高。为了应对持续增加的环境治理压力，中国的环境污染治理投资也在不断攀升，从 2010 年的 1014 亿元上升至 2016 年的 9219.8 亿元，增长了

8 倍多，之后基本保持稳定，2022 年为 9013.5 亿元（国家统计局，2023）。

　　针对环境污染特别是空气污染，中国政府在法规建设方面也进行着不懈的努力。2012 年 10 月，由环保部、国家发改委、财政部联合出台的《重点区域大气污染防治"十二五"规划》，是中国首部用于防治空气污染的详细规划。该规划规定了 13 个大气污染防治重点区域，设置了直至 2015 年重点区域细颗粒物浓度降低 5% 的控制目标，特别是针对三大经济圈（京津冀、长三角和珠三角地区），提出了更高的细颗粒物浓度下降 6% 的要求。紧接着，国务院在 2013 年 9 月出台了第二部用于空气污染治理的计划——《大气污染防治行动计划》。这两项规定制定了较为细致的标准，为中国的空气污染防治指明了方向，标志着中国大气污染治理目标由总量控制向以提升环境质量为目的的根本转变。《大气污染防治行动计划》对各地区和行业提出了具体的细颗粒物目标控制规划，具体地，要求各地级市以上城市至 2017 年的细颗粒物浓度较 5 年前至少降低 10%，同时要求三大经济带的可吸入颗粒物浓度下降更多，即京津冀（-25%）、长三角（-20%）和珠三角（-15%）。"十四五"时期，国务院印发《"十四五"节能减排综合工作方案》，对化学需氧量、氨氮、氮氧化物等主要污染物实行排放总量控制制度；生态环境部编制了《"十四五"生态保护监管规划》。这些文件的颁布对于引领生态环境保护和高质量发展具有重大意义。

　　另外，创新是新发展理念之首，提升绿色生产效率对于实现中国绿色转型具有重要意义。技术创新作为"十三五"时期建设创新型国家战略、"十四五"时期加快建设科技强国的重要内容，是实现经济持续增长的有力保障，可以为提高社会生产力和综合国力提供战略支撑，为生态文明建设提供物质技术保障。技术创新有利于从根本上改善人与自然的物质转化形式，进而促进生产实践模式更新换代，实现产业结构升级。在强调生态文明建设的今天，借助技术创新特别是绿色技术进步来改善生态环境，从源头治理环境污染，实现物质的再循环利用，促使高排放、高污染、高能耗以及低附加值的粗放型生产方式向低排放、低污染、低能耗以及高附加值的集约型生产方式转变，进而实现技术创新与经济社会协调发展显得较为重要。自 2012 年起，中国就将科技创新摆在国家发展的重要位置。2016年，中共中央进一步将"创新驱动"作为一项重要内容写进"十三五"规划中。"十四五"规划中提出，坚持创新在中国现代化建设全局中的核心地位；深入实施科教兴国战略、人才强国战略、创新驱动发展战略，完善国家创新体系，加快建设科技强国。事实上，中国在科技创新方面的投入水平一直在不断提高。根据《2022年全国科技经费投入统计公报》，2022年中国的科技研发经费投入总额达到3.08万亿元，与1996年的404.5亿元相比，约增长75倍，较2016年约增长1倍，研究与试验发展经费（R&D）投入强度达到2.54%，接近经济合作与发展组织（OECD）国家2.7%的平均研发强度水平，在世界上居第13位。然而，伴随国家创新战略的实施，应看到不少地方政府呈现出一定的"R&D崇拜"，可能使创新资源配置扭曲，不能正确地为节能减排绿色发展服务。在研发强度日益增大的同时，一个值得关注的问题是，科技研发投入是否通过提高能源节约水平和环境质量来积极地推动中国的生态文明建设。

鉴于能源环境问题日益受到学术界与政府的关注，国内外许多学者建议政府应通过制定相应的政策来激励企业进行绿色技术创新。例如，W. D. Nordhaus认为应将温室气体减排视为公益事业，通过实施若干合理措施，例如环境税、碳交易、研发补贴减少市场失灵，促进环境质量水平提高（Nordhaus，2011）。这是因为相对于传统的技术创新，绿色技术创新兼具知识溢出与环境保护的外部性，两种外部性叠加，可能使绿色技术创新低于社会福利最优水平，导致企业主体的创新意愿不足。因此，有必要通过政府干预手段对企业采用强制性与激励性政策予以引导。国内有学者分别从产业和区域视角研究了环境政策对技术进步或生产率的影响，研究发现环境法规有利于提高污染密集型产业的生产率，环境政策在东、中部地区对技术进步的促进作用较为显著（张成等，2011；李树、陈刚，2013）。随着中国政府对环境问题的日益重视，1985年以来中国的绿色技术创新水平发展速度较快。大体来说，中国绿色技术发展分为两个阶段：1985—1999年绿色技术年均增长率为12.3%；2000—2013年为22.58%（李多、董直庆，2016）。根据国家知识产权局发布的《全球绿色低碳技术专利统计分析报告（2023）》，2016—2022年中国绿色低碳专利授权量年均增长9.3%。截至2022年12月，中国绿色能源专利申请数连续多年居全球首位，占全球的比重为58.2%。

综上所述，技术创新为生态文明建设提供了技术基础，是环境保护工作的关键所在，是解决生态危机、实现人与自然和谐共处的源泉。"十四五"规划中提出，构建生态文明体系，推动经济社会发展全面绿色转型，建设美丽中国。在当前以绿色发展为目标的生态文明建设与以绿色技术创新为标志的创新驱动发展战略双重背景下，如何充分发挥技术创新的积极作用，如何利用技术创新推动生态文明建设正是本书的研究重点。具体而言，本书拟从技术进步推动生态文明建设的视角，尤其是技术创新对生态文明建设中的两个基本层面——能源效率与环境污染影响的视角，研究其作用机制及相关政策。

第二节　研究意义

一　理论意义

本书以经济学的分析范式，基于能源经济学、环境经济学与计量经济理论，研究技术创新如何推动生态文明建设的内在机制，重点从生态文明建设的两个基本方面——能源效率与环境污染作为突破口，深入剖析技术进步对能源效率与空气污染的影响机理，进而从理论层面丰富该研究领域的文献体系。根据可持续发展理论，要求在经济发展的同时，尽可能地节约资源，以较少的要素投入实现更多的产出，以保障子孙后代永续发展。基于该理论，本书构建了技术创新前沿的理论模型，即在既定要素投入条件下，尽可能地扩大期望产出而降低非期望产出（污染物的产出）。此外，技术进步有广义和狭义之分，广义的技术进步是指用一系列产品创新、管理方式、智力投资以及制度创新使技术前沿面向前移动；狭义的技术进步是指新生产工艺或者某项新科研成果的推广应用。本书的技术进步是指狭义上的技术进步。明确概念有助于为技术进步如何推动生态文明建设的内在机制提供理论支撑，进而深化可持续发展理论。

二　实践意义

生态文明建设已成为建设美丽中国、实现绿色发展的必然途径。尽管中国以往粗放型的生产方式在一定程度上促进了经济发展，但其是不可持续的，还造成了生态环境恶化。在此背景下，党的十八大报告要求实施创新驱动发展战略，提出"科技创新是提高社会生产力和综合国力的战略支撑，必须摆在国家发展全局的核心位置……着力构建以企业为主体、市场为导向、产学研相结合的技术创新体系……促进创新资源高效配置……"。鉴于当前中国面临着较大的能源环境压力，这要求推动绿色技术创新以实现绿色经济发展，合理使用资源，提高能源资源使用效率，降低环境污染，提高生态文明建设水平。从现实来讲，本研究具有一定的时效性，依托当前中国技术和能源环境经济发展现状，通过细化技术进步内容，除了着重研究中国不同层面技术进步对能源效率和空气污染的影响，还利用专门的政策评估工具，模拟了在未来绿色技术进步条件下，实现污染气体和温室气体（主要指 CO_2）减排目标的途径。总之，本书从现实层面就技术进步如何推动生态文明建设的机制进行研究，有助于发现技术进步的作用方向，找出其中存在的问题与发展困境，为进一步推进生态文明建设、发挥技术创新的正向推动作用提供研究支撑，并提出相应的有效措施，为相关部门制定绿色技术创新、节能及环境保护等政策提供参考依据。

第三节　研究内容、创新和主要结论

一　研究内容

本书的主要研究内容包括实证研究、反事实研究以及对策建议三大部分，全文共分为八个章节，基本内容如下。

第一章为导论。本章介绍了研究背景，以促进生态文明建设为切入点，重点突出生态文明建设中的能源效率与环境污染两个基本方面，从理论与实践两个层面阐述了研究意义和现实价值，在此基础上，总结提炼本书的创新之处。

第二章为文献综述。本章重点对本书所涉及的理论与实证相关文献进行了系统归纳和梳理。本章由简及全、由低及高地全面梳理了技术进步、绿色技术进步与生态文明建设的内涵，对能源效率、环境污染与经济发展之间关系的相关文献进行了归纳，以及关于技术进步对环境污染与能源效率影响的文献回顾。

第三章为技术进步对环境污染的空间溢出影响。基于内生增长理论，本章利用 2003—2015 年城市面板数据，构建了空间动态 GMM 污染气体排放影响机制模型，首次以城市层面的人均专利存量作为技术进步的代理变量，对技术的空间溢出效应进行实证研究。具体地，以人均 SO_2 排放量与 $PM_{2.5}$ 浓度作为被解释变量，以人均专利存量、外商直接投资（FDI）以及国内企业对先进技术的消化吸收能力作为解释变量，考察技术进步在不同地区间对空气污染的空间溢出效应。

第四章继续沿用城市层面面板数据，运用非径向、非角度的 SBM 模型框架下的共同前沿 Meta-frontier Malmquist-Luenberger（MML）指数，精确地测算了污染排放约束下城市层面的绿色全要素生产率，将 284 个地级市分为东、中、西部 3 个群组，分析 2004 年以来中国城市绿色全要素生产率的演变。随后，以测算的 MML 指数来表征能源效率，并以此为被解释变量，构建面板平滑转换模型（PSTR）来研究不同层面的技术进步对中国城市层面能源效率的非线性影响。

第五章是反事实的政策模拟，以生态环境破坏较为严重的山西省为例，通过构建单区域动态 CGE 模型模拟了直至 2030 年绿色技术进步下实现 SO_2 减排目标对山西省宏观经济的影响，并定量给出该地区实现大气治理目标的政策组合。

第六章根据中国政府在 2015 年《巴黎协定》上提出的在 2030 年之前将碳排放强度比 2005 年下降 60%—65% 的目标，考虑低碳技术进步、能源效率提高以及非化石能源的发展目标，构建全国层面的动态 CGE 模型。本章将技术进步内生化，模拟了不同情景下实现特定碳排放强度目标对中国宏观经济的影响，测算了单位碳排放减排成本，并就如何实现该目标给出政策选择。

第七章综合考虑绿色技术创新、能源效率、碳税和碳交易等手段与工具，通过构建基于中国的动态多区域 CGE 模型，设定多种政策情景研究了工业碳减排在实现"双碳"目标中的贡献，重点识别其中的实现路径。

第八章为主要结论、政策建议与展望。本章是对上述实证与反事实模拟内容的主要结论作简要回顾和提炼，并在研究结论的基础上，提出绿色技术进步促进中国生态文明建设的政策建议及相关措施，使研究更具有现实意义。最后揭示出发现的新问题，指明了后续研究的方向。

二 研究特色与创新点

本书严格遵循"以现实问题为背景→以绿色技术进步推动生态文明建设的经济学意义为理论基础→以标准的前沿研究方法为分析工具→以研究结论为政策建议依据"的研究主线。相对于以往研究，本书在以下方面有所创新。

第一，实证研究数据新颖。与以往研究侧重于省级数据不同，本书借助空间地理经济学，尝试利用更为细致的城市层面的面板数据，首次收集并采用城市层面的历史专利数据作为技术进步的代理变量之一。另外，鉴于$PM_{2.5}$浓度在2013年之前的统计数据缺失，本书尝试使用卫星观测数据与2013—2015年的统计数据结合，得到完整的2003—2015年城市层面$PM_{2.5}$历史浓度数据。此外，使用的实证模型较新，尝试通过构建空间动态GMM模型考察技术进步的空间溢出效应。

第二，测算了城市层面的绿色能源效率。将污染物排放等非意愿产出纳入非径向、非角度的SBM模型，更准确地测算出绿色全要素生产率。进一步地，根据传统意义上的区域划分方法将全国分为三大区域，考察十多年来不同区域的能源效率演变过程。以测得的MML指数作为被解释变量，首次使用PSTR非线性模型研究不同层面的技术进步对能源效率的制度转换机制。

第三，丰富的反事实模拟，有利于找出最优政策组合。以区域以及全国2012年投入产出表数据为基础，运用单区域动态CGE模型，以生态破坏较为严重的山西省为研究对象，定量模拟绿色技术进步条件下污染气体减排特别是SO_2减排对宏观经济的影响，并考察SO_2减少带来的CO_2减排与$PM_{2.5}$浓度降低的协同效应。进一步地，利用动态CGE模型模拟了中国在内生技术进步条件下实现2030年碳排放强度目标的政策选择。本书还构建了动态多区域CGE模型，研究了"双碳"目标约束下工业碳排放的贡献及实现约束目标对其他宏观变量的影响，难点在于技术进步的设定、社会核算矩阵的编制以及GAMS、GEMPACK程序的调整与实现。

三　主要结论

本书的主要结论如下。

第一，在城市间显著存在着不同来源的技术进步对环境污染的空间溢出效应，而且不同层面的技术进步对环境污染的影响程度有所不同。从空间相关指数 Moran's I 的检验结果来看，大多数城市呈现出"高高"和"低低"聚集的分布特征。对于 SO_2，国内自主创新并没有降低 SO_2 排放，而技术引进水平与国内企业的消化吸收能力有利于减少 SO_2 排放。另外，回归结果表明，中国存在着 SO_2 的环境库兹涅茨曲线。中国大多数城市位于倒"U"形曲线的右侧，换言之，随着经济持续增长，SO_2 排放呈现继续下降趋势。另外，国内自主创新与 SO_2 污染也存在倒"U"形关系。空间计量回归结果显示，某一地区的 SO_2 减排受到相邻地区自主创新与技术引进的正向溢出影响。相比而言，国内自主研发显著地抑制了 $PM_{2.5}$ 污染，而技术引进水平与国内企业的消化吸收能力不利于降低 $PM_{2.5}$，且存在自主创新对 $PM_{2.5}$ 污染的"N"形曲线。研究显示，如果不采用治理 $PM_{2.5}$ 污染的政策，$PM_{2.5}$ 浓度还会继续提高。空间回归结果还表明，某一地区的 $PM_{2.5}$ 浓度下降会受到相邻地区企业的消化吸收能力的正向影响。

第二，中国区域的能源全要素生产率呈现收敛趋势。技术进步对能源效率存在着显著的非线性影响，即技术进步对能源效率的作用因不同城市的经济发展水平的不同而存在差异。在经济欠发达地区，自主研发有利于提高能源效率，但技术引进不利于能源效率提高；在经济发达地区，自主研发会抑制能源效率，技术引进对能源效率的抑制效应相对于欠发达地区有所降低。

第三，关于山西省在绿色技术进步条件下实现 SO_2 污染减排目标的 CGE 模拟结果表明，单一的绿色技术进步并不足以实现减排目标，还会引起能源反弹效应，因此有必要辅之以环境税工具。例如，要实现该地区 30% 的 SO_2 减排目标，2030 年的 SO_2 税税率需要达到 17442.36 元/吨。总体而言，实现 SO_2 减排目标对该地区经济增长的负面影响不大。在绿色技术进步与能源使用效率提高的情景下，SO_2污染的边际减排成本较低。这隐含着，从长期来看，以市场机制治理大气污染减排是合理且可行的，有利于降低社会福利损失。因此，绿色技术进步是降低环境污染、促进生态文明建设的最根本手段。

第四，通过征收碳税与绿色低碳技术进步的政策组合能够实现中国于2015年在巴黎气候变化大会上提出的2030年碳排放强度相对于2005年降低60%—65%的目标。然而，实现该目标会大幅降低煤炭和石油部门的产出、就业水平，但实现该目标有利于清洁能源部门的发展，有利于服务业、建筑业以及重工业的发展。从碳排放的边际减排成本来看，短期的边际减排成本高于长期。中国碳排放的长期边际成本为200—250元。通过对不同技术进步类型的结果对比，研究认为内生技术进步机制有利于缓解碳减排政策对经济增长的负面效应。因此，政府制定相关减排政策时，有必要考虑内生技术进步的内在作用，以免高估实现2030年碳强度控制目标对宏观经济的负面影响。此外，中国总体上能够于2030年实现碳达峰，对应的峰值为120亿吨左右，并于2060年降至71亿吨的水平。考虑将高耗能行业全面纳入碳交易市场后，碳排放峰值会继续下降。从区域层面看，在强政策情景下，东部地区（未包含碳交易试点省份）和较早参与碳交易试点的省份将率先实现碳达峰，多数地区的制造业就业受到负面冲击。

第四节　研究思路和研究方法

一　研究思路

本书基于经济学的分析范式，以可持续发展理论为指导，综合能源经济学、环境经济学以及计量经济学理论，研究了技术进步推动生态文明建设的机制。本书着重考察了技术进步对生态文明建设的两个重要方面——能源效率和环境污染的影响效应。首先，基于内生增长理论的污染气体影响因素模型，运用空间动态GMM模型着重实证研究城市层面的技术创新对空气污染（SO_2与$PM_{2.5}$）的空间溢出效应。其次，采用数据包络分析（DEA）测算方法，使用SBM框架下的共同前沿生产率法测算能源效率，得到MML指数，并以该指数作为被解释变量，研究不同来源的技术进步对能源效率的非线性影响。上述两个研究主要是运用历史统计数据研究以往技术创新的效应。再次，运用动态可计算一般均衡模型模拟了绿色技术进步条件下实现污染气体减排目标对山西省各宏观经济变量（如 GDP、就业以及能源消费等）的影响。最后，基于 2015 年中国政府在《巴黎协定》作出的 2030 年碳排放强度较 2005 年降低 60%—65% 的目标的承诺，继续运用 CGE 模型反事实模拟了内生技术进步下实现该目标的政策选择；构建动态多区域 CGE 模型研究了"双碳"目标约束下工业领域碳排放的贡献及其对其他变量的影响。基于以上研究结论，提出相应的政策建议。本书的最终目标在于丰富绿色转型视角下技术进步如何推动生态文明建设的理论体系和研究方法。

二 研究方法

本书通过大量现有文献，结合定性与定量的研究方法，主要以区域经济学、计量经济学、一般均衡分析等理论和方法为指导，运用的方法如下。

（1）文献分析法。收集国内外经典及最新文献资料，就技术进步如何推动生态文明建设的视角，重点选取节能和减排两个基本方面，对原有理论体系进行丰富和完善，且以实现技术创新与生态环境"双赢"为目标对现有实证模型进行拓展。

（2）理论分析与实证分析相结合。本书以内生增长理论、可持续发展理论、全要素生产效率理论、CGE 模型理论及相关概念辨识为理论基础，首次尝试利用中国城市层面数据检验技术进步分别对能源效率和环境污染两方面影响的理论机制，分别运用不同的计量经济方法对模型进行实证研究。

具体而言，本书运用的主要方法包括：基于内生经济增长理论模型，从技术进步的空间溢出视角尝试构建空间动态 GMM 模型，采用城市层面面板数据考察不同来源的技术进步与环境污染的关系；基于非径向、非角度的 SBM 框架，测算出共同前沿 MML 生产率指数，即绿色全要素生产率指数，使用 PSTR 模型研究技术进步对能源效率的非线性转换机制；运用动态 CGE 模型进行反事实模拟绿色技术进步条件下实现污染气体减排对局部地区宏观经济变量的影响；考虑到 2015 年中国政府在《巴黎协

定》作出的碳排放强度降低目标的承诺，纳入新能源发展目标，运用
CGE 模型模拟在内生技术进步下实现该碳强度下降目标的政策选择；构
建动态多区域 CGE 模型量化"双碳"目标约束对工业行业的影响以及工
业的减排贡献。

第 二 章

文献综述

第一节　技术进步的内涵

技术进步是经济增长的源泉。在现代经济增长理论中，很多文献倾向于将技术进步的内涵扩大化，将可以减少成本或者提高产量的因素均归为技术进步范畴。实际上，从经济学视角讲，技术进步有广义和狭义之分。广义的技术进步不仅包括生产技术水平的提高，还包括管理理念、新的决策方法、服务水平以及制度因素等"软技术"方面的变化。广义的技术进步需要经历三个过程：技术发明、技术创新以及技术扩散。该经济理论最早由 J. A. Schumpeter 提出。他认为技术进步起始于发明，只有当新产品或者新生产工艺出现，并可以在市场中购得后，技术创新才能够实现（Schumpeter，1934）。厂商通过研发活动逐步推进发明和创新，并逐渐在市场上推广，当被较多消费者采用后，该过程被称为技术扩散。相比而言，狭义的技术进步是指技术本身的改变，生产工艺的创新与应用，更多地突出微观企业在生产经营过程中对科研成果的推广与应用，如新的生产技术、设备以及程序等。此外，J. Hicks 根据边际生产力原理，将技术进步划分为资本节约型、劳动节约型以及中性技术进步三类（Hicks，1932）。三者的区别在于，劳动力的边际生产力与资本边际生产力的比例不同。

从宏观层面讲，技术进步的途径主要有技术创新、技术扩散和技术引进。在开放经济条件下，特别是对于欠发达地区或者后发国家而言，实现技术赶超需要历经三个阶段：第一阶段以技术引进为主，借助自由贸易或者外商直接投资，不断提高自身的技术进步水平，优化产业结构；

第二阶段是技术引进与自主研发，通过实施一定的贸易保护措施，降低发达经济体的技术壁垒，进一步促进产业结构升级；第三阶段以自主研发为主，获得规模经济优势，掌握高新技术，最终实现对发达国家的技术赶超。从中微观层面的角度看，技术进步的来源包括研发（R&D）、"干中学"（Learning by Doing）以及知识的溢出效应（Knowledge Spillover Effect）。有学者认为，企业的研发活动能够通过提高劳动生产率来促进技术进步，研发成功获得的垄断利润是其进行研发的根本动机（Romer，1990）。"干中学"效应最早由 K. J. Arrow 提出，顾名思义，就是边干边学，指的是实际生产中经验和物质资本的不断积累，引起更高的劳动生产效率（Arrow，1962）。该研究将知识归结为经验，将其视为经济活动的产物，并以美国的飞机制造业为例来充分说明技术积累有助于降低单位产品成本。现实中的微观生产主体（如投资者、管理者以及生产者）通过积累生产或者学习经验，从而改进了生产效率。然而，"干中学"模型存在一定的缺陷，例如忽视了技术进步也可能是跃进式的特征，同时也忽视了基础性研究的重要作用（Arrow，1962）。知识的溢出效应是指拥有先进技术的微观厂商在进行生产活动时，在提高自身生产率的同时，也会对其他生产厂商产生正向影响，即外溢效应。这是由知识的非竞争性特征决定的。P. M. Romer 强调了知识的外溢效应，这是知识区别于其他商品的不同之处（Romer，1990）。最为典型的例子是跨国公司直接对东道国的技术溢出，跨国公司是先进技术的主要来源，通过对东道国进行外商直接投资，新技术被东道国的竞争企业学习、模仿、吸收，并逐渐开发出新的技术成果。在已有文献（Romer，1986）的基础上，R. E. Lucas 将人力资本引入经济增长模型，认为人力资本投入有助于技术进步（Lucas，1988）。

早期的经济理论（如新古典经济理论）强调资本积累的作用，相对忽视了技术进步对经济增长的关键作用。新古典经济增长模型假定劳动与资本是完全替代的，认为技术进步与劳动力和资本投入无关，技术进步变量仅仅是外生地嵌入生产函数，技术进步速率唯一地决定经济增长。R. F. Harrod 也将技术进步外生给定，认为长期增长取决于劳动增长率和由技术进步决定的劳动生产率增长率（Harrod，1939）。而根据 J. A. Schumpeter 提出的"创造性毁灭"理论，创新就是建立了新的生产函数，将新的生产组合引入生产体系中，不断地实现新组合（Schumpeter，1934），他还强调经济增长是由内生因素引发的。尽管J. A. Schumpeter的创新理论在学术界引起了广泛影响，但他并未对其内生技术创新理论进行检验。在此基础上，K. J. Arrow将内生技术进步引入经济增长模型（Arrow，1962）。具体做法是，他根据传统的规模报酬不变的柯布—道格拉斯生产函数，用物质资本的积累表述技术进步，从而将人力资本作为要素投入的一部分表现出来。但是，该模型假定人口增长外生，仍旧无法超越新古典经济增长模型的范畴。同样地，N. Kaldor引入了"技术进步函数"，将产出增长率与投资率联系起来，稳态的增长率仍由外生的技术进步函数决定（Kaldor，1957），并创造性地构建了包含物质和人力资本两部门的新古典经济增长模型。由于人力资本部门规模报酬递增，可以抵消由物质部门带来的规模收益递减，进而保持经济发展，但是该模型仍外生地要求人口增长率大于零。随后的大部分相关研究均是建立在K. J. Arrow研究的基础上。20世纪80年代中期后，关于R&D的内生技术进步模型有所推进。这些模型克服了技术进步总量水平报酬递减的约束，使技术进步能够以非竞争的方式存在，产生了一些代表性成果（Aghion，Howitt，1989；Grossman，Helpman，1991）。其间，还产生了诱导型技术进步理论。该理论认为，要素相对价格的变化促使企业进行技术创新以减少使用那些相对昂贵的生产要素（Hicks，1932）。例如，能源价格上涨可能会引起清洁型生产技术进步。特别是，20世纪70年代两次石油危机爆发后，诱导型技术变迁理论获得了学术界的广泛关注。沿着这一思路，有学者研究了能源价格与技术进步的关系（Popp，2002），以及碳市场对技术进步的影响。

21世纪初，技术进步理论有了新的进展。新古典经济理论往往假定技术进步是中性的，然而在多数情况下，技术进步可能偏向于其中一种生产要素（Acemoglu，2007；Caselli，Coleman，2006；Thoenig，Verdier，2003）。在借鉴相关研究（Hicks，1932；Kennedy，1964）的基础上，D. Acemoglu提出了技术进步偏向性理论（Acemoglu，2002）。以此理论为基础，D. Acemoglu、D. Autor深入解释了美国劳动者的技能溢价问题（Acemoglu，Autor，2011），D. Acemoglu等还将技术偏向性理论进一步扩展至环境领域，构建了环境偏向性技术进步模型（Acemoglu et al.，

2012；Acemoglu et al.，2014；Acemoglu et al.，2016）。

第二节 绿色技术进步的内涵

随着中国经济飞速发展，环境问题日益凸显。发展绿色技术，防止生态环境继续恶化成为经济可持续发展的重中之重。绿色技术又被称为环境友好型技术，是减少环境污染、节约资源能源的一系列生产技术、工艺的总称。当前，中国发展的绿色技术主要包括能源技术、生物技术、资源回收以及利用技术等。绿色技术概念的产生源于人类对现代生态现状的反思。从技术进步演化的视角看，绿色技术经历了末端技术、清洁技术以及污染预防技术等阶段。绿色技术概念涉及较为广泛，涵盖众多学科，例如经济学、管理学以及哲学等。绿色技术概念起源于 19 世纪 60年代的欧洲，当时欧洲许多国家经受着环境污染的困扰，推动了相关环境法规的制定，进而促进了环境友好型技术的发展。有研究较早地讨论了技术—经济—生态三者之间的关系，认为当前的一些技术已经到达环境承载的极限，必须被环境友好型的技术替代，进而初步地提出技术绿色化的概念，并强调了环境政策制度的作用（Kemp，Soete，1992）。随后，有学者提出了绿色技术或环境友好型技术的概念——遵循生态发展规律，能够节约或减轻环境污染，将生态破坏的效应降至最低的产品和技术的总称，包括能够节约能量和自然资源的生产设备、设计以及修整与恢复工具等（Braun，Wield，1994；Shrivastava，1995）。类似地，有学者认为，只要有助于改善环境治理的技术或者产品，都可以归为环境技术创新（Kemp，Arundel，1998）。B. Bras 着重研究了绿色 R&D，认为绿色 R&D 的发展具有三个阶段：为制造而设计、为环境而设计、为生命周期而设计（Bras，1997）。J. Van Weenen 同样将绿色设计划分为三个层次，首先是为了再循环等治理技术的设计，目的在于降低生产过程中的环境污染和生态破坏；其次是清洁技术的设计，用于降低生产周期各个流程的污染水平；最后是价值设计，以提高产品价值含量（Van Weenen，1997）。Y. S. Chen 等进一步丰富了绿色技术创新的内涵，认为绿色技术创新不仅涉及绿色产品和工艺的技术革新，还与环境管理相关的创新相关，例如节能、预防污染、回收技术等（Chen et al.，2006）。归根结底，发展绿色技术的最根本原因是可以减少环境的负外部性（Allan et al.，2014）。

与此同时，国内学者大多着眼于绿色技术创新，从不同的研究视角对其进行了界定。吕燕等最早将绿色技术创新的概念引入中国，认为绿色技术主要包括绿色工艺、绿色产品、绿色能源的开发三个方面（吕燕等，1994）。绿色工艺是指末端处理技术，包括可用于减少污染的工艺、回收技术、节能技术以及替代技术等。绿色工艺不仅可以降低污染物的排放，还可以减轻企业使用资源的成本，增强市场竞争力。绿色产品特指能够节约能源、原料的产品，对人类健康没有危害或者危害较小，例如绿色食品、绿色电视、无氟冰箱等。绿色能源包括各种可再生能源技术。有研究认为，绿色技术是节能和减排技术，能够从根本上改变物质流，实现物质循环再利用（杨发明、吕燕，1998）。还有研究详细地剖析了绿色技术创新的含义，认为"绿色"有三层"抽象的规定"，即节约、重新利用以及循环（万伦来、黄志斌，2003）。因此，绿色技术以促进可持续发展为目标，首先必须具备节约功能，还必须满足生态系统中周而复始的循环特性。不仅能够改善环境，保障人类的健康，还能够获得潜在的利润，产生可观的经济效益，兼具商品化和公益化特征。许庆瑞、王毅从产品生命周期的视角对绿色技术创新进行了定义，从短期来看，绿色技术是使外部成本最小化的技术；而从长期来看，绿色技术是使总成本最低的技术（许庆瑞、王毅，1999）。该研究还指出，绿色技术创新的途径包括天然材料或生态材料等原材料的创新、污染预防技术与末端治理技术等处理和制造技术的创新、废弃物回收和处置技术的创新、管理创新和组合创新。刘慧、陈光认为，绿色技术创新是以可持续发展为指导，将绿色创新思想融入工艺和产品创新的生产过程，进而推向市场的全过程（刘慧、陈光，2004）。刘晓音、赵玉民进一步强调绿色产品、工艺的研发、转化与应用，认为绿色技术进步是指企业将研发或技术组合投入市场，同时产生社会和经济效益的全过程（刘晓音、赵玉民，2012）。

第三节　以环境保护与能源节约为重点的
生态文明建设

面对全球性生态环境问题日益突出，国内外学者对生态文明从不同视角进行了大量研究。生态文明是经过传统经济增长模式和环境破坏的深刻反思后形成的。随着研究实践和认识的不断深入，关于生态文明的概念、评价指标、实现途径等方面不断得到丰富和拓展。以下主要对生态文明建设概念作简要介绍，根据本书的主要研究内容，本部分重点突出生态文明建设中的两条主线——能源效率和环境污染。

一　生态文明的概念

国外对生态保护的关注较早，特别是 20 世纪 60 年代之后，资源枯竭、环境污染、水土流失、温室气体增加引起海平面上升等生态问题不断涌现，生态环境问题受到经济学家的积极关注。"生态"一词起源于古希腊，意为住所、栖息之地。"文明"本是指社会开化进步的状态。随着生态内涵的不断丰富和文明演进，生态与文明逐渐融为一体。德国学者 E. Haeckel 首次提出"生态"一词，涵盖生物与周围生态环境之间的相互关系（Haeckel，1866）。由此来看，生态学最初属于生物学范畴。随后，有研究提出了生态承载力这一概念，即在特定的环境条件下，生物有机体能达到的数量极限（Park，Burgess，1921）。生态承载力包含两层含义：一是生态系统具有自我调节的能力，即生态系统的弹性；另一层含义为生态系统的发展能力。为了加深对生态承载力的理解，该研究还将自然资源分为可再生和不可再生两类。20 世纪 90 年代后，生态文明的概念才初步形成，R. Morrison 首次对生态文明（Ecological Civilization）的概念进行了阐述。他指出，生态文明是继工业革命后的一种全新的文明形态，生态文明的出现是必然的，还强调生态民主是构建生态文明的必由之路（Morrison，1995）。F. Magdoff 认为，生态文明是人与自然、人与人和谐共处的文明，由于强自然生态系统（Strong Natural Ecosystems）具有自我修复、自我调节的能力，可以此来构建未来的生态文明框架（Magdoff，2011）。

　　国内学者对生态文明理念的研究起始于 20 世纪 90 年代，经过 30 多年的发展，从经济学、哲学以及生态学等视角形成了较为丰富的观点。国内学者叶谦吉从生态学视角明确提出生态文明概念。他认为生态文明是人与自然互惠互利，比原始农耕文明和工业社会具有更高层次的文明，与其他文明形式共处于社会大系统中，并指出人类在改造自然的同时，要注意保护自然（叶谦吉，1987）。徐春对此持相似观点，从哲学视角阐述了生态文明与农业文明、工业文明既有联系，又高于这两个文明的观点，当前的生态文明建立在工业文明的基础之上（徐春，2010）。他还将生态文明划分为两个层次，强调当前中国还处于生态文明的初级层次，而在高级阶段，生态文明社会将在生产方式、生活方式、社会管理方式和文化价值观上均有明显区别于低级阶段的特征。俞可平提出生态文明表征人与环境相互关系的进步状态，不仅包括相关的法律制度，还包括维护可持续发展所需的科学技术和组织机构等（俞可平，2005）。Z. Wei 等认为，人与自然的共存，经济发展与生态环境的协调，构成了生态文明的核心。他们从意识、立法以及行为等视角对生态文明的内涵进行了界定，认为人类与自然环境彼此共存、相互强化。生态文明不仅追求人与生态的和谐，还强调人与人之间的和谐，而人与生态的和谐是其他和谐关系的基础（Wei et al.，2011）。由此来看，生态文明最本质的内涵在于如何处理人与自然的关系。廖曰文、章燕妮建议，从自然观、价值观、生产方式以及生活方式四个方面来理解生态文明的内涵（廖曰文、章燕妮，2011）。谷树忠等提出要从三个方面理解生态文明，首先是人与自然的关系，要以尊重自然为前提；其次是生态文明与现代文明的关系，生态文明是其他文明诸如物质文明、精神文明、社会文明的基础和载体；最后是生态文明建设和时代发展，随着时代进步，生态文明的要求也在不断提高，时代要求将生态文明理念贯穿于社会发展的始终，充分发挥导向、驱动作用（谷树忠等，2013）。

二　生态文明建设的文献综述

　　通过对生态文明的文献回顾，生态文明建设的科学内涵可以归结为以下几点。第一，生态文明建设重点强调人与自然的和谐共处关系，要求遵循客观规律，充分考虑自然对人类发展的制约，时刻树立绿水青山就是金山银山的发展理念，切实将经济发展与资源节约、环境保护统一协调起来。尽可能地消除或降低人类的生产活动对生态系统的危害。第二，从生产方式来看，生态文明建设要求能够以实现经济发展可持续的方式进行生产，中国正处于经济转型的关键阶段，以高投入、高排放、高消耗为特征的粗放式增长方式仍占据相当地位。面对高环境成本和资源短缺的现状，亟待转变经济发展方式，促使产业结构高级化、集约化、生态化，以实现经济发展和自然生态协调并进。第三，从生活方式的角度看，生态文明建设要求树立绿色消费观，传统的消费观通常将满足欲望放在首位。这必然导致对自然无休止地索取，进而超出生态系统的自我修复能力。生态文明建设崇尚简朴，提倡适度消费。第四，从价值观的角度看，生态文明是一种价值观念的绿色转型。要克服以人类为中心的旧观念，强调自然界本身固有的内在价值。

同时，随着生态文明建设上升至国家战略高度，国内学者对如何促进生态文明建设从不同视角给出了建议。有研究强调了生态文明建设过程中转变消费方式的重要性（包庆德，2011；邓翠华，2012）。谷树忠等将生态文明建设的路径归纳为资源节约与保护、环境保护与治理、生态保护与修复以及国土开发与保护四个方面（谷树忠等，2013），其中，资源环境作为人们日常生活的物质基础，一旦遭到破坏或者严重短缺，将影响社会经济的正常生产秩序，该研究据此提出建立健全参与机制、创新制度管理机制等措施。王灿发认为，现有生态文明建设的相关环境立法存在缺陷，有必要建立一套相互联结的法律制度，例如污染防治法、生态保护法、能源法、气候变化法等，以保障生态文明建设的顺利进行（王灿发，2014）。类似地，张瑞、秦书生认为，生态文明的健康发展依赖于健全的政治、政策和法律制度建设（张瑞、秦书生，2010）。周光迅、周夏指出，生态问题的解决仅依靠科技的、经济的、法律的和行政手段是不够的，还需要道德手段，即全方位加强生态道德教育、培养生态道德意识与价值观、践行经济发展中的生态道德观，以及建立生态道德的法律制度与社会管理制度（周光迅、周夏，2010）。黄勤等提出，在当前中国工业化与城镇化快速推进的大背景下，推进生态文明建设需要从优化空间开发格局、优化产业结构、转变生产方式和消费模式四个方面入手（黄勤等，2015）。优化空间开发格局的具体做法是加快形成主体功能区，将合理的理念落实到各项政策中，还需要正确处理政府与市场的关系；由于中国区域资源禀赋、经济发展水平差异较大，产业结构的演进有其内在的规律，制定相关政策需要因地制宜；在转变生产方式时，需要兼顾技术可行性和经济合理性。与黄勤等的研究有所差别，赵其国等认为，应从优化国土空间开发格局、调整能源利用结构、促进资源节约、加强环境保护、加强生态文明制度建设以及转变经济增长方式着手，将资源损耗以及生态破坏纳入经济发展评价体系中（赵其国等，2016）。彭向刚、向俊杰从协同治理的视角提出，中国的生态文明建设应该实行政府、市场和社会三方协作的协同治理模式，具体应从主体协同、过程协同和外部关系协同着手。其中，主体协同是指政府、市场主体和社会主体在生态文明建设中形成深度协调合作的意识，明确职能定位；过程协同是指从确定目标直至政策实施的过程要保持协调。此外，还应注重生态文明建设与其他制度建设的协调配合，实现均衡发展（彭向刚、向俊杰，2015）。

三　环境污染与经济增长的关系

经济增长与环境质量之间的关系一直是学术界争论的对象。关于经济增长与环境污染开创性的研究可追溯到环境库兹涅茨曲线（Environmental Kuznets Curve，EKC）假说。EKC 理论较早出现在 NBER 工作论文（Grossman，Krueger，1991）与世界银行《1992 年世界发展报告》（Shafik，Bandyopadhyay，1992）中，认为人均收入与环境污染之间存在倒"U"形的非线性关系，即在经济增长的初始时期，由于生产技术的落后和产能低下，环境状况随着经济增长不断恶化，直至经济增长发展到一定水平，先进的生产技术推动产业结构升级，环境污染随着经济增长水平的提高而降低。换言之，在经济发展初期，环境压力比收入增长更快，在高收入水平上环境压力相对于经济增长减缓。该倒"U"形关系源于 S. Kuznets 发现收入分配状况随着经济增长的变化呈现出倒"U"形的研究（Kuznets，1955）。随后，有研究进一步使用国别数据将城市空气污染、化学需氧量、生物需氧量以及重金属污染等作为环境污染的代理变量，研究发现对于多数环境指标而言，经济增长最初恶化了环境污染，研究的 14 个污染物中有 13 个的拐点介于 1887 美元和 11632 美元之间，在人均收入超过

8000 美元后，经济增长对环境污染的抑制作用才会表现出来（Grossman，Krueger，1995）。EKC 假说相对真实地刻画了一国或地区在经济发展过程中环境污染与经济增长的关系，而被学术界广泛接受。随后，大量实证文献使用不同层面的数据，运用不同的方法从不同角度对此进行了检验。

基于固定效应和随机效应模型，有研究使用国别面板数据重点研究了悬浮颗粒物、SO_2、氮氧化物以及一氧化碳和经济增长的关系，研究发现各种污染物与人均 GDP 存在倒"U"形关系和更高的拐点，对于悬浮颗粒物和 SO_2，达到峰值时人均 GDP 低于 10000 美元；而对于氮氧化物和一氧化碳，达到峰值时人均 GDP 高于 10000 美元（Selden，Song，1994），高于 G. M. Grossman 和 A. B. Krueger 的研究结果（Grossman，Krueger，1995）。这两个峰值都比大多数国家的人均收入高得多。因此，该研究认为，在可预见的未来，这些污染物的全球排放量将继续增加。F. H. Hilton 和 A. Levinson 研究了 48 个国家 1972—1992 年汽车铅排放量与国民收入之间的关系，研究结论支持环境库兹涅茨曲线假说（Hilton，Levinson，1998）。同时，研究还发现，EKC 的峰值对函数形式设定和时间周期都非常敏感。此外，该研究还超出了 EKC 总体估计框架，分别估算了 EKC 的两个因素——污染强度和污染活动，指出 EKC 的下降主要取决于汽油铅含量的降低，而不是汽油消费的减少。换言之，因收入增长而带来的环境质量改善取决于污染强度降低而不是污染活动减少。T. A. List 和 C. A. Gallet 使用美国 1929—1994 年 SO_2 和氮氧化合物排放的州级面板数据，检验了环境库兹涅茨曲线中常用的"一刀切"简化回归方法的合理性（List，Gallet，1999）。该实证结果表明，人均排放量与人均收入之间存在显著的倒"U"形关系。然而，随着时间的推移，横截面会发生变化，参数估计表明这可能会带来统计上的结果偏差。有学者对 22 个 OECD 国家 1975—1998 年的 EKC 进行了经验估计，采用了混合组群平均数估计法，该方法允许在大时间维度的面板数据框架中进行更灵活的假设。结果发现，对于大多数国家存在"N"形 EKC，二次项的拐点介于 4914 美元和 18364 美元之间（Martinez-Zarzoso，Bengochea-Morancho，2004）。在一项经典的研究中，W. Antweiler 等学者认为环境污染与收入水平之间的非线性关系可以由三个因素来解释：规模效应、结构效应和技术效应。规模效应是随着经济规模的增长而产生的；结构效应是指一个经济体的生产结构从以农业为基础向以工业和服务业为基础的转变，从而引发资源的重新配置；污染—收入关系也取决于生产技术，提高生产技术，可以降低单位生产的污染物排放量（Antweiler et al.，2001）。近年来，随着 CO_2 等温室气体排放问题引发的全球气候变暖问题日益突出，学者对 CO_2 的 EKC 假说存在性的研究不断增多。J. B. Ang 采用多元向量误差修正模型，研究了 1960—2000 年法国 CO_2 排放量、能源需求和 GDP 之间的动态关系（Ang，2007）。实证结果显示，各变量之间存在着较强的长期关系，以及存在显著的人均 CO_2 与人均产出的倒 "U"形关系。基于阿尔及利亚 1970—2010 年的时间序列数据，有研究使用自回归分布滞后（ARDL）模型证实了 CO_2 环境库兹涅茨曲线的存在，但该拐点远未到来（Bouznit，Pablo-Romero，2016）。M. Shahbaz 等通过构建非参数模型，重新考察了近两个世纪以来 G7 集团国家的经济增长与 CO_2 排放之间的关系（Shahbaz et al.，2017）。选择非参数模型的原因是，长期的时间序列数据往往受到结构间断和其他形式的非线性的影响。该研究同时还进行了因果检验和局部线性回归分析，发现除了日本以外，其余六个国家均存在 CO_2 环境库兹涅茨曲线。还有部分研究也支持 CO_2 环境库兹涅茨曲线的存在（Saboori et al.，2012；Wong，Lewis，2013）。

然而，尽管 EKC 得到了广泛接受，但仍有不少研究对 EKC 产生质疑。例如，有研究利用修正后的全球城市面板数据，发现尽管 SO_2 和烟雾与经济增长存在显著的倒 "U"形关系，但该关系并不稳定，对计量模型设定形式与数据的微观变化极度敏感，加入新的观察样本后，该关系就会消失（Harbaugh et al.，2002）。E. Akbostancı 等从两个层面考察了土耳其收入与环境质量的关系，第一个层面利用土耳其 1968—2003 年的时间序列数据，采用协整方法研究发现 CO_2 和人均收入之间的关系在长期内呈单调递增关系（Akbostancı et al.，2009）。另外，该研究采用土耳其省级 1992—2001 年面板数据分析表明，人均收入与 SO_2 和 PM_{10} 的排放量呈"N"形关系，该研究不支持 EKC 假说。Z. Zoundi 以 25 个非洲国家 1980—2012 年的面板数据为例，使用面板协整技术研究发现，CO_2 排放量随着人均收入的增长而增加（Zoundi，2017）。还有一些研究也不支持 EKC 效应（Wang，2012；Giovanis，2013；Nasr et al.，2015）。

国内学者关于环境污染与经济增长的研究方面，考虑到环境污染与经济增长之间的双向因果关系，包群、彭水军通过构建联系方程模型，使用中国省级面板数据，将气体污染排放物、液体污染排放物以及固体废弃物三类污染物指标作为环境污染的指标。研究发现，除了工业废水中污染物化学需氧量外，其余各污染物与人均收入之间存在显著的倒"U"形关系，不同的污染物拐点差别较小，介于 3.2 万元到 3.5 万元之间（包群、彭水军，2006）。由于到达临界值还需较长的时间，该研究认为在经济发展的初始阶段就应致力于控制环境污染。进一步地，彭水军、包群使用向量自回归模型发现不同污染度量指标的选取对是否存在环境库兹涅茨倒"U"形曲线有较大影响（彭水军、包群，2006），例如 SO_2、工业固体废弃物排放和烟尘排放与经济增长呈倒"U"形关系，工业废水排放与经济增长呈"N"形关系，工业粉尘排放与经济增长呈"U"形关系。类似地，马树才、李国柱使用中国 1986—2003 年时间序列数据的研究表明，三种污染物中仅工业固体废物随着人均 GDP 的提高而下降，工业废水、工业废气与人均 GDP 并不存在协整关系（马树才、李国柱，2006）。林伯强、蒋竺均采用对数平均迪式分解法（LMDI）和 STIRPA 模型发现，中国 CO_2 的 EKC 理论拐点为 37170 元，并在 2020 年达到（林伯强、蒋竺均，2009）。但预测表明，EKC 的拐点在 2040 年尚不能达到，原因可能是人均碳排放受到多种因素的影响。贺彩霞、冉茂盛使用1998—2006 年中国省级 6 类环境指标的面板数据，通过构建面板单位根检验、协整检验和 Granger 因果检验发现，中国三大区域的人均收入与环境污染存在协整关系，且东部和中部地区存在显著的 EKC 倒"U"形曲线（贺彩霞、冉茂盛，2009）。有研究同样基于面板协整技术，运用中国2000—2009 年 31 个省份的面板数据，结果表明废气和 SO_2 的排放量与经济增长存在倒"U"形关系，同时对两种污染物的拐点进行了预测，发现拐点在区域间存在较大的异质性（高宏霞等，2012）。李锴、齐绍洲使用1997—2008 年中国 30 个省份的面板数据，设定了不同的模型形式，研究发现人均收入与 CO_2 排放强度之间存在显著的倒"U"形关系，并指出目前 CO_2 排放强度的下降更多地依赖于过去较高的 GDP 增长率，过高的煤炭消费比重以及城镇化不利于碳排放强度的下降（李锴、齐绍洲，2011）。随着计量经济学模型和数据的不断丰富，采用新计量技术研究该议题的文献逐渐增多。王立平等通过构建空间计量模型，发现氨氮、SO_2 和烟尘排放量存在明显的空间相关性，其中氨氮和 SO_2 与经济增长存在倒 "U" 形关系，且拐点分别为 19308 元和 20993 元（王立平等，2010）。针对 $PM_{2.5}$ 污染，有研究通过构建空间动态面板 GMM 模型，以通过卫星获取的中国省份层面 1998—2002 年的 $PM_{2.5}$ 浓度数据，研究了雾霾污染的空间溢出效应，发现 $PM_{2.5}$ 与经济增长存在 "U" 形关系，认为当前中国东部多个省份的雾霾污染会随着经济增长继续恶化，在考虑了多个空间权重矩阵后的结果仍然是稳健的（邵帅等，2016）。李小胜等使用中国 27 个省份层面的工业面板数据，通过建立面板平滑转换模型研究发现，废气、固体废弃物排放都随着经济增长水平的提高而增加，而工业废水排放与经济增长之间呈现倒 "U" 形关系，进一步佐证了 EKC 假说是否成立依赖于选取的污染指标的观点（李小胜等，2013）。王敏、黄滢利用中国 112 个城市 2003—2010 年的大气污染浓度数据，实证结果显示，PM_{10}、NO_2 和 SO_2 排放均与经济增长呈现 "U" 形关系，不支持 EKC 倒 "U" 形假说（王敏、黄滢，2015）。

四 能源消费与经济增长的关系

相较于环境污染与经济增长，能源消费与经济增长的关系更加复杂。自从 J. Kraft 和 A. Kraft 利用美国 1947—1974 年的时间序列数据较早地研究了能源消费与经济增长的关系，得出了从国民生产总值（GNP）到能源消费单向因果关系的结论后（Kraft，Kraft，1978），大量文献基于不同的模型设定形式、不同的参数选择以及样本数据研究了能源消费与经济增长的内在关系。经过梳理当前相关文献，可以将能源消费与经济增长的关系分为四类：增长假说、保守假说、反馈假说以及中性假说。

首先是增长假说。该假说认为，能源与资本、劳动是促进经济增长的必要因素。J. Asafu-Adjaye 利用协整和误差修正模型，研究了东南亚新兴四国的能源消费与收入之间的因果关系，并进行了估计（Asafu-Adjaye，2000）。结果表明，短期内印度和印度尼西亚能源消费能够单向地提高收入。基于面板协整与误差修正模型，有学者研究了 18 个发展中国家 1975—2001 年能源消费与经济增长的内在关系（Lee，2005）。结果表明，无论在长期还是短期，均存在由能源消费到 GDP 的单向因果关系，因此无论是暂时的还是永久性的，节能可能都会损害发展中国家的经济增长。
G. Altinay 和 E. Karagol 考察了 1950—2000 年土耳其的用电量与实际 GDP
的因果关系，发现这两个序列都是存在结构间断点的平稳序列，因而采用
了两种不同的方法来检验因果关系。无论用向量自回归模型还是标准格兰
杰因果检验，都提供了从用电量到收入之间单向因果关系的有力证据（Al-
tinay，Karagol，2005）。随着传统化石能源的弊端日益凸显，新能源对经济
绿色发展具有至关重要的作用，相关研究逐渐增多。M. Bhattacharya 等选择
了 38 个以可再生能源消费为主的国家作为研究对象，并利用面板动态普通
最小二乘回归和完全修正的普通最小二乘回归等研究发现，长期来看增加
可再生能源消费有利于经济增长（Bhattacharya et al.，2016）。R. Inglesi-
Lotz 利用 OECD 国家 1990—2010 年的面板数据，发现可再生能源消费量每
增加 1%，将使 GDP 增加 0.105%，人均 GDP 增加 0.1%，而可再生能源在
各国能源结构中所占份额增加 1% 将使 GDP 增加 0.089%，人均 GDP 增
加 0.09%（Inglesi-Lotz，2016）。国内学者汪旭晖、刘勇基于中国 1978—
2005 年的时间序列数据，发现能源消费与经济增长之间存在长期的协整
关系，研究结论支持增长假说（汪旭晖、刘勇，2007）。基于面板协整和
面板误差修正模型，胡军峰等以北京市为例，研究发现北京市的能源消
费和经济增长之间同样存在长期的协整关系。格兰杰因果检验表明，短
期内能源消费是引起经济增长的原因，长期内二者存在双向关系（胡军
峰等，2011）。A. Shiu 和 P. L. Lam 运用误差修正模型检验了 1971—2000
年中国实际 GDP 与用电量之间的因果关系（Shiu，Lam，2004）。结果表
明，实际 GDP 与电力消费存在长期的协整关系，格兰杰因果检验显示电
力消费引起实际 GDP 的增长。

　　其次是保守假说。该假说认为经济增长不依赖于能源消费，实行能
源节约政策不会影响经济增长。A. Kasman 和 Y. S. Duman 采用面板单位
根检验、面板协整方法和面板因果关系检验方法研究了 1992—2010 年欧
盟新成员国和候选国家的能源消费、CO_2 排放、经济增长、对外贸易和城
镇化之间的因果关系（Kasman，Duman，2015），研究表明存在从 GDP 到
能源消费的短期单向因果关系。S. Narayan 使用 135 个国家的面板数据发
现，其中 90 个发展中国家结果支持保守假说（Narayan，2016）。林伯强
等应用协整模型发现中国的经济增长是煤炭需求增长的主要原因（林伯

强等，2007）。刘凤朝等也发现经济增长是能源消费增长的重要因素（刘凤朝等，2007）。

再次是反馈假说。该假说表明经济增长与能源消费互相促进、互为依赖。有学者构建了一个包含劳动、资本和能源的新古典生产函数模型，基于多元协整和误差修正模型，并利用加拿大1961—1997年的数据研究发现，产出、劳动、资本与能源两两之间存在着长期的协整关系，短期的误差修正模型表明产出与能源之间存在双向因果关系，据此推断能源可能是加拿大产出增长的一个限制因素（Ghali，El-Sakka，2004）。利用恩格尔—格兰杰协整方法，有学者使用印度1950—1996年的时间序列数据，研究发现印度的能源消耗与GDP之间存在双向因果关系（Paul，Bhattacharya，2004）。基于面板协整模型，R. Coers和M. Sanders以30个OECD国家40年的数据为例，发现短期内在OECD国家内部，能源消费与经济增长存在双向因果关系（Coers，Sanders，2013）。基于ARDL模型，B. Lin和M. Moubarak利用中国1977—2011年的数据发现，可再生能源消费与经济增长之间存在双向的长期因果关系（Lin，Moubarak，2014）。另有学者使用面板向量自回归模型研究了1971—2013年16个撒哈拉以南非洲国家能源消费与经济增长之间的关系，并将民主制度纳入模型中，研究结果支持了能源消费与增长的反馈假说（Adams et al.，2016）。采用中国2006—2011年的省级面板数据，邢毅运用面板向量自回归模型发现，在江苏、浙江、上海、广东等地区，能源消费强度与GDP增速互为因果关系（邢毅，2015）。

最后是中性假说。该假说认为能源的变动并不会影响经济增长，能源因素并非刺激经济增长的必要条件。B. N. Huang等利用1972—2002年82个国家能源消费和GDP的面板数据，根据世界银行的收入划分标准将数据分为低收入组、中低收入组、中上收入组和高收入组，并采用系统GMM方法对该四组数据进行了估计，发现能源消费与经济增长在低收入组中不存在因果关系（Huang et al.，2008）。类似地，有研究采用面板协整的方法检验了撒哈拉以南非洲国家的能源消费与经济增长之间的关系，并按照收入水平分为低收入组和中等收入组，研究发现在低收入组中能源消费与经济增长不存在因果关系（Kahsai et al.，2012）。S. Smiech和M. Papiez以1993—2011年25个欧洲联盟成员国为例，并将研究分为两个主要阶段：第一个阶段，采用聚类分析方法；第二个阶段，采用 Bootstrap Granger 面板因果检验，研究结果支持中性假说（Smiech，Papiez，2014）。

此外，还有不少文献针对大样本进行分组，考察能源消费与经济增长关系的异质性。例如，U. Soytas 和 R. Sari 使用协整和误差修正模型考察了 10 大新兴国家和 G7 国家之间 GDP 和能源消费的因果关系（Soytas，Sari，2003），发现阿根廷的 GDP 能够带动能源消费，能源消费也促进了经济增长，意大利和韩国的经济增长促进了能源消费，而能源消费对经济增长没有影响，土耳其、法国、德国和日本四国的能源消费拉动了经济增长。因此，如果实施能源节约政策可能会抑制四国的经济增长。有文献利用 1971—2011 年 106 个国家的面板数据，利用面板向量自回归和脉冲响应函数来检验产出—能源—环境的动态相互关系（Antonakakis et al.，2017）。结果表明，不同类型的能源消费对经济增长和碳排放的影响在不同的国家分组中存在差异。经济总量增长和能源消耗之间的因果关系是双向的。没有证据显示，可再生能源消费有利于经济增长。这一事实削弱了可再生能源消费能够以更高效和环境可持续的方式促进增长的观点。国内学者使用中国省级面板数据发现，电力消费与经济增长的关系在不同区域以及长短期之间表现出较大差异，短期内，东部、西部地区的经济增长均促进了电力消费；长期内，在西部地区电力消费与经济增长存在双向因果关系，在东部地区存在从电力消费到经济增长的因果关系（李强等，2013）。运用马尔科夫区制转移（Markov Regime Switching）因果模型，有学者研究发现经济增长与石油和天然气分别存在双向因果关系，与煤炭和电力消费存在单向因果关系，而且经济增长对四种能源消费的驱动作用的持续期有所不同（隋建利等，2017）。

第四节 技术进步与环境污染

一 技术进步对环境污染影响的机理

随着全球范围内环境污染问题日益严重，技术进步对环境污染的作用逐渐引起了学术界的普遍关注。通常认为，技术进步通过三种途径影响环境污染。第一是环保产品创新。产品研发带来了环境友好型的生产工艺和技术，例如节能产品的大量使用提高了能源利用效率，从而有效地降低了化石能源的消费，减少了与能源消费相关的污染物。第二是技术进步通过转变生产方式来改善环境质量。在工业化的初始阶段，经济结构往往以高耗能、高污染为特征的资本和能源密集型重工业为主。这种发展具有不可持续性，资源枯竭与环境恶化迫切需要传统的污染型产业转型为相对清洁的技术和知识密集型产业。从产业层面讲，后者不仅具有更高的附加值，而且具有较高的环境价值。第三是通过各种可再生能源技术的广泛使用，例如风力发电技术，可再生能源的使用对传统的化石能源形成了替代，从而降低了单位 GDP 能耗。第四是技术引进，主要通过外商直接投资来实现。外商直接投资往往为东道国引入了先进的生产链和管理理念。支持外商直接投资对环境污染起着正面作用的理论认为，跨国公司为发展中国家带来的清洁生产技术，通过外商直接投资的示范效应与东道国的学习效应和竞争效应来降低其环境污染水平。

二 技术进步对环境污染影响的文献综述

本章的开头已经阐述对技术进步的分类主要有 R&D 投入、"干中学"、技术引进或溢出。自主研发技术引进是技术进步的主要途径。其中，自主研发包括 R&D 投入和"干中学"。而技术引进主要通过外商直接投资或者直接购买获得。总结现有文献，国内外学者对技术进步对环境污染的影响的研究莫衷一是。

R&D 是微观经济主体，例如企业、科研机构从事新技术和知识创造的过程，是促进经济发展中技术进步的重要途径。环保企业通过 R&D 不仅可以产生新知识，提高自身吸收知识的能力，还会对其他环保企业形成技术外溢。关于 R&D 的研究方面，有研究考察了研发活动对 CO_2 减排政策的作用，发现研发投入能够降低 CO_2 减排成本（Goulder，Schneider，1999）。V. Bosetti 等构建了一个全球诱导型技术变化混合模型。该模型通过设定影响新资本价格的"干中学"曲线与 R&D 来将技术进步内生化，最终会降低 CO_2 排放强度（Bosetti et al.，2006）。J. B. Ang 将环境因素纳入经济增长理论框架，利用中国的时间序列年度数据考察了 R&D 活动和技术转移对碳排放的影响。研究发现，提高企业研发水平可以帮助国内经济更有效地吸收发达国家的技术，从而有助于降低碳排放（Ang，2009）。彭水军、包群使用 1996—2002 年中国的省际面板数据，将技术进步分为直接效应和间接效应，分别用各地区与环境相关的科研课题经费投入和各地区政府财政科研支出来度量。研究发现，环保科研经费的投入有利于降低工业废水排放量和工业粉尘排放量，而各地区政府财政科研支出除了抑制工业废水排放外，对其余污染物排放的影响不明显或者显著为正（彭水军、包群，2006）。也有学者运用 1998—2008 年的省级面板数据研究了财政分权与碳排放的关系（张克中等，2011），并以研发强度作为技术进步的代理变量，发现研发强度与人均碳排放量呈显著负相关关系。基于改进的 STIRPAT 模型和广义矩估计方法，邵帅等研究了 1994—2008 年上海市工业分行业能源终端消费的演变趋势，发现研发强度和能源效率有助于碳减排，而且碳排放的滞后效应较为明显。从长期来看，能效提高对碳排放的抑制效应明显（邵帅等，2010）。利用中国省级面板数据构建碳排放收敛模型，有学者发现，清洁技术对碳排放的影响在区域间表现出较强的异质性，清洁技术的碳减排效应在东部地区最为显著，而中部、西部地区不明显（许广月，2010）。基于内生经济增长模型，魏巍贤、杨芳通过专利数据构建知识存量，发现自主研发和技术引进显著地抑制了碳排放（魏巍贤、杨芳，2010）。

然而，也有学者发现，研发支出对环境质量的改善作用不明显甚至为负。有研究以各产业的研发经费与增加值之比衡量，结果显示研发强度与 CO_2 排放量呈正相关，原因是各工业行业的研发并未主要投在节能减排上，以及工业行业研发经费占增加值的比重较小，仅为 3%—4%（李小平、卢现祥，2010）。也有研究使用相同的研发强度变量得出了类似的结论（何小钢、张耀辉，2012）。另有学者认为，研发投入对环境污染存在非线性特征。基于 2006—2012 年中国的省级面板数据，有研究通过构建面板门槛模型，探究了 R&D 投入强度对中国高技术产业绿色创新效率的影响。其中绿色创新效率使用 Super-SBM 模型测得，研究发现，R&D 投入强度对绿色创新效率具有双重门限效应。随着企业规模的扩大，R&D 投入强度对高新技术企业的绿色创新效率会由负变为正（王惠等，2016）。雷宏、李智使用中国省级面板的研发支出数据，综合考察了技术进步的三种不同途径对碳排放的影响，以专利授权数构建 R&D 知识存量以及外商直接投资测度技术引进水平，用二者的交叉项表征模仿创新（雷宏、李智，2017）。实证结果发现，在东部、中部地区，自主创新与技术引进促进了碳排放，而技术模仿抑制了碳排放，三种技术的碳减排效应在西部地区均不明显；进一步以工业产值比重作为门限变量发现，技术模仿的碳减排效应随工业产值比重的增大而降低。

关于外商直接投资对环境污染的影响关系研究，主要分为"污染光环假说"和"污染天堂假说"。"污染光环假说"认为，跨国企业在母国往往采用更严格的环境标准。这些企业在对外投资过程中使用更先进的污染减排技术，有利于提高能源效率，以减少污染（Birdsall，Wheeler，1993）。使用美国的企业数据进行实证研究也发现，跨国公司往往有更高的能源效率和采用更清洁的能源（Eskeland，Harrison，2003）。外商直接投资不仅对技术升级至关重要，而且通过生产生态友好产品和转移生产过程为发展中国家带来更多的环境福利（Letchumanan，Kodama，2000）。也有研究从能源需求的视角进行解释，外商直接投资尽管增加能源需求，但由于产量增加幅度更大，因此降低了能源强度（Brucal et al.，2016）。国内有学者将外商直接投资影响环境质量的途径分解为规模、结构和技术三大效应，利用中国2001—2009年的工业行业面板数据检验了外商直接投资对环境污染的影响。多种计量模型的稳健性结果表明，外商直接投资显著地抑制了环境污染，其主要原因是外商直接投资带来的正向技术效应大于由规模与结构效应引致的负向效应（盛斌、吕越，2012）。也有学者通过构建空间计量模型发现，外商直接投资在地理上的集群有利于改善中国的环境污染（许和连、邓玉萍，2012）。同时，外商直接投资与环境质量还存在非线性关系，外商直接投资质量的提升对环境改善的正向作用随着技术吸收能力的提高而增强（白俊红、吕晓红，2015）。而"污染天堂假说"认为，发展中国家为了更大程度地吸引外资，通过放松环境管制，生产较多的污染密集型产品（Walter，Ugelow，1979）。另外，地区的异质性也非常显著。有研究通过构建联立方程模型发现，外资进入会引起中国东部地区环境监管的加强和中部、西部地区环境监管的恶化，最终会加剧中国的水污染状况（张宇、蒋殿春，2014）。由此，"污染天堂假说"还是"污染光环假说"是否成立可能受样本选择的影响较大。有学者研究了2001—2004年中国112个主要城市外商直接投资对环境污染的影响，研究发现，来自国外企业的外商直接投资增加了环境污染，而来自中国香港、澳门和台湾地区的企业投资降低了环境污染（Cole et al.，2011）。基于中国1991—2011年28个省份的面板数据，有研究使用面板协整技术表明，外商直接投资和贸易开放度的扩大加剧了部分地区的环境污染。"污染天堂假说"仅在一些地区得到了支持，而"污染光环假说"在其他地区也得到了经验支持（杨子晖、田磊，2017）。该研究对于后者给出的解释是，外商直接投资推动了这些地区清洁能源的发展。

第五节　技术进步与能源效率

一　技术进步对能源效率影响的机理

能源作为一种重要的投入要素，与资本和劳动一样，是经济增长的重要动力来源。在能源资源紧缺的背景下，如何以较少的能源耗费实现经济增长的可持续是摆在政府面前的紧迫任务。技术进步是推进能源效率提升的重要基础，因此研究技术进步对能源效率的影响以及作用机制十分必要。技术进步主要通过以下渠道促进能源效率的提升。首先，技术进步通过改善其他生产要素来提高能源效率，新产品的研发改进了旧设备和旧有技术，减少了原材料不必要的损耗。现有研究表明，技术进步与人力资本紧密相关，技术进步提高了劳动者的素质和业务能力，增强了其对新环保技术的消化吸收能力和应用能力，从而节约了能源消耗。其次，通过技术引进，一方面，有效研发劳动逐渐增多，增强了企业组织管理水平，这种"软"实力促使能源利用更加合理；另一方面，经济主体的节能环保意识不断增强，从根本上促进能源消费方式的变革。再次，技术进步通过优化产业结构改善能源效率，科技进步带动了新生产部门的诞生。纵观人类几次重要的科技革命，无一不是伴随着产业结构的巨大调整发生的。第一次工业革命中蒸汽机逐渐取代了农耕工具，标志着人类迈进了工业社会。在工业社会中，能源资源大量被消耗，环境破坏日益严重，节能环保成为时代的趋势，耗能较大的产业逐渐被清洁产业取代，最终节约了能源。最后，技术外溢推动了社会整体的技术进步，外商直接投资具有较强的技术外溢效应，通过示范、竞争等效应提高了东道国企业的技术水平。具体地，东道国通过学习、消化吸收跨国企业的先进知识以及管理方法，降低了生产成本；同时跨国企业的进入增加了东道国企业的竞争压力，倒逼东道国企业增加研发支出，提高节能技术水平。

二　技术进步对能源效率影响的文献综述

R. F. Garbaccio 等较早地通过定量分析认为，技术进步是推动中国能源强度下降的主要因素（Garbaccio et al.，1999）。有学者利用中国1997—1999年2500家能源密集型大型工业企业的面板数据，发现增加研发支出是推动中国能源强度和能源消费不断下降的主要驱动因素（Fisher-Vanden et al.，2004）。K. Fisher-Vanden 等进一步使用该数据并将技术进步分为国内技术和引进技术，发现两种技术都有利于促进能源节约，但影响程度存在差异（Fisher-Vanden et al.，2006）。另外，国内企业的技术研发水平对于成功吸收国外的先进技术至关重要。利用指数分解法，国内有学者研究了中国1980—2003年工业部门能源强度的变化，认为技术进步有效地推动了中国能源效率的提高，而结构因素对能源效率的影响有限（齐志新、陈文颖，2006）。另有学者用研发投入、外商直接投资、人力资本和对外开放度表征技术进步，以能源消费总量与GDP的比值来表示能源效率。结果显示，从长期来看，研发投入、外商直接投资和国外技术溢出显著提高了能源效率，人力资本对能源效率具有抑制作用；而短期内研发对能源效率的影响更大（徐士元，2009）。基于省份、区域以及工业数据，使用外商直接投资表征技术进步，成金华、李世祥研究了中国工业化进程中能源效率的影响因素。研究发现，整体上技术进步提升了能源效率，但在不同区域中的异质性较为明显。在东部和西部地区，技术进步提高了能源效率；而在中部地区，技术进步反而抑制了能源效率（成金华、李世祥，2010）。可能的原因是，中部地区承接了东部地区较多的高耗能、高污染产业。还有研究发现，R&D构建的知识存量会降低能源强度（冯泰文等，2008）。

也有学者持不同观点。有研究以单位能源消费的GDP产出表示能源效率，分析了美国1957—2004年技术进步、经济结构和能源价格对能源消费和能源效率的影响。结果表明，R&D知识技术存量与能源效率存在明显的双向因果关系（徐国泉、姜照华，2007）。基于纳入环境生产函数和环境方向性距离函数的DEA模型，有研究测算了全要素能源效率，并以此作为能源效率的度量指标，发现长三角都市圈外商直接投资对能源效率具有显著的负面效应（张伟、吴文元，2011），认为该地区外商直接投资的企业大多是高耗能、高排放行业，其余技术进步指标对能源效率的影响也为负，表明该地区的技术进步是以生产型技术进步为主。王班班、齐绍洲使用中国工业行业的面板数据发现，R&D与外商直接投资水平溢出有利于降低能源强度（王班班、齐绍洲，2014）。大多文献发现技术进步有利于能源效率的提高，由技术进步引起的能源消费反弹也是学术界较为关注的问题（国涓等，2010），技术进步对能源效率的负面影响很可能来源于能源反弹效应（罗会军等，2015）。能源反弹效应产生的原因是，技术进步会降低生产成本，引起能源价格下降，从而提升了外部需求，导致能源消费增加。

第六节　对现有文献的述评

现有研究从不同的视角深入研究了技术进步、绿色技术进步和生态文明建设的内涵、理念，通过使用不同的研究方法与不同的样本数据，基于国家、产业、空间等视角，考察了技术进步对环境污染和能源效率的影响以及作用机制，得出了许多具有实际指导意义的结论。尽管如此，现有研究仍有一些需要改进的空间。

首先，现有研究大多关注技术进步如何提高环境质量，而事实上技术进步也会导致环境污染。技术进步主要分为生产型技术进步和清洁型技术进步。前者是企业为了追求最大化效益，往往忽视生态环境价值；而后者对环境具有正外部性，有利于环境保护。从经济的不同发展阶段来看，在经济发展初期，由于经济发展是首要问题，环境价值往往被忽视，此时以不利于生态保护的生产型技术进步为主；而在经济发展后期，居民生活水平得到提高，生态环境恶化的现状以及人们转向追求更高质量的生存环境的需求，促使生产者采用清洁技术进行生产。

其次，大多数研究在具体考察技术进步对节能减排的影响时，研究结论不一。其往往选择的只是技术进步其中的一项指标，例如研发强度、专利、技术引进或者外商直接投资等，综合考察技术进步的研究较少。然而，每个指标均有优缺点。例如，并不是所有的生产型技术都会申请专利，可能会低估技术对环境污染的作用。考虑到技术来源的多元化，现有研究不能从不同技术层面考察技术进步对能源效率和环境污染的影响，进而可能导致研究不够全面，得出的结论不具有说服力。技术进步的来源不仅包括国内自主研究与技术引进，还包括国内企业对先进技术的消化吸收能力。因此，有必要从更宽泛的范畴来界定技术进步。此外，由于经济体是动态发展变化的，各种行为变量是互相作用、互相影响的。现有大多数文献不能从动态一般均衡的视角来量化中国的绿色技术进步在促进生态文明建设中的重要作用。由于数据的可得性，第三章、第四章使用的专利数据包括生产型专利研发、节能减排型专利研发，而在第五章、第六章定义的绿色技术进步分别包括污染减排技术、低碳与能源节约型技术，其中污染减排技术主要指烟气净化技术，例如脱硫脱硝装置等，而低碳与能源节约型技术指风能、水能、太阳能等新能源开发技术以及低碳技术，例如碳捕捉与封存技术等。

最后，现有研究大多集中在国家、省级以及产业层面数据上，对城市数据的相关研究较少。特别是当前关于环境污染的文献，仍有不少聚焦在省级面板数据上（马丽梅、张晓，2014；邵帅等，2016）。然而，各省份包含了多个城市单元。由于各城市的经济发展程度、技术进步水平以及资源禀赋不一，其污染排放或者能源效率水平也具有较大差异，尤其是 SO_2 排放，往往具有典型的区域性特征。因此，使用省级数据进行简单的计量回归不仅会造成偏差，而且不能以更微观的视角捕捉到城市层面的特质信息，不能包括更多的统计自由度，进而政策应用空间会受到极大的限制。因此，本书尝试使用中国城市层面的微观面板数据来系统地探究技术进步对环境污染和能源效率的作用。

第 三 章

技术进步对环境污染的
空间溢出影响

　　随着人口红利的减少，以高投入、高排放以及高污染为典型特征的传统的经济增长模式难以为继。在资源与环境的双重约束下，依靠技术创新来推动经济的健康持续发展成为摆在现阶段的突出任务。然而，技术进步对环境污染的影响并不明确。一方面，技术进步通过提高能源使用效率以及开发新能源促进经济实现绿色转型（Jaffe et al.，2002）；另一方面，技术进步包含"肮脏"能源的技术进步，由于技术进步的路径依赖特性，企业在最初进行生产时如果使用这种技术，在后期较长时间内可能会继续沿用这种技术，不利于环境污染的改善（Acemoglu et al.，2012）。本章首先回顾了关于技术进步对环境污染影响的相关文献所使用的方法，随后考察了不同来源的技术进步分别对 SO_2 和 $PM_{2.5}$ 污染等的空间溢出效应，以探究当前技术进步是生产型技术进步为主还是清洁型技术进步为主。

第一节　技术进步对环境污染影响的
方法综述

　　从研究内容来看，国内关于技术进步对环境污染的主要研究集中在 CO_2 排放上。从其中的研究方法来看，在静态面板模型方面，有学者在技术进步、碳排放与经济增长内生理论的基础上，将技术进步对碳排放的效应分为直接效应与间接效应，使用固定效应面板模型回归后发现，技术进步对碳排放的直接效应为负，不足以抵消其正向的间接影响，造成技术进步对碳排放的效应为正（申萌等，2012）。在动态面板模型方面，有学者基于内生增长理论与碳排放模块，利用动态 GMM 方法考察了技术进步对碳排放的影响。研究发现，自主研发与技术引进有利于减少碳排放，但国内企业的消化吸收能力较弱，在不同区域间也表现出明显的异质性（魏巍贤、杨芳，2010）。类似地，也有研究通过构建动态面板数据模型，发现滞后的技术进步对碳排放具有一定的抑制作用（李凯杰、曲如晓，2012）。还有研究分析了外商直接投资与研发投资对碳排放的影响，结果显示，当期外商直接投资的技术溢出的碳排放效应有限，而滞后一期的外商直接投资显著促进了各地区的碳排放。外商直接投资对碳排放的作用在不同区域间表现出较大差异，呈现东、中、西部地区依次衰减的趋势，而研发投入对碳减排具有积极的影响（李子豪、刘辉煌，2011）。不同来源的技术进步对碳排放的影响也有差异，相关研究发现，以专利授权量衡量的广义技术进步促进了碳排放，而资本体现型技术进步抑制了碳排放（张文彬、李国平，2015）。此外，使用不同的方法得出的结果也有差异。有研究构建了时间序列模型，使用 LMDI 分解法研究发现，代表技术进步的研发强度、与前沿国家技术的差距，以及对先进技术的吸收能力促进了碳减排（王曾，2010）。基于 IPAT 模型，有研究得出了相反的结论，发现在碳排放峰值到来之前，技术进步对碳排放具有一定的促进作用（陈劭锋等，2010）。姚西龙基于指数分解法研究发现，技术进步是降低中国制造业 CO_2 排放强度的重要因素，年平均贡献率为 88.146%，尤其在有色金属冶炼及压延加工业等重工业行业表现较为明显（姚西龙，2013）。

另有学者采用 DEA 方面测度技术进步。借助 DEA 模型，陈震等估算了技术进步对碳排放绩效的影响，研究发现 R&D 投入强度的两期滞后值（1%）对碳排放绩效（0.024%）具有显著的正向影响（陈震等，2011）。根据 1998—2008 年的省份面板数据，有学者研究了不同区域的工业规模效率与技术进步对碳排放的影响（姚西龙、于渤，2011）。结果发现，技术进步在总体上抑制了碳排放，但在各个地区表现不同。由于东部地区倾向于发展节能型技术，对碳排放的抑制作用明显；中部、西部地区仍以能耗强度高的技术进步为主，促进了碳排放。有学者构建向量自回归模型，研究了技术进步与碳排放的关系，结果表明，技术进步在长期内降低了碳排放，但短期内的效果不明显（李凯杰、曲如晓，2012）。基于 Malmquist 生产率指数，张兵兵、徐康宁通过建立固定效应模型，研究了 32 个发达国家与 34 个发展中国家的技术进步对 CO_2 排放强度的效应。研究发现，发达国家的技术进步抑制了 CO_2 排放；然而，发展中国家的技术进步对碳减排的作用不明显，这表明技术进步对 CO_2 的影响在发展中国家中具有不确定性（张兵兵、徐康宁，2013）。借助 P. Krugman 的分析框架（Krugman，1991），有学者利用工业行业面板数据研究发现，进出口的技术溢出效应表现不同，在行业层面上，轻工业的进出口技术溢出效应降低了工业碳排放（罗良文、李珊珊，2013）。类似地，也有学者通过使用 DEA 方法测算的全要素生产率，并以分解出来的技术效率作为技术进步水平的代理变量，构建了面板向量自回归模型以研究技术进步与碳排放的关系，研究表明技术进步对碳排放的影响并不显著（师应来、胡晟明，2017）。

在非线性模型研究方面，有学者利用面板门限回归模型，研究发现国外技术引进有利于减少碳排放，而自主研发的减排效应不明显。门限回归模型结果显示，技术进步的减排效应随着能源消费量的增加而逐渐减小（陈子寅，2013）。也有学者同样利用该模型研究了广义技术进步、能源技术水平和资本体现型技术进步对碳排放的影响，以经济增长为门限，在经济发展水平较高的地区，广义技术进步与资本体现型技术进步有效降低了碳排放，双重门限分别为 15740 元与 63513 元，能源技术进步则促进了碳排放（刘广亮等，2017）。

近年来，相关研究开始使用较新发展的空间计量方法研究碳排放或碳排放强度的空间溢出效应。有学者使用中国 1997—2012 年的省级面板数据，Moran's I 全局相关性检验显示，中国省份碳排放强度的集聚程度正在加强；通过构建空间滞后模型发现，不同技术进步指标对碳排放强度的影响有所差异（张翠菊、张宗益，2015）。外商直接投资与 R&D 投入在空间上对碳排放强度的外溢效应明显，尽管专利授权量对本地的碳排放强度具有一定的抑制作用，但促进了相邻地区碳排放强度的提高。逯雅雯同样运用省级面板数据，研究了不同技术进步对碳排放效率的空间影响。专利授权量与外商直接投资的碳减排效应非常显著，而且在系数上前者大于后者。空间计量回归结果表明，某一省份碳排放效率提高，对其他邻近省份形成一定的空间正溢出效应（逯雅雯，2016）。另有研究发现，中国的碳排放强度在区域中的空间溢出效应明显，外商直接投资与研发投入有利于降低碳排放强度，但对邻近地区的空间溢出作用有限（张翠菊等，2016）。

雾霾污染问题已引起学者的广泛关注，国内有学者使用空间杜宾模型发现中国存在严重的雾霾空间溢出效应，认为区域间的产业结构转移加剧了雾霾污染（马丽梅、张晓，2014），并进一步研究了能源结构、交通模式以及产业结构对雾霾污染的影响（马丽梅等，2016）。另有学者使用2015年1月—2017年2月地级市面板数据检验了雾霾污染的EKC，空间模型自相关检验表明，中国区域间存在较强的空间自相关性。回归结果表明，以第二产业为主的产业结构与民用汽车保有量加剧了雾霾污染（张生玲等，2017）。李力等以资本劳动比作为技术进步的代理变量，发现外商直接投资对珠三角地区雾霾污染具有显著的抑制作用（李力等，2016）。还有研究使用1998—2012年的省级面板数据，结合哥伦比亚大学的 $PM_{2.5}$ 栅格数据和空间动态GMM模型，较为详细地构建了多个空间权重矩阵。基于STIRPAT模型的回归结果发现，研发强度与能效提高对雾霾的抑制作用不明显（邵帅等，2016）。

从当前的研究来看，大多数研究着眼于技术进步对碳排放的影响，由于数据选择、模型设定的不同得出的结论存在差异，并表现出明显的地区异质性。在肯定现有文献贡献的同时，也应看到一些不足之处。在使用的数据上，当前文献多采用省级层面数据，相较而言，城市层面包含更多的数据信息，拥有更多的优势。在研究方法上，多数文献停留在构建传统的面板数据模型，忽视了污染物的空间溢出效应。尽管已有一些新的关于雾霾污染空间溢出的文献，但这些文献多着重于研究其空间溢出效应以及相关影响因素，并未充分考虑到技术进步对环境污染的空间溢出效应，理论上存在技术落后地区通过学习效应追赶技术先进地区，进而降低当地环境污染的可能。为了验证这些事实是否存在，有必要基于现有的更为细致的城市层面面板数据，研究技术进步对环境污染的影响。

第二节　空间计量模型理论

一　基础理论

（一）空间相关性

空间计量经济学（Spatial Econometrics）诞生于 20 世纪 70 年代，由荷兰经济学家 J. Paelinck 较早提出（Paelinck，1978），当时由于各种原因并未进入主流。随后经 L. Anselin 等学者进一步发展（Anselin，1988）。直至 20 世纪 90 年代初期，由美国经济学家 Paul Krugman 发表的一系列基于贸易与地理的相关著作，标志着空间计量在学术界的再度兴起。过去十多年，空间计量经济学得到了迅速发展，特别是在空间面板的模型设定和估计方面。学者们研究空间计量模型的兴趣与日俱增，原因是可用于空间单位的地理数据集大幅增加。丰富的面板数据为研究提供了更多的样本信息，增加了统计的自由度，使模型估计效率大大提升。

空间回归分析内容主要包括空间依赖性与空间异质性。空间依赖性是识别空间效应的主要来源，指各观察值之间是相互影响的，存在一定的依赖关系。这种关系产生的原因一是地理距离上的，二是空间上的。也就是说，在构建空间计量模型时，需要首先考察空间数据是不是相互独立的。若存在相互独立性，则采用常规的计量方法；否则，则可以建立空间计量模型。传统的时间序列倾向于表现出自相关特征，一般采用因变量的 $t-1$ 期作为滞后值，在时间序列基础上加入空间考量使自相关问题变得更为复杂。基于空间的时间序列不仅存在相关依赖的可能性，而且在多个方向是相关联的。具体而言，空间依赖性表现为邻近地区的变量取值更为接近。空间自相关对应不同的四种类型：高高（区域与周边区域均处于较高的集聚水平，差异程度小）、低低（区域与周边区域均处于较低的集聚水平，差异程度小）、高低（区域自身集聚水平高，周边地区集聚水平低，二者差异较大）与低高（区域集聚水平低于周边地区），其中前两个称为"空间正相关"，其数量比例是判断某一地区是否具有显著的空间集聚特征的标准，后两个称为"空间负相关"。以上是基于全局空间自相关进行分析的。衡量全局空间自相关的方法有 Moran 提出的空间相关指数 Moran's I（Moran，1950）与 R. C. Geary 提出的 Geary's C

指数（Geary，1954）。Moran's I 指数可表示为：

$$\text{Moran's I} = \frac{\sum\limits_{i=1}^{n}\sum\limits_{j=1}^{n} W_{ij}(Y_i - \bar{Y})(Y_j - \bar{Y})}{S^2 \sum\limits_{i=1}^{n}\sum\limits_{j=1}^{n} W_{ij}} \tag{3-1}$$

其中，Y_i 表示第 i 个地区的观察值；$S^2 = \frac{1}{n}\sum\limits_{i=1}^{n}(Y_i - \bar{Y})^2$，表示样本方差；$\bar{Y} = \frac{1}{n}\sum\limits_{i=1}^{n}Y_i$，表示样本均值；$W_{ij}$ 为空间权重矩阵，目的是研究变量在空间上的相互邻近关系。对空间权重矩阵进行行标准化后，Moran's I 指数的形式变为：

$$\text{Moran's I} = \frac{\sum\limits_{i=1}^{n}\sum\limits_{j=1}^{n} W_{ij}(Y_i - \bar{Y})(Y_j - \bar{Y})}{\sum\limits_{i=1}^{n}\sum\limits_{j=1}^{n}(Y_i - \bar{Y})^2} \tag{3-2}$$

其中，Moran's I 指数的取值范围为 [-1，1]，符号代表相关性的方向。当 Moran's I 指数大于 0，表示空间正相关；当 Moran's I 指数小于 0，表示空间负相关；Moran's I 指数为 0 时，表示不存在空间自相关。对得到的 Moran's I 指数的计算结果进行标准化。在正态假设条件下，基于空间地理数据的分布特征，分别可以获得全局空间自相关 Moran's I 指数的期望值 $E_M(I)$ 与方差 $\text{Var}_M(i)$：

$$E_M(I) = -\frac{1}{n-1} \tag{3-3}$$

$$\text{Var}_M(i) = \frac{n^2 w_1 - n\, w_2 + 3\, w_0^2}{w_0^2(n^2-1)} - E_M^2(I) \tag{3-4}$$

在随机分布条件下，Moran's I 的期望值 $E_S(I)$ 与方差 $\text{Var}_S(i)$ 分别为：

$$E_S(I) = -\frac{1}{n-1} \tag{3-5}$$

$$\text{Var}_S(i) =$$

$$\frac{n[(n^2-3n+3)w_1 - nw_2 + 3w_0^2] - K[(n^2-n)w_1 - 2nw_2 + 6w_0^2]}{w_0^2(n-1)(n-2)(n-3)} - E_S^2(I)$$

$$\tag{3-6}$$

其中，$w_0 = \sum\limits_{i=1}^{n}\sum\limits_{j=1}^{m} w_{ij}$，$w_1 = \frac{1}{2}\sum\limits_{i=1}^{n}\sum\limits_{j=1}^{m}(w_{ij} + w_{ji)})^2$，$w_2 = \sum\limits_{i=1}^{n}(w_{i.} + w_{j.})^2$，

$$K = \frac{n \sum_{i=1}^{n} (y_i - \bar{y})^4}{[\sum_{i=1}^{n} (y_i - \bar{y})^2]^2}, \ w_i. \ 为 w_{ij} 的第 i 行之和, \ w_{.j} \ 为 w_{ij} 的第 j 列之和。$$

以上考察的是全局空间自相关的情形，衡量局部区域的空间依赖性通常使用局部 Moran's I 指数，与全局 Moran's I 指数分析类似，这里不再赘述。局部 Moran's I 指数的表达式为：

$$I_L = \frac{(y_i - \bar{y}) [\sum_{j=1}^{n} w_{ij} (y_i - y_j)]}{S^2} \tag{3-7}$$

其中，$S^2 = \frac{1}{n} \sum_{i=1}^{n} (y_i - \bar{y})^2$，为样本观测值的方差。

另一种衡量指标为 Geary's C 指数，该指数与 Moran's I 指数的区别在于指数取值不同，Moran's I 指数比 Geary's C 指数更为稳定。但这两种方法的共同缺陷在于，不能区分"高高"与"低低"两种情形。为了解决该问题，有学者提出了 G 指数（Getis，Ord，1992）：

$$G = \frac{\sum_{I=1}^{n} \sum_{j=1}^{m} w_{ij} y_i y_j}{\sum_{i=1}^{n} \sum_{j \neq i}^{m} y_i y_j} \tag{3-8}$$

其中，w_{ij} 为二元选值的空间权重矩阵。判断的标准是将 G 指数与该指数对应的期望值作比较，如果存在"高高"点，则 G 指数取值大于该期望值；如果 G 取值小于该期望值，则存在"低低"点。

（二）空间异质性

现有不少针对区域经济研究的文献表明，空间效应具有一定的异质性特征。与空间依赖性主要强调地理距离不同，空间异质性主要描述不同经济个体之间的差异性。这种差异性具有一定的结构不稳定性特征，并可以以模型函数形式或参数表现出来（叶阿忠等，2015）。另外，变量缺失或者设定偏误可能导致异方差性。由此，空间异质性在理论上可以使用传统的计量经济方法加以处理，例如变系数回归法。如果通过具体模型刻画空间异质性，则模型可以表示为：

$$y_i = a + X\beta_i + \varepsilon_i \tag{3-9}$$

空间异质性主要通过 β_i 系数体现出来，如果存在空间异质性，则单个个体的 β_i 系数在空间上会存在差异；反之，单个个体的 β_i 系数在空间上均相等。

在处理现实问题时，空间计量模型结构可能由空间依赖效应与空间异质效应共同引起，现有技术水平在区分这两种效应上稍显不足。

二 空间面板计量基本模型

(一) 空间自回归模型 (SLM)

空间自回归模型，也称作空间滞后模型，主要考察区域间是否存在相互影响。与一阶自回归的时间序列模型类似，空间自回归模型加入了空间滞后项，其带有外生解释变量的一般模型形式为：

$$Y = \rho WY + X\beta + \varepsilon \qquad (3-10)$$

$$\varepsilon \sim N\ (0,\ \sigma^2 I) \qquad (3-11)$$

其中，Y 是被解释变量；ρ 是空间自回归估计系数，刻画了邻近地区对本地区的影响强度以及方向；W 是构建的空间权重矩阵，表示某一截面单元与其他截面单元被解释变量的相关性；X 是 $n \times k$ 的外生变量；β 是外生变量的估计系数；ε 是误差项。当 $\beta = 0$ 时，方程退化成空间一阶自回归模型 (SAR)；当系数 $\rho = 0$ 时，方程变为一般的计量线性模型。因此，将 ρ 是否为 0 作为判断模型是否存在空间效应的标准。显然，WY 与误差项存在内生性 $[CY \equiv (I - \rho W)\ Y = X\beta + \varepsilon]$。鉴于此，使用传统的普通最小二乘法 (OLS) 进行估计必然是有偏的，通常使用极大似然估计法对其进行计算。将多维正态密度公式代入似然函数后，得到：

$$\ln L(Y|\rho, \sigma^2, \beta) = -\frac{n}{2}\ln 2\pi - \frac{n}{2}\ln\sigma^2 +$$

$$\ln|A| - \frac{1}{2\sigma^2}(CY - X\beta)'(CY - X\beta) \qquad (3-12)$$

在 ρ 的估计值已知的条件下，可以分别求得 σ 以及 β 的估计值：

$$\hat{\sigma}^2 = \frac{e'e}{n} = \frac{(e_0 - \lambda e_M)'(e_0 - \lambda e_M)}{n} \qquad (3-13)$$

$$\hat{\beta} = (X'X)^{-1}X'CY = \hat{\beta}_0 - \lambda\hat{\beta}_M \qquad (3-14)$$

其中，e_0 是 Y 对 X 进行回归后的残差，e_M 是 WY 对 X 回归后的残差；β_0 表示 Y 对 X 的回归系数，$\hat{\beta}_M$ 表示 WY 对 X 的回归系数。

(二) 空间杜宾模型 (SDM)

空间杜宾模型假定区域的因变量不仅受本区域自变量的影响，而且还受其相邻区域自变量的影响。该模型的一般表达式为：

$$Y = \rho WY + X\beta + WX\delta + \varepsilon \qquad (3-15)$$

其中，$WX\delta$ 表示相邻区域自变量对本地区的影响，δ 为估计系数向量。

（三）空间误差模型（SEM）

空间误差模型描述的是扰动项存在空间相关性造成的空间总体相关。其模型的一般表达式为：

$$Y = X\beta + \varepsilon; \quad \varepsilon = \rho W\varepsilon + \mu \qquad (3-16)$$

$$\mu \sim N \left[0, \ \sigma^2 I\right] \qquad (3-17)$$

其中，ρ 为空间误差相关系数，考察的是相邻个体的误差项冲击对本区域的影响。该模型的经济含义是，某一区域的误差冲击会随着时间的推移传递至相邻区域，但这一过程持续的时间较长。尽管该模型可以使用 OLS 进行估计，但由于误差项存在自相关性，直接使用 OLS 估计会造成效率损失，因此使用极大似然估计方法进行估计。令 $A = I - \lambda W$，则样本的对数似然函数可表示为：

$$\ln L = -\frac{n}{2}\ln 2\pi - \frac{1}{2}\ln(\mid\Omega\mid \times \mid A \mid^{-2})$$

$$-\frac{1}{2}(AY - AX\beta)'\Omega^{-1}(AY - AX\beta) \qquad (3-18)$$

根据式（3-18）的一阶极值条件，可求得 β 的估计值：

$$\hat{\beta} = (X'A'\Omega^{-1}AX)^{-1}X'A'\Omega^{-1}AY \qquad (3-19)$$

为简单起见，假定协方差矩阵 $\Omega = \sigma^2 I$，可以得到 Ω 的估计量：

$$\hat{\Omega} = \frac{1}{n}(Ae)'(Ae) \times I \qquad (3-20)$$

其中，$e = Y - X\hat{\beta}$，将 $\hat{\Omega}$ 与 $\hat{\beta}$ 代入似然函数，进一步求解 ρ 的估计量，重新代入 $A = I - \lambda W$，经过多次反复迭代，直至出现收敛。

三 空间权重矩阵设定

（一）二元选择空间权重矩阵

在构建空间计量模型之前，需要建立合适的空间权重矩阵 W 来描述地区在空间上的邻近关系。在理论上能够完全描述空间结构的最优空间权重矩阵是不存在的。因此，满足空间相关性随着构建的空间权重矩阵距离的增大而递减的构建原则成为必要条件。通常来说，空间权重矩阵的选择是外生的，一种是简单的二项选择邻近矩阵，另一种是基于距离的二元选择空间权重矩阵。二项选择邻近矩阵可简单地表示为：

$$w_{ij} = \begin{cases} 1 & \text{区域 } i \text{ 与 } j \text{ 相邻} \\ 0 & \text{区域 } i \text{ 与 } j \text{ 不相邻} \end{cases} \qquad (3-21)$$

相比而言，基于距离的二元选择空间权重矩阵要求事先设定一个门槛值。低于该门槛值则认为两地区是相近的，表示为 1；否则认为两地区距离不相邻，表示为 0。该空间权重矩阵可表示为：

$$w_{ij} = \begin{cases} 1 & \text{区域 } i \text{ 与 } j \text{ 之间的距离小于 } d \\ 0 & \text{区域 } i \text{ 与 } j \text{ 之间的距离大于 } d \end{cases} \qquad (3-22)$$

值得注意的是，空间权重矩阵的对角线上的元素均为 0，一般还将得到的空间权重矩阵进行标准化处理（$w_{ij}^m = \dfrac{w_{ij}}{\sum_j w_{ij}}$），以降低区域间的外在效应。

（二）反距离权重矩阵

根据地理学第一定律，任何事物与周围其他事物之间均存在一定的联系，通常将距离作为衡量事物关系远近的标准。区域间的相互地理距离越大，权重就越小；反之，则权重越大。反距离权重法是对平均距离进行加权，理论上符合地理学第一定律。本书采用地级市两两之间欧氏距离的倒数来表征反距离矩阵：

$$w_{ij} = \begin{cases} \dfrac{1}{\sqrt{(x_i - x_j)^2 + (y_i - y_j)^2}} & i \neq j \\ 0 & i = j \end{cases} \qquad (3-23)$$

其中，x_i 与 y_i 分别表示第 i 个地区的位置坐标，x_j 与 y_j 分别表示第 j 地区的位置坐标。

（三）技术距离

技术水平的提高有利于区域的产业升级与技术创新，通过对先进知识和经验的消化吸收，转化为产出，进而推动区域经济快速发展。由于各城市间的技术水平不同，技术水平对环境污染的影响可能会有一定的空间溢出效应，即技术进步不仅会影响周边相邻地区的技术水平，还会对相邻地区的技术水平产生影响。对经济发达的城市而言，较高的技术水平促进了自身经济发展，提高了自主创新能力，对周边地区形成带头作用；相对而言，经济落后地区通过对技术先进地区的模仿，提高自身技术水平，进而促进经济增长。在构建地级市技术距离权重矩阵时，采用两个城市专利积累量差的绝对值的倒数来刻画。

$$w_{ij} = \begin{cases} \dfrac{1}{\left| Tech_{it} - Tech_{jt} \right|} & i \neq j \\ 0 & i = j \end{cases} \qquad (3-24)$$

其中，$Tech_{it}$ 与 $Tech_{jt}$ 分别表示第 i 个地区与第 j 个地区在 t 年的技术积累水平。为简单起见，本章将样本区间内所有城市的平均技术积累差的绝对值的倒数作为衡量技术距离的权重。

（四）经济权重矩阵

由于不同城市经济发展程度存在差异，不少国内外学者已采用经济距离对此进行深入研究。该权重矩阵倾向于描述，如果邻近地区的经济发展水平相似，则两地之间的经济联系较紧密。显然，这一设定具有一定的缺陷。该权重矩阵的设定表明两地区间的影响是相同的，未能区分哪一方的影响更大。例如，北京对张家口的辐射效应明显大于张家口对北京的影响。为了克服这一缺点，通过构建新的经济权重矩阵，具体可表示为：

$$W = W_D diag \left(\frac{\overline{X_1}}{\overline{X}}, \frac{\overline{X_2}}{\overline{X}}, \cdots, \frac{\overline{X_N}}{\overline{X}} \right) \qquad (3-25)$$

其中，W_D 表示地理距离权重矩阵；$\overline{X} = \dfrac{1}{t_1 - t_0 + 1} \sum_{t=t_0}^{t_1} X_{it}$，表示样本研究期内第 i 个城市的经济增长水平；$\overline{X} = \dfrac{1}{n(t_1 - t_0 + 1)} \sum_{i=1}^{n} \sum_{t=t_0}^{t_1} X_{it}$，表示样本研究期内经济增长总量的均值。这样设定的重要意义在于，可以刻画出经济发展水平差异对环境污染的动态影响。

需要指出的是，本章构建空间权重矩阵使用的是 Geodata 软件，shp 文件来源于国家地理信息系统的 1：400 万地级市数据。根据研究需要，不同于以往简单的二元 0—1 空间权重矩阵，本章构建了欧式距离（即反距离）空间权重矩阵与技术距离权重矩阵。

第三节　技术进步对环境污染的空间模型的建立

一　理论模型设定

G. M. Grossman 和 A. B. Krueger 较早地通过研究北美贸易自由化对环境的影响，提出了贸易影响环境的三大因素：规模效应、结构效应和技术效应（Grossman，Krueger，1991）。首先是规模效应。对于经济规模而言，一般来说，在经济发展初期，随着经济总量不断增加，需要相应较多的非可再生能源特别是化石能源的投入，同时工业化进程加快的速度超过环境承受能力，由此引发的有害污染物产量会增加，进而导致环境质量不断下降。该研究还认为，贸易的扩大导致对跨国或者跨区域间服务的需求增加，而运输管理水平并没有相应提高，贸易最终导致环境恶化。这种效应被称作规模效应。其次是结构效应。当经济发展到一定水平后，经济结构趋于优化，产业结构向合理化与高级化发展，以高投入、高污染、高排放为标志的能源密集型产业的比例不断下降，技术密集型与资本密集型企业的占比不断增加，促使环境质量提升，即结构效应（Grossman，Krueger，1991）。贸易对环境影响的结构效应主要来源于贸易政策，贸易自由化的实行促使各国专注于发展本国具有比较优势的产业。如果这种竞争优势来自政府环境规制政策的差异，那么贸易自由化很可能引发环境污染（Grossman，Krueger，1991）。这是因为企业可以通过发展政府对环境监管宽松的产业，或者转移产业来规避政府监管。最后是技术效应，根据内生增长理论，一般而言，节能型技术促进能源效率提高，使节能减排成为可能，可以实现在增加产出的同时减少环境污染。而 G. M. Grossman 和 A. B. Krueger 认为，随着人们的环保意识逐渐增强，新的清洁技术逐渐替代旧的污染技术，再加上贸易自由化促使经济福利不断提高，需要配套严格的环境标准和法规制度。

基于上述理论，有学者进一步将经济开放度纳入环境污染的理论模型中估算了贸易对环境污染的影响（Antweiler et al.，2001）。该理论假定一个包含 M 个经济个体的小开放经济体具有两种生产要素，即劳动力和资本。假定规模报酬不变，该经济体存在两个生产部门，第一个部门 X 是资本密集型产业，会对环境产生负面影响；第二个部门 Y 是劳动密集型产业，不会造成环境污染。污染生产者将生产要素的一部分投入用于治污，以第二个部门 Y 产品的价格作为价格基准，则第一个部门 X 的产品价格为：

$$p = \beta p^w \qquad (3-26)$$

其中，p 是第一个部门 X 生产的产品价格，β 表示地区之间的进出口贸易摩擦，p^w 表示 X 生产的产品相对于全部地区的价格。如果一个地区进口 X 生产的污染品，那么 β 大于 1；若该地区出口 X 生产的污染品，则 β 小于 1。

接下来，定义污染排放物 Z。由于污染物全部由 X 部门生产，该部门必须将产出的一部分用于治污。假设该部门的总产出为 x，分配治污的产出为 x_a，则 $x_a = \theta x$。假定污染与产出成正比，在规模报酬不变的条件下，污染物排放可表示为：

$$z = e(\theta)x \qquad (3-27)$$

其中，$e(\theta)$ 表示由 X 部门所生产的产品的单位排放。另外，政府会对污染物进行征税，假定税率为 φ，则 X 部门的利润函数可以表示为：

$$\pi_x = [p(1-\theta) - \varphi e(\theta)]x - wL_x - rK_x \qquad (3-28)$$

其中，π_x 表示 X 部门的产品利润，w 和 r 分别表示劳动力价格和资本价格，L_x 和 K_x 分别表示 X 部门的劳动力投入和资本投入，$p(1-\theta) - \varphi e(\theta)$ 表示 X 部门产品的净生产者价格，为简单起见，另表示为 p^M。给定产出水平，θ 的一阶条件为：

$$p = -\varphi e'(\theta) \qquad (3-29)$$

经过变换，也可以记为 $e = e(\varphi/p)$。对于消费者而言，所有消费者除了对污染外都具有相同的偏好。消费者分为两类：一类消费者有较强的环保意识，记为 M^g；另一类消费者的环保意识不足，记为 M^b，有 $M = M^b + M^g$。给定污染的条件下，消费者追求效用最大化，根据相关研究（Antweiler et al. , 2001），将第 i 组消费者的效用函数表示为：

$$U^i(p, \frac{I}{M}, z) = u(\frac{\frac{I}{M}}{\varphi(p)}) - \vartheta^i z \qquad (3-30)$$

其中，I 表示收入水平，$\frac{I}{M}$ 表示人均收入，$\varphi(p)$ 表示价格指数，ϑ^i

表示受环境污染的影响，不同的消费组的效用具有异质性。对于政府而言，假定政府通过选择一个税率，使所有消费者的效用最大化。

$$\max_{\varphi} M \left[\gamma U^g + (1 - \gamma) U^b \right] \qquad (3 - 31)$$

其中，γ 表示具有环保意识的消费组的权重，引入该项的原因是各地区政府对环境污染治理具有不同的偏好。最优的环境税率受到单个生产者行为、生产技术水平等的影响。假定单个生产者的收入受到要素投入、全部地区相对价格的影响，将其表示为 λ (p^M, K, L)，加上污染税 φz 即为总收入 R。一阶条件为：

$$u' \left(\frac{\frac{I}{M}}{\varphi(p)} \right) \frac{d\left(\frac{\frac{I}{M}}{\varphi(p)} \right)}{d\varphi} = \left[\gamma \vartheta^g + (1 - \gamma) \vartheta^b \right] \frac{dz}{d\varphi} \qquad (3 - 32)$$

从污染需求的角度看，开放经济体的经济规模是 X 部门和 Y 部门产出的总和：

$$Q = p_x^0 x + p_y^0 y \qquad (3 - 33)$$

其中，Q 表示总产出，p_x^0 和 p_y^0 分别表示 X 部门产品和 Y 部门产品的初始价格。污染排放方程可重新表示为：

$$z = e(\theta) x = e(\theta) \eta Q \qquad (3 - 34)$$

其中，η 表示 X 部门产品的产出份额，对该方程进行取对数差分化处理：

$$\hat{z} = \hat{q} + \hat{\eta} + \hat{e} \qquad (3 - 35)$$

可以发现，污染效应 $\hat{z}$ 由规模效应 $\hat{q}$、结构效应 $\hat{\eta}$ 和技术效应 $\hat{e}$ 构成。式（3-35）说明在结构效应和技术效应不变的条件下，污染变动的百分比全部来源于规模效应变动的百分比。由于价格会影响结构效应和技术效应，有必要将其中的决定因素分开。根据相关研究（Antweiler et al.，2001），将 X 部门产品的份额 η 作为单位劳动资本所有量（$\xi = \frac{K}{L}$）的函数，即 $\eta = \eta$ (ξ, p^M)，结构效应可以表示为：

$$\hat{\eta} = \varepsilon_{\eta\xi} \hat{\xi} + \varepsilon_{\eta p} \hat{p}^M \qquad (3 - 36)$$

其中，$\varepsilon_{\eta\xi}$ 和 $\varepsilon_{\eta p}$ 分别表示弹性。综合以上各式以及将 a 写为 $e(\theta) \varphi / p^M$，污染方程最终表示为：

$$\hat{z} = \hat{q} + (\varepsilon_{\eta\xi}\hat{\xi} + \varepsilon_{\eta p}\hat{p}^M) + \varepsilon_{\frac{\varphi}{\varphi}}(\hat{\beta} + \hat{p}^w - \hat{\varphi}) \qquad (3-37)$$

值得一提的是，W. Antweiler 等将人均收入作为技术进步的代理变量（Antweiler et al.，2001）。本章在此基础上，结合了环境污染模块与内生经济增长理论，着重考察不同层面的技术进步对环境污染的影响，尤其是技术对环境污染的空间溢出效应。假定规模报酬不变，根据标准生产函数：

$$Y_t = A_t f(K_t, L_t) \qquad (3-38)$$

其中，A_t 表示全要素生产率，K_t 和 L_t 分别代表资本投入和劳动力投入。根据内生增长理论，技术进步是推动经济增长最持久的动力。大量文献研究了研发投入活动对经济增长的影响，特别是研发投入促进了全要素生产率的提高。典型的如企业研发与科研院所的研发部门的科研有效地促进了知识溢出。企业家与研究人员通过各种形式的交流来交换异质性知识，促进知识传播。研究型大学通过支持本地技术转移、输送学生到当地企业就业，进而实现技术知识的扩散。根据 P. M. Romer 提出的知识溢出内生增长理论（Romer，1990），假定存在两个部门，即产品制造部门以及科研部门，总劳动力在两个部门之间进行分配，分配于制造部门的劳动力生产最终产品，而分配于科研部门的劳动投入增加了中间产品的种类，表示研发活动存在外溢效应。此外，所有的研发者都可以利用已有的知识存量来进一步获取新知识。这同时也表明知识是具有非竞争性特征的。无论是 P. M. Romer 的知识溢出模型（Romer，1990），还是 P. Aghion 和 P. Howitt 的 R&D 内生增长模型（Aghion，Howitt，1989），均将研发作为企业的内生行为，从微观角度揭示了生产率增长依赖于研发活动产生的知识存量的增长率（g_A）：

$$g_A = \frac{\Delta A}{A} = \rho \frac{\Delta SK_t}{SK_t} = f(SK_t) \qquad (3-39)$$

其中，A 代表全要素生产率，ρ 表示 R&D 资本存量相对于技术变化的弹性，SK_t 代表由于自主研发生产的知识存量。尽管如此，上述公式均以发达国家为基础，重在讨论发达国家的生产率前沿问题。这些西方发达国家一般具有较高的物质资本积累和人力资本水平，并不能完整地反映发展中国家的技术状况。事实上，发达国家处于生产率前沿，其生产率的改进只能依赖于自主研发，而发展中国家的技术进步来源渠道相对更为复杂。在发展初期，发展中国家由于技术水平较低，技术引进是推动生产率进步的主要途径。发展中国家通过技术引进可以避免重复的科研工作，节约研发时间，经过对国外技术的学习、模仿、吸收以及改进，逐步缩小同发达国家的技术差距。自主创新主要是通过研发投入获得的，而国外的技术引进是通过发达国家的外商直接投资与对外贸易获得的，后者通过跨国企业的示范、竞争以及人员劳动等效应，促进国外先进技术在本国的扩散。总之，通过引进、吸收、消化以及再吸收的途径，落后地区会实现更高水平的增长，进而逼近甚至赶超发达地区。鉴于此，参考已有文献（魏巍贤、杨芳，2010），本章引入表征国外技术引进的变量 FK_t^f：

$$g_A = \frac{\Delta A}{A} = f(FK_t^f) \tag{3-40}$$

一般来说，企业的自主研发活动具有双重效应。一方面可以提高企业的自主创新能力，欠发达地区将引进的技术经过一系列学习、模仿、再创新等过程转化为适用于自身使用的技术；另一方面也提升了企业的技术吸收能力。研发活动产生的新知识，可以直接促进全要素生产率的提高。另外，企业的消化吸收能力提高后，会对其他企业产生影响，即知识外溢，称为研发活动对生产率的间接影响。如果研发的吸收能力低下，则表明国内企业可能不会有效地吸收国外的先进技术。同样，外资技术的成功扩散也需要企业具备一定的技术吸收能力（张海洋，2005）。如果国内企业的吸收能力较强，那么国外先进技术的扩散就更容易发生。由此，用自主研发与国外技术引进的交叉项（$RK_t \times FK_t^f$）来考察企业的技术吸收能力。根据以上分析，本章将技术进步的增长率进一步定义为：

$$g_A = \frac{\Delta A}{A} = f(RK_t, FK_t^f, RK_t \times FK_t^f) \tag{3-41}$$

其中，RK_t、FK_t^f、$RK_t \times FK_t^f$ 分别表示国内企业自主研发所产生的知识存量、国外先进技术引进所产生的知识存量、国内企业的消化吸收能力所产生的知识存量。

最后，综合以上内生增长理论以及对技术进步的定义，本部分将包含环境污染 EP_{it}（本章研究的环境污染特指 SO_2 与 $PM_{2.5}$）的理论模型定义如下：

$$EP_{it} = f(Y_{it}, ES_{it}, RK_{it}, FK_{it}^f, RK_{it} \times FK_{it}^f, TR_{it}) \qquad (3-42)$$

其中，Y_{it}、ES_{it} 和 TR_{it} 分别表示经济规模、经济结构和贸易开放度。上述理论模型的含义在于环境污染由规模效应、结构效应、技术效应和贸易开放度决定。

二 实证模型

根据相关研究（Antweiler et al., 2001），可以发现式（3-42）的模型将对外开放度纳入环境污染框架，在一定程度上对环境库兹涅茨曲线的模型形成了有效补充。经济规模与环境污染存在一定的非线性关系，也就是说，在一国经济发展的不同阶段，经济发展对环境污染的影响不同。在经济发展的初始阶段，由于技术水平不足，经济的粗放型增长不可避免地带来环境污染；随着经济发展至更高水平，产业结构不断优化，技术水平也相应提高，规模效应与结构效应降低了污染物的增速，最终实现经济增长与环境污染的脱钩。基于以上分析，为了详细刻画人均收入与环境污染之间的非线性关系，根据现有文献（何小钢、张耀辉，2012；邵帅等，2016），本章加入了人均收入的一次项与二次项以考察环境库兹涅茨曲线是否存在。与此同时，正如前文所述，考虑到国内的自主研发不仅可以提高企业自身的创新能力，而且可以促进技术吸收转化，助力国外先进技术的扩散。因此，通过加入自主创新和技术引进的交互项来量化企业对技术的消化吸收能力对环境污染的影响。另外，鉴于以往相关研究主要关注技术进步在环境质量改善方面所起到的重要作用，若技术进步偏向于生产型技术进步，那么其本身可能会恶化环境质量。因此，本章加入研发的二次项，以考察研发与环境污染之间是否存在倒"U"形关系。在技术应用初期，由于生态系统具有自我净化的能力，其带来的环境负外部性未充分体现。随着技术在社会中的广泛应用，当其超过环境自身的净化能力时，技术进步引发的环境质量下降趋势日益明显。随着公众的绿色环保意识不断增强，政府迫使企业采用清洁生产技术以降低污染排放。考虑到研发、国外技术引进以及企业的技术消化吸收能力对环境污染的影响可能会存在一定的时滞，本书对技术进步的变量采用滞后一期进行处理，同时引入环境污染的滞后一期考察其是否存在显著的路径依赖特征，模型1如式（3-43）所示：

$$\ln EP_{it} = \alpha_0 \ln EP_{it-1} + \beta_0 + \beta_{10} \ln pgdp_{it} + \beta_{11} \ln pgdp_{it}^2 + \beta_2 indgdp_{it}$$
$$+ \beta_{30} lpacau_{it} + \beta_{31} lpacau_{it}^2 + \beta_4 \ln pfdi_{it-1} + \beta_5 lpacau_{it-1}$$
$$\times \ln pfdi_{it-1} + \beta_6 openness_{it} + W\gamma_1 lpacau_{it-1} + W\gamma_2 \ln pfdi_{it-1}$$
$$+ W\gamma_3 lpacau_{it-1} \times \ln pfdi_{it-1} + \varphi_i + \varepsilon_{it} \qquad (3-43)$$

其中，i 和 t 分别表示城市和时间；被解释变量 $\ln EP_{it}$ 为各城市的人均环境污染排放物的对数值。控制变量包括：经济规模（$\ln pgdp$）、产业结构（$indgdp$）、自主研发（$lpacau$）、技术引进（$\ln pfdi$）、消化吸收能力（$lpacau \times \ln pfdi$）以及贸易开放度（$openness$）。W 表示所选取的空间权重矩阵，φ_i 是不随时间改变的城市个体固定效应，ε_{it} 为随机误差项。上述模型中，预期 α_0 的符号为正。这是因为环境污染可能会存在一定的路径依赖特征，前一期的污染对后期也会存在影响。如果经济增长的一次项符号为正同时二次项 β_{11} 显著为负的话，则表明存在 EKC 倒 "U" 形曲线。系数 β_3、β_4 分别衡量自主研发、技术引进对环境污染的影响。对于 β_5 系数的符号，其不同的符号代表不同的含义：如果 β_5 的符号在统计上显著为负，表示研发对国外引进技术的吸收能力较强，通过对先进技术的消化、吸收，成功地抑制了环境污染；如果 β_5 的符号在统计上不显著，表明研发对引进技术的吸收能力有限，研发处于较低水平；如果 β_5 的符号在统计上显著为正，则表示国内研发不但没有抑制环境污染，反而促进了环境污染，原因可能是企业以生产型技术研发为主，而非环境友好型技术。

除了上述核心变量外，其他重要控制变量包括人口密度（$popint$）、城镇化（urb）、人力资本（hum）、交通便利化（$\ln prod$）、金融发展（$finbroad$）以及能源消费（$incom$）。

由于城市人口集聚通常会增加环境污染，同样参考现有文献（童玉芬、王莹莹，2014），选取人口密度作为量化人口集聚效应对环境污染的影响指标，模型 2 为：

$$\ln EP_{it} = \alpha_0 \ln EP_{it-1} + \beta_0 + \beta_{10} \ln pgdp_{it} + \beta_{11} \ln pgdp_{it}^2 + \beta_2 indgdp_{it}$$
$$+ \beta_{30} lpacau_{it-1} + \beta_{31} lpacau_{it-1}^2 + \beta_4 \ln pfdi_{it-1} + \beta_5 lpacau_{it-1}$$
$$\times \ln pfdi_{it-1} + \beta_6 openness_{it} + \beta_7 popint_{it} + W\gamma_1 lpacau_{it-1}$$
$$+ W\gamma_2 \ln pfdi_{it-1} + W\gamma_3 lpacau_{it-1} \times \ln pfdi_{it-1} + \varphi_i + \varepsilon_{it} \qquad (3-44)$$

城镇化与环境污染是一对矛盾的统一体。目前，对于城镇化是否加剧了环境污染，学术界主要持有两种不同的观点。一种观点认为，农业人口流向城市，导致城市规模扩张以及人口集聚，会增加资源的大量消耗，带来严重的环境污染，使生态环境面临严峻的挑战。另一种观点认为，城镇化通过产业升级以及人口集聚带来的效应，会提高资源使用效率，减少环境的负外部性，有助于改善环境质量。因此，将加入城镇化指标后的模型设定为模型3：

$$
\begin{aligned}
\ln EP_{it} = {} & \alpha_0 \ln EP_{it-1} + \beta_0 + \beta_{10} \ln pgdp_{it} + \beta_{11} \ln pgdp_{it}^2 + \beta_2 indgdp_{it} \\
& + \beta_{30} lpacau_{it-1} + \beta_{31} lpacau_{it-1}^2 + \beta_4 \ln pfdi_{it-1} + \beta_5 lpacau_{it-1} \\
& \times \ln pfdi_{it-1} + \beta_6 openness_{it} + \beta_7 popint_{it} + \beta_8 urb_{it} + W\gamma_1 lpacau_{it-1} \\
& + W\gamma_2 \ln pfdi_{it-1} + W\gamma_3 lpacau_{it-1} \times \ln pfdi_{it-1} + \varphi_i + \varepsilon_{it}
\end{aligned}
\tag{3-45}
$$

人力资本是经济长期发展的动力源泉。有研究显示，人力资本一定程度上有利于提高东道国对先进技术的吸收能力，促进技术扩散以及新环保技术的应用，从而改善环境质量（Fu，2008）。因此，借鉴已有文献（Copeland，Taylor，2004），将人力资本纳入环境污染分析框架，预期结果为负，设为模型4：

$$
\begin{aligned}
\ln EP_{it} = {} & \alpha_0 \ln EP_{it-1} + \beta_0 + \beta_{10} \ln pgdp_{it} + \beta_{11} \ln pgdp_{it}^2 + \beta_2 indgdp_{it} \\
& + \beta_{30} lpacau_{it-1} + \beta_{31} lpacau_{it-1}^2 + \beta_4 \ln pfdi_{it-1} + \beta_5 lpacau_{it-1} \\
& \times \ln pfdi_{it-1} + \beta_6 openness_{it} + \beta_7 popint_{it} + \beta_8 urb_{it} + \beta_9 hum_{it} \\
& + W\gamma_1 lpacau_{it-1} + W\gamma_2 \ln pfdi_{it-1} + W\gamma_3 lpacau_{it-1} \\
& \times \ln pfdi_{it-1} + \varphi_i + \varepsilon_{it}
\end{aligned}
\tag{3-46}
$$

随着中国综合国力的不断增强，交通运输业日益发达。许多研究表明，交通工具特别是机动车排放的尾气也会影响环境。将交通运输变量纳入模型后，预期结果为正，设为模型5：

$$
\begin{aligned}
\ln EP_{it} = {} & \alpha_0 \ln EP_{it-1} + \beta_0 + \beta_{10} \ln pgdp_{it} + \beta_{11} \ln pgdp_{it}^2 + \beta_2 indgdp_{it} \\
& + \beta_{30} lpacau_{it-1} + \beta_{31} lpacau_{it-1}^2 + \beta_4 \ln pfdi_{it-1} + \beta_5 lpacau_{it-1} \\
& \times \ln pfdi_{it-1} + \beta_6 openness_{it} + \beta_7 popint_{it} + \beta_8 urb_{it} + \beta_9 hum_{it} \\
& + \beta_{10} \ln prod_{it} + W\gamma_1 lpacau_{it-1} + W\gamma_2 \ln pfdi_{it-1} \\
& + W\gamma_3 lpacau_{it-1} \times \ln pfdi_{it-1} + \varphi_i + \varepsilon_{it}
\end{aligned}
\tag{3-47}
$$

金融发展对环境污染的影响同样日益受到重视。金融发展通过促进消费者对能源的消费以及生产者扩大生产规模，例如生产者可以购买更多的机器设备，进而增加了能源需求，增加了环境污染的压力；但是，金融发展也可以增加技术型企业的融资，提高其技术研发水平，进而改善环境质量。特别是绿色金融可以为环保技术提供研发资金，扶持新能源产业，不仅可以降低环境污染，同时也产生了积极的经济效益。由此，金融发展对环境污染的影响具有不确定性，模型 6 设为：

$$
\begin{aligned}
\ln EP_{it} &= \alpha_0 \ln EP_{it-1} + \beta_0 + \beta_{10} \ln pgdp_{it} + \beta_{11} \ln pgdp_{it}^2 + \beta_2 indgdp_{it} \\
&\quad + \beta_{30} lpacau_{it-1} + \beta_{31} lpacau_{it-1}^2 + \beta_4 \ln pfdi_{it-1} + \beta_5 lpacau_{it-1} \\
&\quad \times \ln pfdi_{it-1} + \beta_6 openness_{it} + \beta_7 popint_{it} + \beta_8 urb_{it} + \beta_9 hum_{it} \\
&\quad + \beta_{10} \ln prod_{it} + \beta_{11} finbroad_{it} + W\gamma_1 lpacau_{it-1} + W\gamma_2 \ln pfdi_{it-1} \\
&\quad + W\gamma_3 lpacau_{it-1} \times \ln pfdi_{it-1} + \varphi_i + \varepsilon_{it}
\end{aligned}
\tag{3-48}
$$

一般而言，研究环境污染问题会涉及能源消费需求水平（$incom$），这是由于环境污染主要来源于工业生产中所使用的化石能源的排放。最终的模型 7 设为：

$$
\begin{aligned}
\ln EP_{it} &= \alpha_0 \ln EP_{it-1} + \beta_0 + \beta_{10} \ln pgdp_{it} + \beta_{11} \ln pgdp_{it}^2 + \beta_2 indgdp_{it} \\
&\quad + \beta_{30} lpacau_{it-1} + \beta_{31} lpacau_{it-1}^2 + \beta_4 \ln pfdi_{it-1} + \beta_5 lpacau_{it-1} \\
&\quad \times \ln pfdi_{it-1} + \beta_6 openness_{it} + \beta_7 popint_{it} + \beta_8 urb_{it} + \beta_9 hum_{it} \\
&\quad + \beta_{10} \ln prod_{it} + \beta_{11} finbroad_{it} + \beta_{12} incom_{it} + W\gamma_1 lpacau_{it-1} \\
&\quad + W\gamma_2 \ln pfdi_{it-1} + W\gamma_3 lpacau_{it-1} \times \ln pfdi_{it-1} + \varphi_i + \varepsilon_{it}
\end{aligned}
\tag{3-49}
$$

三　构建知识存量

（一）选取专利数据构建知识存量的原因

如何对技术进步进行衡量一直是学术界所关心的问题。技术进步的特点决定了必须使用一些代理指标来反映技术进步水平，通常测量指标包括 R&D、专利、生产率等。首先，R&D 的衡量可以进一步细分为研发经费、研发强度、研发人员数量或者所占劳动力总数的比重。在研究市场结构与技术进步的关系时，通常用研发强度作为技术进步的代理变量。然而，这种简单的有研发必有创新的思想值得怀疑，因为研发投入仅仅作为一种为了扩大知识广度的投入指标，并不能反映这些投入的产出。此外，现有的研发测算往往侧重于大型工业部门、科研机构的正式研发活动，对小型企业的非正式研发交流活动关注不足，可能会导致一定的测量偏差。研发强度与专利并不具有线性关系。此外，研发活动支出的用途一般无从了解，直接使用该指标也会造成一定的偏差。

研发活动的产出通常以专利授权数或者专利申请量、研发开发成功率以及新产品等来衡量，专利是政府向专利发明者授予的在一定时期内享有的独占权，而研发开发成功率是指研发成功立项的数目占总数的比重，新产品以企业生产的新产品产值与企业总产值的比值来衡量。相对于研发投入，专利也是衡量技术进步的重要指标，具有许多优点，特别是在知识产出方面。首先，专利几乎包含了所有的技术相关领域，对于同一产业，不同国家或地区的专利测度都是同质的；其次，许多国家都建有专利数据库，能够保证专利数据在时间序列上的一致性；再者，无论是专利申请还是专利授权数量，都与微观企业或者个人的创新活动密切相关，能够直接反映技术创新的水平；最后，中微观层面的专利数据相对于研发活动数据更易获取。但是，专利也可能存在一些问题。例如并非所有的微观创新型企业都会申请专利，不同专利的价值无法直接进行对比，不同的国家在专利制度制定方面也存在一定的差异。尽管专利存在上述缺点，当前不少研究仍然将专利作为衡量技术创新水平的前瞻性指标。根据以上分析，本章使用专利数据作为研发活动的产出指标，并以此来构建知识存量，作为衡量国内企业自主研发的代理变量。

（二）构建知识存量的过程

在度量知识存量时，需要考虑两个重要因素。第一是研发周期，也被称为知识的扩散率（Diffusion Rate），表示新产生的知识在社会中传播的速度。正如 D. Popp 所述（Popp, 2002），当一项专利被授予时，它包含了与当前发明有关早期专利的引用；换言之，当前的专利是建立在早期技术知识的基础上。从研发开始到获得新专利，并将其大规模应用于生产活动中，需要经历必要的阶段。因此，新专利的诞生相对于研发存在一定的时滞。第二是知识的陈腐化率（Decay Rate），指知识是不断更新的，知识的产生过程就是新知识逐渐替换旧知识的过程。由于知识与其他生产要素一样，随着时间的推移，会出现老化现象，生产部门的旧有技术不断被新的生产技术代替。此外，由于专利授权成功后仅能在一段时期内被创新者独占，超过专利保护期后会被公开，研发部门也会失去对专利的占有权，进而导致研发部门的收益迅速减少。参考 D. Popp 在使用美国专利数据构建知识存量时使用的方法（Popp，2002），构建模型如下：

$$K_{i,t} = \sum_{s=0}^{t} PAT_{i,s} \exp\left[-\beta_1(t-s) \right]\left\{ 1 - \exp\left[-\beta_2(t-s) \right] \right\} \quad (3-50)$$

其中，$K_{i,t}$ 表示地区 i 在时间 t 时的知识存量，$PAT_{i,s}$ 是专利授权数，β_1 和 β_2 分别表示专利知识存量的陈腐化率和扩散率，s 表示从专利授权开始也就是从基期至当前的时间距离。直接测算知识存量的陈腐化率存在一定的困难，通常通过间接转换来度量。国外常用的两种测量方法：一是随着时间的推移，以专利使用的残存件数的有关数据来衡量；二是简单地将知识的扩散率作为专利平均使用寿命的倒数来计算。在关于知识的扩散率和知识的陈腐化率的具体取值上，国内外学者对此都有专门研究。国内学者在构建中国技术知识存量时，采用上述方法得到中国技术知识存量的陈腐化率为 7.14%，研发滞后时间为 4 年，测算的知识扩散率为 36%（蔡虹、许晓雯，2005）。该研究还对这两个测得的数据与其他发达国家进行了对比，发现日本的知识陈腐化率为 13%。通过对比，中国的知识扩散率偏低。因此，本章在基准模型中采用的知识存量的陈腐化率、知识扩散率分别为 7.14%、36%。此外，有研究在构建包含中国在内的多个国家的专利存量时，设定的知识陈腐化率和扩散率分别为 10% 和 25%（Popp et al.，2011）。在后面的模型稳健性检验中，采用该研究设定的相关参数。

四　数据来源与变量描述

本部分实证模型采用的数据主要来源于历年的《中国城市统计年鉴》、《中国统计年鉴》、各省份统计年鉴、国家统计局网站、Wind 数据库以及中国统计信息网。对于受价格波动影响的变量，将其名义值根据 CPI 指数进行平减以折算成实际值。然而，由于大部分城市的居民消费价格指数 CPI 值缺失，所以使用了各省份相应年份的价格指数作为城市层面价格数据的代理指标。这些数据均来源于各省份统计年鉴。为保证数据统计口径的一致性以及数据的可获得性，选取了 2003—2015 年共 13 年 284 个城市的面板数据，共计 3692 个观测值。

对于解释变量，各城市 SO_2 排放的数据来源于历年的《中国城市统计年鉴》，本章使用 ArcGIS 软件比较了四个年份（即 2003 年、2007年、2011 年和 2015 年）全国各城市的 SO_2 排放量。结果显示，中国的 SO_2 污染主要集中在中部地区，且污染水平呈逐渐上升趋势。而关于 $PM_{2.5}$ 的数据获取及处理比较复杂。中国的城市 $PM_{2.5}$ 统计数据是从 2012年开始的，之前年份城市层面 $PM_{2.5}$ 浓度历史统计数据严重缺失，因此参照已有研究（马丽梅、张晓，2014；邵帅等，2016），利用哥伦比亚大学公布的全球 $PM_{2.5}$ 浓度的栅格数据，[①] 使用 ArcGIS 10.2 软件将其解析并提取出来（使用的是从国家地理信息中心下载的 1:400 万的 shp 文件）。本章与上述两个文献研究范围不同的是，上述两个文献使用的是省级数据，而本章的研究是以城市为单位，因此直观上讲，本章的研究更为细致。另外，为了最大限度地获取研究数据，从绿色和平发展指数报告中整理出城市层面 2014—2015 年的 $PM_{2.5}$ 浓度数据，[②] 针对 2013 年数据缺失的城市，使用该城市所在省份其他相邻城市当年 $PM_{2.5}$ 浓度的变化率来做近似处理，最终得到 2003—2015 年关于 284 个城市 $PM_{2.5}$ 浓度的面板数据。本章同样比较了四个年份 $PM_{2.5}$ 浓度的变化趋势。大体上，$PM_{2.5}$ 污染最为严重的地区集中在东部、中部地区，尤其是华北平原地区，覆盖河北、河南与山东大部分城市，且 2003—2015 年全国雾霾污染整体上呈加重趋势。

各城市的经济规模以对应的人均城市生产总值的对数表示（lnpgdp）。考虑到价格波动的影响，以 2003 年为不变价，用 CPI 对城市相应年份的城市生产总值进行平减，数据来源于历年的《中国城市统计年鉴》；产业结构在一定程度上代表了一个城市的环境污染状况，本章采用各城市的第三产业增加值占城市生产总值的比重来表征经济结构（indgdp），数据来源于历年的《中国城市统计年鉴》；由于外商直接投资是国外技术引进的重要来源，考虑到数据的可得性，以外商直接投资表征国外技术引进水平，具体以各城市人均外商直接投资额的对数值来表示（lnpfdi），一

---

① http://sedac.ciesin.columbia.edu/data/set/sdei-global-annual-avg-pm2-5-modis-misr-seaw-ifs-aod-1998-2012/data-download.

② http://www.greenpeace.org.cn/pm25-city-ranking-2015/.

律使用对应年份的直接标价法的美元汇率进行处理，再进行价格平减，数据来源于历年的《中国城市统计年鉴》；所有城市的专利申请量与专利授权量数据通过人工收集而得，本章使用的是各城市人均专利授权量的对数值（*lpacau*），数据来源于中国统计信息网，里面包含了几乎所有城市 2003—2015 年的相关数据，缺失数据通过对应年份城市的统计年鉴获得；贸易开放度使用进出口贸易的总量与城市生产总值的比重来表示（*openness*），同样，由于进出口贸易指标的单位是美元，将其与外商直接投资做同样处理，数据来源于历年的《中国城市统计年鉴》与中国统计信息网；人口密度使用人口总量与城市面积的比值来表征（*popint*），数据来源于国家统计局；常规地，城镇化指标采用非农业人口占总人口的比重来表征（*urb*），数据来源于历年的《中国城市统计年鉴》；人力资本使用普通高等学校在校人数占总人口的比重来表示（*hum*），数据来源于历年的《中国城市统计年鉴》；鉴于数据的可得性，交通运输指标通过城市人均实有道路面积的对数值来衡量（ln*prod*），数据来源于历年的《中国城市统计年鉴》；以金融发展规模与城市生产总值的比重来表征金融发展指标（*finbroad*），金融发展规模是金融机构各项贷款与各项存款的总和，数据来源于历年的《中国城市统计年鉴》与国家统计局；此外，由于直接的能源消费需求数据缺失，本章根据已有文献（马素琳等，2016），用社会消费品零售总额占城市生产总值的比重来表征能源消费需求（*incom*），数据来源于历年的《中国城市统计年鉴》。除了比重指标外，其余所有变量均取对数值处理，以消除异方差现象。表 3 − 1 给出了所有变量的描述性统计。

表 3 − 1　　　　　　　　　　变量的描述性统计

变量	均值	标准差	最小值	最大值	观察值
ln*pSO₂*	4.7431	1.0927	− 1.6303	7.9813	3692
pm	48.7104	22.1660	7.3000	131.4000	3692
ln*pgdp*	9.8162	0.7554	7.5348	12.7787	3692
indgdp	36.2587	8.4727	8.5800	79.6500	3692
lpacau	0.0271	1.7176	− 5.9505	5.0923	3692

变量	均值	标准差	最小值	最大值	观察值
lpacap	0.6416	1.6885	−5.0184	5.6649	3692
ln*pfdi*	0.0207	0.0226	0.0001	0.2011	3692
openness	0.1240	0.2216	0.0000	2.5212	3692
popint	4.2168	3.2233	0.0470	26.4811	3692
urb	0.3455	0.3220	0.0341	13.5566	3692
hum	0.0998	0.1639	0.0010	2.4435	3692
ln*prod*	0.8253	0.9632	−2.4868	4.2910	3692
finbroad	1.9936	0.9431	0.5081	8.8775	3692
incom	8.3679	1.4092	3.3135	12.9893	3692

第四节 实证结果分析

经济增长与环境污染"内生性"的存在可能会导致估计偏误，这在大量文献中已得到证实。具体而言，在经济增长较快的地区，往往伴随着更多的环境污染，经济增长会促进环境污染；另外，环境污染较严重的地区，经济增长速度比其他地区更快。如果使用一般的固定效应估计方法，可能会导致估计的系数存在偏差。通常引入被解释变量的一阶滞后项作为解释变量，以二阶滞后期的变量作为其工具变量。

此外，从是否存在空间相关性的空间相关指数 Moran's I 检验来看，根据 Stata14.2 绘制的图 3 - 1 与图 3 - 2，2003 年、2007 年、2011 年和 2015 年的四个典型年份中，大多数样本呈现出"高高""低低"的空间聚集特征。

一 SO_2空间模型结果分析

表 3 - 2 的回归结果显示，所有模型均通过 Sargan 过度识别检验，表明选择的工具变量是有效的。按照常规思路，首先考察经济增长与环境污染（也就是 SO_2 排放）是否存在倒"U"形关系。由表 3 - 2 可知，人均 GDP 的一次项为正，而二次项显著为负，表明人均 SO_2 排放与人均 GDP 存在明显的倒"U"形关系，即印证了中国 SO_2 环境库兹涅茨曲线的

存在性，与相关研究的结果一致（彭水军、包群，2006），即在经济增长的初始时期，SO_2排放水平随着经济增长水平的提高而不断加剧，在经济增长达到一定程度后，SO_2排放随着经济增长水平的继续提高而下降。该结果与部分研究不一致（王敏、黄滢，2015），原因可能是该文献使用固定效应的方法，没有考虑环境污染与经济增长的内生性。从表3－2中可以看出，加入多个重要控制变量后以及技术距离空间权重下，EKC 均显著存在，且在1%的统计水平上显著，表明人均SO_2排放随着人均 GDP 的增长呈现出先上升后下降的非线性特征。具体地，通过计算，以基准模型为例，倒"U"形曲线的拐点发生在7.8645，即实际人均收入为2603元处。研究发现，大部分城市样本均落在拐点的右侧。上述研究表明，中国当前城市整体上呈现出SO_2排放与经济增长脱钩的特征，即随着经济持续增长，SO_2排放不断下降。

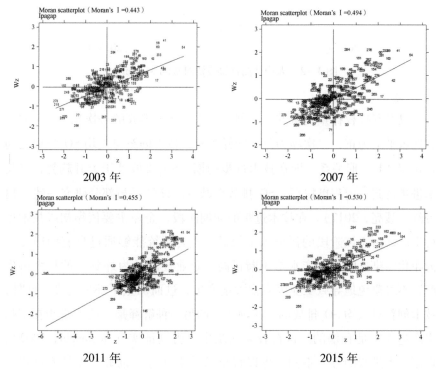

图3－1　人均专利授权量对数的 Moran's I

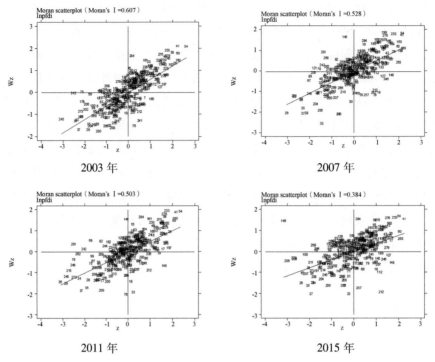

图 3 - 2　人均外商直接投资对数的 Moran's I

以专利授权存量衡量的自主创新对人均 SO_2 排放的一次项在 1% 的显著性水平上为正，二次项为负，同样表明，技术创新与人均 SO_2 排放之间存在倒 "U" 形关系，即在技术进步初期，SO_2 排放处于上升趋势，当技术进步达到一定程度以后，SO_2 排放会减少。该结果与部分研究一致（白俊红、聂亮，2017）。在技术进步的初期阶段，企业主要依靠初级技术进行生产，由于该阶段的污染水平较低，生态系统能够通过自有的净化能力净化污染。随着生产水平不断提高，企业逐渐转为外延式的扩大再生产，不可避免地导致工业废弃物大量产生，进而加重了环境污染。此外，技术创新对人均 SO_2 排放的一次项为正的另一种解释是，技术进步在实际生产过程中是有偏的。这在较多文献中已得到证实（Acemoglu，2002）。根据技术进步的方向不同，可以将技术进步分为 "肮脏" 型技术进步与清洁型技术进步，前者主要指生产技术，后者特指一系列减排技术，即绿色技术。技术进步的投入偏好方向在一定程度上决定了技术进步对环境污染的影响程度。也就是说，当前的专利研发更多地偏向于生产型技术进步，而非清洁型技术进步（邵帅等，2016），从而导致技术创新对 SO_2 排放的促减效应在现阶段无法发挥出来。由此，通过政策机制引导专利申请偏向绿色减排型技术进步迫在眉睫。

外商直接投资对人均 SO_2 排放的抑制作用较为明显，该结果与相关研究的结论一致（盛斌、吕越，2012）。人均外商直接投资水平每提高 1%，人均 SO_2 排放量则显著降低 0.0247%—0.0286%。由此可以认为，外商直接投资通过技术外溢效应给中国的城市带来了国外先进的 SO_2 减排技术以及成熟的管理方法。外资企业在与当地企业合作的过程中，通过技术示范效应，对企业提出了更高的环保标准，倒逼下游企业不断改进绿色环保技术，提高了当地企业的生产率，节约了要素投入，从而改善了环境质量。

进一步地，考察自主研发和技术引进的交互作用对人均 SO_2 排放的影响。在 1% 的显著性水平上，技术吸收能力项在所有模型中均为负。这表明国内企业对国外先进技术的消化吸收能力提高，能够显著地降低 SO_2 排放水平，减轻环境污染。综上可以推断，中国当前在 SO_2 减排方面的技术进步更多地来自国外技术溢出。该结果与一些研究的发现有所不同，例如，有研究认为中国的研发投资吸收能力较低，不能通过研究渠道促进生产率提高（吴延兵，2008）。相比于碳排放技术，中国在 SO_2 减排技术方面的学习与吸收国外先进绿色技术的能力较强。

此外，由表 3-2 可知，以出口总额与 GDP 比值衡量的对外开放度指标通过了 1% 的统计检验，且系数为正，表明对外开放恶化了中国的环境质量。即"污染避难者"假说成立，发达国家通过对外贸易向中国转嫁环境污染，同时也说明中国出口产品在生产过程中存在许多不利于环境保护的因素。

从表征技术进步变量的空间回归项来看，邻近地区的技术创新有助于降低本地区的 SO_2 排放，各回归系数在 1% 的统计水平上显著为负。本地区可以通过邻近地区的技术创新带来的溢出效应实现减污。这印证了中国地区之间的技术创新存在空间溢出效应。同样地，对于外商直接投资而言，邻近地区外商直接投资增加对本地区也存在一定的国外技术溢出效应。中国作为最大的发展中国家，是吸收外商直接投资较多的地区。一般而言，由于跨国企业在母国受到更为严格的环保标准的影响，通常具备更先进的环保处理技术，特别是 SO_2 减排技术。在向一个地区进行投资时，通过技术创新不仅改善了投资目的地的环境，而且通过技术外溢、知识扩散等方式，能够成功地将环保技术传播到其他相邻地区。而自主研发与国外技术引进的交互项系数为正，表明邻近地区对国外技术的消化吸收能力增强并没有改善其他地区的环境质量，反而恶化了环境。

从各个重要控制变量的回归结果来看，人口密度对人均 SO_2 排放具有显著的抑制作用。人口密度增加主要通过集聚效应与规模效应对环境污染产生影响。规模效应认为人口集中会增加能源消耗，不利于环境治理的改善；集聚效应认为人口集中会提高资源的使用效率，对环境产生正外部性影响。该结果表明，集聚效应对 SO_2 排放的抑制作用大于规模效应的促增效应。城镇化水平的提高促进了人均 SO_2 的排放，在 1% 的显著性水平上，城镇化水平每提高 1%，促使人均 SO_2 排放上升约 0.013 个百分点，表明当前城镇规模急剧扩张，增加了对能源资源的消耗，给城市环境带来了较大的压力。人力资本水平提高不利于环境质量的改善，这可能是由于当前中国人力资本结构不合理导致的，也可能是中国当前处于低人力资本阶段（李子豪、刘辉煌，2011），人力资本通过技术吸收能力对环境污染的促降效应没有得到有效发挥。交通运输对人均 SO_2 排放的影响显著为正，这表明公路机动车的污染气体排放也成为环境污染的重要来源。因此，发展新能源动力汽车、构建灵活高效的运输体系以及提倡绿色出行是降低环境污染的必要手段（邵帅等，2016）。金融发展对降低人均 SO_2 排放起着积极作用，金融发展可以为生产者特别是企业提供融资支持，鼓励企业进行技术创新，进而通过推动绿色经济增长，促进了环境质量提高。与预期一致，能源消费需求提高恶化了环境质量，该指标结果与部分研究不同（马素琳等，2016），造成这一差异的原因可能是选取变量的时间跨度不同。

表 3 - 2　　　　　　　　人均 SO₂ 排放作为被解释变量的回归结果

lnpSO_2	模型 1	模型 2	模型 3	模型 4	模型 5	模型 6	模型 7	模型 8
$L1.$	0. 684 *	0. 6897 *	0. 6894 *	0. 6854 *	0. 6877 *	0. 68 *	0. 6821 *	0. 6784 *
	(0. 0025)	(0. 0028)	(0. 0026)	(0. 0027)	(0. 0031)	(0. 0032)	(0. 0036)	(0. 004)
ln$pgdp$	0. 4683 *	0. 4592 *	0. 4593 *	0. 2777 *	0. 272 *	0. 3043 *	0. 2532 *	0. 1938 *
	(0. 0761)	(0. 0747)	(0. 0747)	(0. 0734)	(0. 0852)	(0. 0778)	(0. 0757)	(0. 076)
ln$pgdp2$	− 0. 03 *	− 0. 029 *	− 0. 029 *	− 0. 02 *	− 0. 02 *	− 0. 022 *	− 0. 02 *	− 0. 019 *
	(0. 0038)	(0. 0037)	(0. 0036)	(0. 0036)	(0. 0042)	(0. 0038)	(0. 0038)	(0. 0038)
$lpacau$	0. 0837 *	0. 0808 *	0. 0832 *	0. 0837 *	0. 0786 *	0. 0846 *	0. 0769 *	0. 0805 *
	(0. 0042)	(0. 0037)	(0. 005)	(0. 0043)	(0. 0057)	(0. 0053)	(0. 0067)	(0. 0041)
$lpacau2$	− 0. 007 *	− 0. 005 *	− 0. 005 *	− 0. 007 *	− 0. 006 *	− 0. 006 *	− 0. 006 *	0. 0035 *
	(0. 0007)	(0. 0007)	(0. 0008)	(0. 0009)	(0. 0009)	(0. 0009)	(0. 0008)	(0. 001)
ln$pfdi$	− 0. 025 *	− 0. 025 *	− 0. 025 *	− 0. 029 *	− 0. 027 *	− 0. 027 *	− 0. 029 *	− 0. 033 *
	(0. 0012)	(0. 001)	(0. 0012)	(0. 001)	(0. 0012)	(0. 0012)	(0. 0012)	(0. 0014)
$pac3\_fdi$	− 0. 01	− 0. 01	− 0. 011	− 0. 011	− 0. 011	− 0. 011	− 0. 011	− 0. 014
	(0. 0007)	(0. 0008)	(0. 0009)	(0. 0008)	(0. 001)	(0. 001)	(0. 0011)	(0. 0008)
$indgdp$	− 0. 063 *	− 0. 064 *	− 0. 064 *	− 0. 064 *	− 0. 061 *	− 0. 06 *	− 0. 06 *	− 0. 065 *
	(0. 0006)	(0. 0004)	(0. 0005)	(0. 0004)	(0. 0005)	(0. 0005)	(0. 0005)	(0. 0005)
$openness$	0. 3978 *	0. 3488 *	0. 3608 *	0. 3451 *	0. 3492 *	0. 3692 *	0. 368 *	0. 3692 *
	(0. 0173)	(0. 0223)	(0. 0211)	(0. 0279)	(0. 0271)	(0. 0282)	(0. 0297)	(0. 0256)
$popint$		− 0. 054 *	− 0. 051 *	− 0. 048 *	− 0. 042 *	− 0. 041 *	− 0. 043 *	− 0. 059 *
		(0. 0045)	(0. 0042)	(0. 0045)	(0. 0049)	(0. 0048)	(0. 0047)	(0. 0052)
urb			0. 0113 *	0. 0142 *	0. 0139 *	0. 0149 *	0. 0165 *	0. 0131 *
			(0. 0006)	(0. 0008)	(0. 0009)	(0. 0009)	(0. 0011)	(0. 001)
hum				0. 1252 *	0. 0958 *	0. 109 *	0. 1045 *	0. 0719 **
				(0. 0222)	(0. 0353)	(0. 0357)	(0. 0345)	(0. 0356)
ln$prod$				0. 0527 *	0. 058 *	0. 061 *	0. 0441 *
				(0. 004)	(0. 0039)	(0. 0043)	(0. 0037)
$finbroad$						− 0. 024 *	− 0. 024 *	− 0. 032 *
						(0. 0035)	(0. 0036)	(0. 003)
$incom$							0. 0059 **	0. 0056 **
							(0. 0024)	(0. 0022)

续表

lnpSO$_2$	模型 1	模型 2	模型 3	模型 4	模型 5	模型 6	模型 7	模型 8
w1x_lpacau	−0.068*	−0.075*	−0.07*	−0.111*	−0.109*	−0.086*	−0.07*	−0.005*
	(0.0085)	(0.0077)	(0.009)	(0.008)	(0.0104)	(0.0094)	(0.011)	(0.0008)
w1x_lnpfdi	−0.011*	−0.018*	−0.015*	−0.017*	−0.017*	−0.021*	−0.024*	−0.002*
	(0.0019)	(0.0018)	(0.002)	(0.002)	(0.0023)	(0.0025)	(0.0025)	(0.0004)
w1x_pac3_fdi	0.0021	0.0041*	0.0043**	0.0097*	0.0085*	0.0033***	0.0006	−1E−04
	(0.0015)	(0.0015)	(0.0017)	(0.0013)	(0.0018)	(0.0017)	(0.0022)	(0.0002)
_cons	−0.819	−1.308*	−0.899**	−2.929*	−3.145*	−3.341*	−2.15*	1.0782**
	(0.4841)	(0.4279)	(0.4334)	(0.4353)	(0.423)	(0.4107)	(0.4304)	(0.4184)
Sargan	0.6894	0.7353	0.7549	0.8081	0.8506	0.8625	0.9217	0.8935
观察值数	3692	3692	3692	3692	3692	3692	3692	3692
城市个数	284	284	284	284	284	284	284	284
EKC 形状	倒"U"形	倒"U"形	倒"U"形	倒"U"形	倒"U"形	倒"U"形	倒"U"形	倒"U"形

注：括号内数值为标准误，下同。pac3_fdi 表示 lpacau 与 lnpfdi 的交叉项。*、**、*** 分别表示 1%、5%、10% 的显著性水平。

随后，进一步使用了技术距离作为空间权重，重新进行了空间动态 GMM 模型回归。结果发现，所有变量系数的大小与方向较为稳定。此外，为了避免使用专利授权量来计算知识存量所采用的知识陈腐率与扩散率产生偏差，除了借鉴国内学者的研究（蔡虹、许晓雯，2005），还采用了国外学者研究中（Popp et al.，2011）的相关指标来计算知识存量，并取对数，以 lpacap 表示，lpacap2 表示 lpacap 的二次项（见表 3 − 3）。结果显示，回归系数仍具有一致性。这充分验证了所构建的空间动态 GMM 模型是稳健的。

表 3 − 3　　　　人均 SO$_2$ 排放作为被解释变量模型的稳健性检验

lnpSO$_2$	模型 1	模型 2	模型 3	模型 4	模型 5	模型 6	模型 7
L1.	0.6836*	0.6895*	0.6900*	0.6864*	0.6871*	0.6818*	0.6827*
	(0.0027)	(0.0028)	(0.0028)	(0.0029)	(0.0029)	(0.0034)	(0.0033)
lnpgdp	0.4979*	0.4068*	0.4564*	0.2621*	0.2392*	0.3165*	0.2013*
	(0.0781)	(0.0682)	(0.0836)	(0.0818)	(0.0867)	(0.0777)	(0.0529)

续表

$\ln pSO_2$	模型 1	模型 2	模型 3	模型 4	模型 5	模型 6	模型 7
$\ln pgdp2$	−0.0315*	−0.0260*	−0.0284*	−0.0189*	−0.0179*	−0.0225*	−0.0168*
	(0.0039)	(0.0034)	(0.004)	(0.004)	(0.0042)	(0.0038)	(0.0027)
$lpacap$	0.0820*	0.0814*	0.0826*	0.0823*	0.0767*	0.0775*	0.0740*
	(0.0042)	(0.0036)	(0.0044)	(0.0043)	(0.006)	(0.0065)	(0.0063)
$lpacap2$	−0.0072*	−0.0052*	−0.0046*	−0.0065*	−0.0061*	−0.0059*	−0.0072*
	(0.0007)	(0.0006)	(0.0008)	(0.0008)	(0.0008)	(0.0008)	(0.0008)
$\ln pfdi$	−0.0285*	−0.0282*	−0.0293*	−0.0319*	−0.0306*	−0.0310*	−0.0277*
	(0.001)	(0.0011)	(0.0011)	(0.0011)	(0.0011)	(0.0014)	(0.0014)
$pac1\_fdi$	−0.0104*	−0.0109*	−0.0112*	−0.0113*	−0.0111*	−0.0114*	−0.0111*
	(0.0008)	(0.0007)	(0.0009)	(0.0008)	(0.001)	(0.001)	(0.001)
$indgdp$	−0.0625*	−0.0635*	−0.0638*	−0.0637*	−0.0607*	−0.0602*	−0.0591*
	(0.0007)	(0.0004)	(0.0006)	(0.0005)	(0.0004)	(0.0005)	(0.0005)
$openness$	0.4107*	0.3573*	0.3501*	0.3495*	0.3445*	0.3899*	0.3580*
	(0.02)	(0.0204)	(0.0217)	(0.0262)	(0.0276)	(0.0272)	(0.0278)
$popint$		−0.0535*	−0.0561*	−0.0496*	−0.0393*	−0.0392*	−0.0429*
		(0.0044)	(0.0053)	(0.0045)	(0.0046)	(0.0045)	(0.0048)
urb			0.0111*	0.0140*	0.0134*	0.0154*	0.0171*
			(0.0006)	(0.0007)	(0.0008)	(0.0009)	(0.001)
hum				0.1430*	0.1329*	0.0989*	0.1177*
				(0.0262)	(0.032)	(0.0373)	(0.0304)
$\ln prod$					0.0511*	0.0583*	0.0624*
					(0.0039)	(0.0039)	(0.0039)
$finbroad$						−0.0221*	−0.0244*
						(0.0036)	(0.0038)
$incom$							0.0043**
							(0.0021)
$w1x\_lpacap$	−0.0550*	−0.0620*	−0.0583*	−0.0929*	−0.0878*	−0.0578*	−0.0517*
	(0.008)	(0.0083)	(0.0079)	(0.0091)	(0.0111)	(0.0105)	(0.0102)
$w1x\_\ln pfdi$	−0.0106*	−0.0154*	−0.0140*	−0.0132*	−0.0139*	−0.0160*	−0.0238*
	(0.0019)	(0.0017)	(0.0018)	(0.0019)	(0.0024)	(0.0024)	(0.0025)

续表

lnpSO_2	模型 1	模型 2	模型 3	模型 4	模型 5	模型 6	模型 7
$w1x\_pac1\_fdi$	0.0025	0.0040 *	0.0042 *	0.0091 *	0.0081 *	0.0013	– 0.0003
	(0.0016)	(0.0015)	(0.0016)	(0.0015)	(0.0019)	(0.0021)	(0.0019)
_cons	– 0.8250 ***	– 1.3608 *	– 1.0472 **	– 2.8117 *	– 2.9476 *	– 3.0236 *	– 1.8434 *
	(0.4237)	(0.3998)	(0.4329)	(0.432)	(0.4471)	(0.4425)	(0.5364)
Sargan	0.6352	0.7372	0.7716	0.8138	0.8575	0.8811	0.9314
观察值数	3692	3692	3692	3692	3692	3692	3692
城市个数	284	284	284	284	284	284	284
EKC 形状	倒 "U" 形	倒 "U" 形	倒 "U" 形	倒 "U" 形	倒 "U" 形	倒 "U" 形	倒 "U" 形

注：$pac1\_fdi$ 表示 $lpacap$ 和 ln$pfdi$ 的交叉项。$lpacap$ 是以 D. Popp 等的研究中的知识陈腐化率以及扩散率参数计算而得的知识存量（Popp et al., 2011）。*、**、*** 分别表示 1%、5%、10% 的显著性水平。

二　PM$_{2.5}$回归结果

与上述设定的 SO$_2$ 排放的空间计量模型稍有不同，同时也为了与现有文献进行对比，根据相关研究（邵帅等，2016），本章也考察了人均 GDP 的一次项、二次项以及三次项与 PM$_{2.5}$ 浓度的关系。研究发现，人均 GDP 与 PM$_{2.5}$ 浓度呈现显著的 "N" 形关系。通过计算，第一、第二个拐点的位置分别是 4.35、9.104，分别对应 77 元、8994.59 元。目前所有城市均越过了第一个拐点，少数城市样本位于第二个拐点的左侧，大部分城市处于第二个拐点右侧。该结果表明，随着经济的增长，如果不采用其他治理 PM$_{2.5}$ 污染的政策，PM$_{2.5}$ 浓度还会继续提高。

与 SO$_2$ 排放回归结果不同的是，技术创新的一次项与二次项均显著为负（见表 3-4），表明技术进步显著地降低了 PM$_{2.5}$ 颗粒的排放浓度。但外商直接投资反而加重了雾霾污染，尽管外商直接投资有利于减少 SO$_2$ 排放，但国外先进技术用于减少雾霾污染的绿色技术有限，当前中国治理雾霾所采用的技术主要来源于国内的自主研发。自主研发与国外先进技术的交叉项进一步验证了上述发现，该交叉项显著为正，表明国内自主研发非但没有通过国外技术引进降低雾霾污染，反而恶化了环境质量，国外技术引进并没有与国内技术研发互为补充以改善环境质量。与 SO$_2$ 的结果类似，产业结构效应降低了雾霾污染。雾霾污染部分来源于工业生产，提高第三产业比重有利于优化产业结构，改变过去以粗放型为主的经济增长模式，即产业结构向绿色化转变。最后，对外开放在一定程度上也加剧了雾霾污染。

值得注意的是，从空间效应来看，邻近地区的技术创新对本地区的雾霾污染会产生一定的正向溢出效应。由此推断，地区之间的技术溢出可能更多地偏向于生产型技术进步或者其他污染气体减排技术，而非有利于雾霾治理的绿色技术进步。但值得欣慰的是，尽管当前邻近地区的雾霾治理技术溢出不利于其他相邻地区的环境改善，但随着时间的推移以及技术进步水平的提高，邻近地区的技术创新会通过空间技术溢出效应改善本地区的环境质量，表现为技术创新的空间二次项显著为负。关于外商直接投资的空间溢出效应，与上述结果类似，外商直接投资的技术空间溢出效应整体上并没有改善雾霾污染。尽管可以有效降低 SO_2 排放，但对 $PM_{2.5}$ 的促降效应有限。而邻近地区的企业研发通过来源于外商直接投资的那部分技术，对降低本地区 $PM_{2.5}$ 具有一定的抑制作用。

除了城镇化变量与人力资本外，其余控制变量的回归结果与人均 SO_2 的回归结果类似。通过对比，尽管城镇化与人力资本不利于减少人均 SO_2 的排放，但对雾霾污染似乎具有明显的促降效应。

表 3-4 $PM_{2.5}$ 作为被解释变量的回归结果

lnpm	模型 1	模型 2	模型 3	模型 4	模型 5	模型 6	模型 7	模型 8
L1.	0.8242*	0.8244*	0.8237*	0.8247*	0.8239*	0.8297*	0.8463*	0.8402*
	(0.003)	(0.0036)	(0.0037)	(0.0032)	(0.0035)	(0.0038)	(0.0042)	(0.0034)
lnpgdp	1.6613*	1.7664*	1.8624*	1.7749*	1.9343*	1.6444*	2.2576*	4.3813*
	(0.2846)	(0.2828)	(0.291)	(0.3092)	(0.3272)	(0.3571)	(0.3738)	(0.2428)
lnpgdp2	-0.1968*	-0.2083*	-0.2184*	-0.2080*	-0.2246*	-0.1976*	-0.2595*	-0.4845*
	(0.0293)	(0.0294)	(0.0304)	(0.0322)	(0.0341)	(0.0368)	(0.0385)	(0.0251)
lnpgdp3	0.0074*	0.0078*	0.0081*	0.0077*	0.0083*	0.0074*	0.0095*	0.0175*
	(0.001)	(0.001)	(0.0011)	(0.0011)	(0.0012)	(0.0013)	(0.0013)	(0.0009)
lpacau	-0.0319*	-0.0311*	-0.0308*	-0.0320*	-0.0321*	-0.0269*	-0.0327*	-0.0169*
	(0.0022)	(0.0025)	(0.0026)	(0.0025)	(0.0023)	(0.0024)	(0.0033)	(0.0022)

续表

lnpm	模型1	模型2	模型3	模型4	模型5	模型6	模型7	模型8
lpacau2	-0.0067*	-0.0068*	-0.0067*	-0.0066*	-0.0066*	-0.0064*	-0.0069*	-0.0059*
	(0.0004)	(0.0004)	(0.0005)	(0.0005)	(0.0005)	(0.0005)	(0.0007)	(0.0004)
lnpfdi	0.0135*	0.0134*	0.0128*	0.0132*	0.0134*	0.0128*	0.0110*	0.0165*
	(0.0005)	(0.0006)	(0.0006)	(0.0007)	(0.0008)	(0.0007)	(0.0008)	(0.0008)
pac3_fdi	0.0051*	0.0049*	0.0047*	0.0048*	0.0049*	0.0041*	0.0050*	0.0062*
	(0.0004)	(0.0004)	(0.0004)	(0.0004)	(0.0004)	(0.0004)	(0.0006)	(0.0005)
indgdp	-0.0034*	-0.0034*	-0.0033*	-0.0035*	-0.0033*	-0.0027*	-0.0017*	0.0013*
	(0.0002)	(0.0002)	(0.0002)	(0.0002)	(0.0002)	(0.0003)	(0.0003)	(0.0003)
openness	0.1609*	0.1576*	0.1635*	0.1653*	0.1659*	0.1523*	0.1367*	0.0836*
	(0.0089)	(0.0092)	(0.0085)	(0.009)	(0.0097)	(0.0089)	(0.0116)	(0.0096)
popint		-0.0091*	-0.0079*	-0.0091*	-0.0096*	-0.0141*	-0.0150*	-0.0116*
		(0.0028)	(0.003)	(0.0023)	(0.0022)	(0.0027)	(0.0028)	(0.0024)
urb			-0.0224*	-0.0225*	-0.0225*	-0.0209*	-0.0201*	-0.0199*
			(0.0005)	(0.0006)	(0.0007)	(0.0005)	(0.0004)	(0.0014)
hum				-0.0597*	-0.0593*	-0.0527*	-0.0480*	-0.1078*
				(0.0136)	(0.0143)	(0.0161)	(0.0165)	(0.0125)
lnprod					0.0044*	0.0068*	0.0098*	0.0150*
					(0.0015)	(0.0024)	(0.0024)	(0.0018)
finbroad						-0.0049*	-0.0069*	-0.0104*
						(0.001)	(0.0011)	(0.0014)
incom							0.0134*	0.0185*
							(0.001)	(0.0012)
w1x_lpacau	0.0969*	0.0949*	0.0943*	0.0914*	0.0911*	0.1115*	0.1013*	0.0051*
	(0.0037)	(0.0041)	(0.0046)	(0.0047)	(0.0044)	(0.005)	(0.0054)	(0.0006)
w1x_lpacau2	-0.0061*	-0.0062*	-0.0056*	-0.0056*	-0.0055*	-0.0016*	-0.0040*	-0.0001
	(0.0008)	(0.0007)	(0.0008)	(0.0008)	(0.0008)	(0.0008)	(0.0009)	(0.0001)
w1x_lnpfdi	0.0283*	0.0284*	0.0259*	0.0262*	0.0263*	0.0246*	0.0209*	0.0018*
	(0.0014)	(0.0012)	(0.0011)	(0.0013)	(0.0013)	(0.0012)	(0.0015)	(0.0001)
w1x_pac3_fdi	-0.0019*	-0.0013**	-0.0016**	-0.0012	-0.0014**	-0.0058*	-0.0042*	-0.0002**
	(0.0006)	(0.0006)	(0.0007)	(0.0008)	(0.0007)	(0.0008)	(0.0008)	(0.0001)

续表

lnpm	模型 1	模型 2	模型 3	模型 4	模型 5	模型 6	模型 7	模型 8
_cons	- 24. 374 *	- 24. 673 *	- 24. 318 *	- 25. 191 *	- 25. 415 *	- 21. 023 *	- 28. 590 *	- 25. 884 *
	(1. 1621)	(1. 2985)	(1. 2782)	(1. 4762)	(1. 5092)	(1. 725)	(1. 6452)	(1. 4464)
Sargan	0. 6574	0. 6892	0. 7209	0. 7544	0. 7815	0. 8229	0. 8619	0. 8647
观察值数	3692	3692	3692	3692	3692	3692	3692	3692
城市个数	284	284	284	284	284	284	284	284
EKC 形状	"N" 形	"N" 形	"N" 形	"N" 形	"N" 形	"N" 形	"N" 形	"N" 形

注：$pac3\_fdi$ 表示 $lpacau$ 与 $lnpfdi$ 的交叉项。*、**、*** 分别表示 1%、5%、10% 的显著性水平。

表 3 - 5 的稳健性检验进一步说明，采用技术距离作为空间权重矩阵后，模型回归结果的系数较为稳定，而且采用不同的知识陈腐率与扩散率来计算知识存量所得到的结果也是稳健的，所有重要解释变量回归系数的方向与原模型基本保持一致。总的来说，本章所构建的空间动态GMM 模型是稳健的。

表 3 - 5　　　　　PM$_{2.5}$作为被解释变量模型的稳健性检验

lnpm	模型 1	模型 2	模型 3	模型 4	模型 5	模型 6	模型 7
L1.	0. 7132 *	0. 711 *	0. 717 *	0. 7088 *	0. 7047 *	0. 713 *	0. 7333 *
	(0. 0028)	(0. 0023)	(0. 0033)	(0. 0033)	(0. 0032)	(0. 0034)	(0. 0039)
lnpgdp	2. 1722 *	1. 9998 *	2. 1791 *	2. 2205 *	2. 5177 *	1. 9884 *	2. 6278 *
	(0. 2778)	(0. 3274)	(0. 2893)	(0. 3671)	(0. 4083)	(0. 3984)	(0. 4369)
lnpgdp2	- 0. 2428 *	- 0. 2274 *	- 0. 2449 *	- 0. 2534 *	- 0. 2849 *	- 0. 2319 *	- 0. 2971 *
	(0. 0289)	(0. 0339)	(0. 03)	(0. 0382)	(0. 042)	(0. 0408)	(0. 0451)
lnpgdp3	0. 0087 *	0. 0083 *	0. 0088 *	0. 0093 *	0. 0103 *	0. 0086 *	0. 0108 *
	(0. 001)	(0. 0012)	(0. 001)	(0. 0013)	(0. 0014)	(0. 0014)	(0. 0015)
lpacap	- 0. 0313 *	- 0. 0319 *	- 0. 0304 *	- 0. 0307 *	- 0. 0326 *	- 0. 031 *	- 0. 0374 *
	(0. 0018)	(0. 0019)	(0. 0021)	(0. 0022)	(0. 0028)	(0. 0029)	(0. 0034)
lpacap2	- 0. 0049 *	- 0. 0051 *	- 0. 0051 *	- 0. 0057 *	- 0. 0059 *	- 0. 0056 *	- 0. 0063 *
	(0. 0004)	(0. 0004)	(0. 0005)	(0. 0005)	(0. 0005)	(0. 0005)	(0. 0005)

续表

lnpm	模型 1	模型 2	模型 3	模型 4	模型 5	模型 6	模型 7
lnpfdi	0.017 *	0.0168 *	0.0164 *	0.0159 *	0.0167 *	0.0158 *	0.0137 *
	(0.0006)	(0.0006)	(0.0006)	(0.0007)	(0.0008)	(0.0007)	(0.0007)
pac1_fdi	0.0058 *	0.0053 *	0.0054 *	0.0054 *	0.0053 *	0.0048 *	0.0054 *
	(0.0003)	(0.0003)	(0.0004)	(0.0004)	(0.0004)	(0.0005)	(0.0005)
indgdp	−0.0703 *	−0.0703 *	−0.0702 *	−0.0696 *	−0.0678 *	−0.0679 *	−0.0669 *
	(0.0002)	(0.0002)	(0.0002)	(0.0003)	(0.0003)	(0.0003)	(0.0003)
openness	0.1676 *	0.1730 *	0.1718 *	0.1596 *	0.1533 *	0.1482 *	0.1243 *
	(0.0104)	(0.0109)	(0.0113)	(0.0085)	(0.0108)	(0.0107)	(0.0131)
popint		−0.0078 *	−0.0063 **	0.0036	0.0052	0.0024	0.0015
		(0.0024)	(0.0028)	(0.0036)	(0.0032)	(0.0032)	(0.0035)
urb			−0.0139 *	−0.0144 *	−0.0148 *	−0.0136 *	−0.0135 *
			(0.0009)	(0.0009)	(0.0008)	(0.0009)	(0.0011)
hum				0.3341 *	0.3309 *	0.3266 *	0.3129 *
				(0.0118)	(0.0134)	(0.0152)	(0.0156)
lnprod					0.0290 *	0.0286 *	0.0286 *
					(0.0024)	(0.0024)	(0.0022)
finbroad						0.0043 *	0.0019 **
						(0.0009)	(0.0009)
incom							0.0142 *
							(0.001)
w1x_lpacap	0.0858 *	0.0909 *	0.0889 *	0.1094 *	0.1043 *	0.1065 *	0.0948 *
	(0.0043)	(0.0046)	(0.0049)	(0.0045)	(0.0053)	(0.0057)	(0.0056)
w1x_lpacap2	−0.0034 *	−0.0042 *	−0.0039 *	−0.0034 *	−0.0027 *	−0.0017 **	−0.0041 *
	(0.0006)	(0.0007)	(0.0007)	(0.0008)	(0.0007)	(0.0007)	(0.0007)
w1x_lnpfdi	0.0308 *	0.0320 *	0.0303 *	0.0326 *	0.0332 *	0.0318 *	0.0273 *
	(0.0011)	(0.0012)	(0.0014)	(0.0015)	(0.0015)	(0.0015)	(0.0015)
w1x_pac1_fdi	−0.0034 *	−0.0043 *	−0.0046 *	−0.0066	−0.0067 *	−0.0077 *	−0.0059 *
	(0.0006)	(0.0007)	(0.0008)	(0.0007)	(0.0007)	(0.0008)	(0.0008)
_cons	−17.810 *	−14.955 *	−15.564 *	−14.787 *	−16.578 *	−14.664 *	−22.236 *
	(1.4296)	(1.6659)	(1.6157)	(1.814)	(1.6696)	(2.0359)	(2.2061)

lnpm	模型 1	模型 2	模型 3	模型 4	模型 5	模型 6	模型 7
Sargan	0.6728	0.7132	0.7481	0.7623	0.8268	0.8331	0.8791
观察值数	3692	3692	3692	3692	3692	3692	3692
城市个数	284	284	284	284	284	284	284
EKC 形状	"N" 形	"N" 形	"N" 形	"N" 形	"N" 形	"N" 形	"N" 形

注：$pacl\_fdi$ 表示 $lpacap$ 和 ln$pfdi$ 的交叉项。$lpacap$ 是以 D. Popp 等的研究中的知识陈腐化率以及扩散率参数计算而得的知识存量（Popp et al. , 2011）。*、**、*** 分别表示 1%、5%、10% 的显著性水平。

第五节　本章小结

本章通过构建动态空间面板模型，将技术进步分为三个来源，即自主创新、国外技术引进以及国内企业对国外技术引进的消化吸收能力，结合内生增长理论，分别系统地考察技术进步对 SO_2 排放与 $PM_{2.5}$ 的空间溢出效应。与以往的研究不同，在数据方面，本章克服了以往多侧重在省级层面研究的不足，通过收集城市层面相关数据，使研究更为细致。特别地，本章使用的 $PM_{2.5}$ 数据是通过卫星栅格数据提取的，得到 2003—2015 年中国城市 $PM_{2.5}$ 的年度面板数据。在研究方法上，使用了动态空间面板模型，克服了变量间可能存在的内生性，使研究结论更为可信。

整体上，本章发现技术进步对不同污染气体的影响略有不同。首先，SO_2 排放具有一定的路径依赖效应，表现为滞后一期项的系数显著为正。本地的技术进步并没有充分发挥出抑制 SO_2 排放的作用，但存在技术进步与 SO_2 排放的倒 "U" 形曲线，也就是说，技术进步对 SO_2 排放的作用存在拐点。在该拐点以前，技术进步促进了 SO_2 排放。这可能是一方面由于 SO_2 污染更多地表现为典型的区域性特征，另一方面中国当前的专利授权更多地偏向于污染型技术进步而非绿色技术进步，而超过该拐点后，国内自主研发则会显著地减少 SO_2 排放。另外，本地的外商直接投资与本地企业对国外技术的消化吸收能力显著地抑制了 SO_2 排放，表明外商直接投资带来了先进的绿色减排技术。当地企业通过学习、消化、吸收，为己所用，开发出绿色减排技术，最终抑制了本地区的污染排放。从空间效应上看，某一地区的专利存量增加以及外商直接投资，有利于减少相邻地区的 SO_2 排放，但邻近地区企业的消化吸收能力对其他相邻地区 SO_2 的抑制效应并没有发挥出来，在促进环境质量改善方面，与技术引进形成互补优势的能力尚待提高。对于 $PM_{2.5}$ 而言，本章发现存在显著的"N"形曲线关系，自主研发对降低 $PM_{2.5}$ 浓度具有显著作用，但国外技术引进与企业的消化吸收能力对 SO_2 排放具有截然相反的效应。不难发现，不同层面的技术进步对不同污染气体的影响不同。与 SO_2 不同的发现还在于，其他邻近地区的国外技术引进水平提高，不利于抑制 $PM_{2.5}$ 浓度。

另外，空间上正自相关性检验结果隐含着政府应当着力构建包含多个小城市的中心区域，充分发挥其在自主研发、外商直接投资、人力资源方面的比较优势，通过空间一体化效应，辐射周边地区。针对不同污染物，实行差别化政策，避免污染企业向周边地区扩散。

第 四 章

技术进步对能源效率的非线性影响

随着能源资源供需矛盾的日益突出，提高能源效率是降低能源消费、促进能源节约、保持中国经济可持续增长的关键，如何提高能源效率成为社会各界普遍关注的重要问题。现有文献表明，技术进步、产业结构以及制度性因素是影响能源效率的重要方面。例如，技术进步可以通过提高要素的边际生产力来提高能源效率。然而，也应注意到，技术进步对能源效率的作用比较复杂，可能会因经济的不同发展阶段、不同的产业结构而不同。另外，技术进步还可能会引起能源反弹效应。本章首先回顾了能源效率的测度方法，进而在全要素框架下考虑能源环境约束，测算出城市层面的绿色全要素生产率，以此作为能源效率的代理变量，其次分析了中国三大区域能源效率的演变，并进一步考察了不同来源的技术进步对能源效率的非线性转换机制。

第一节　能源效率的测度

能源效率在经济的不同发展阶段的定义有所差别。能源效率是一个一般化术语，没有一种明确的量化标准，而必须依靠一系列指标来量化能源效率的变化。在 20 世纪 70 年代石油危机之前，国际组织普遍采用"节能"（Energy Conservation）一词作为能源效率的测度。随后，各国普遍用"能源效率"（Energy Efficiency）一词来代替"节能"。早期节能的目的主要是从能源节约的角度以应对石油危机，而当前更多的是从技术进步视角来定义。世界能源委员会（World Energy Council）早在 1979 年给出的节能定义是，"采取技术上可行、经济上合理、环境和社会可接受

的一切措施，来提高能源资源的利用效率"。根据世界能源委员会在 1995
年给出的定义，能源效率是提供相同能源服务可以节约的能源投入，即
能源服务的生产量与能源消耗量的比值。亚太能源研究中心（Asia-Pacific
Energy Research Center）将能源效率定义为单位产出的能源消费量。国内
学者对能源效率指标进行了详细分类，包括能源宏观效率、能源实物效
率、能源物理效率、能源价值效率、能源要素利用效率、能源要素配置
效率和能源经济效率，将能源宏观效率定义为单位 GDP 能耗的倒数，并
与发达国家进行了横向对比（魏一鸣、廖华，2010）。目前，研究能源效
率的方法较为丰富，主要分为单要素能源效率测算法和全要素能源效率
测算法。具体的研究方法又可以分为参数法与非参数法。参数法要求设
定具体模型，主要指随机前沿分析法，而非参数法不要求对模型形式进
行具体设定，又可以是否包括非意愿产出（即非期望产出）再进行细分。
由于不同模型需要不同的假设条件，因此采用不同的测度方法可能对能
源效率产生较大的影响。

一 单要素能源效率测量方法

能源效率作为政府制定政策以及学术界研究所参考的重要前瞻性指标，
以往的文献主要从单要素能源效率框架对其展开研究。M. G. Patterson 较
早地对其衡量方法做了整体回顾，并将能源效率分为四类二级指标，包
括经济—热量指标、热力学指标、热量—物理指标和纯经济效率指标
（Patterson，1996）。

首先是经济—热量指标。按照能源投入产出的定义，即指能源强度，
也被称为能耗强度、单位 GDP 能耗、单位总产值能源或能源生产率，是
增加单位产出所消费的能源数量。其中，GDP 或者经济产出衡量的是能
源产出，能源消费衡量的是能源投入水平，国内已有相关代表性文献
（史丹等，2008）。单位 GDP 能耗越低，表明从宏观层面衡量的能源效率
越高。该指标因经济发展水平、产业结构、文化、社会制度、资源禀赋
条件的不同而存在差异。从严格意义上讲，将能源生产率等同于能源强
度的倒数是有问题的，在计算能源强度时，包含了居民生活用能，而能
源生产率的核算并没有包含这部分用能，因此简单地将二者等同起来会
造成一定的偏差。尽管单要素经济效率指标简单易用，并能在因素分解

时直观地衡量经济结构对能源效率的影响，然而也存在明显的缺点，例如不能度量经济结构中的效率提升。以能源强度指标为例，其只衡量了单一投入与产出的比值，无法反映其他要素（如劳动力、资本与能源）之间可能存在的替代关系，无法反映真实的生产率变动。

其次是热力学指标。从某种意义上说，能源效率的热力学指标似乎是衡量能源效率最直接的方法，因为热力学学科最早是研究能源与能源生产过程的。现在的热力学通常被定义为关于能源或者能源生产过程的学科。在该指标的计量中，能源投入和产出都以热量来计算。因此，使用热力学测量能源效率的合理性在于，其根据生产过程的"状态函数"来计算。这意味着在一定的物理环境条件下，例如温度、压力等，测算某些动态过程中产生的物理条件的任何变化，由此来估算"状态函数"的值。依照不同的热量度量方法，可将热力学指标分为三类：第一法则能源效率、第二法则工作能源效率与第二法则理想能源效率。第一法则能源效率来源于热力学第一定律，即能量守恒和转化定律。该方法的本质是测算物理做功的状态，反映热量效率，具体以热量计算的能源产出热量与能源投入热量的比值来表征。该法则侧重于宏观层面，未能考虑不同能源间热量的异质性。已有学者对此进行了分析（Schurr，1984；Sioshansi，1986）。第二法则工作能源效率涉及的是热转换的方向与程度。尽管第二法则工作能源效率对第一法则能源效率做出了改进，将温度作为质量单位，但不同能源间热量的异质性问题仍然没有得到解决。第二法则理想能源效率可以从微观角度度量某一生产过程中实际热能效率与理想热能效率的比值。但该假设条件较为严格，现实中各种因素的制约导致其应用范围较窄。

再次是热量—物理指标。传统的能源效率热力学指标的一个明显缺陷是没有考虑将能源作为消费者的终端服务。由于消费者不会根据其热含量来估算最终使用服务，研究者制定了效率比率衡量物理单位来反映消费者所需的最终使用服务。该指标将最终产品的产出以能源消耗的物理量来表示，以热量单位来表征能源投入量，因此也被称为单位能耗。这在工业部门的能效核算中较为常见，例如发电煤耗法。这种方法能够将不同生产部门进行纵向和横向对比，能够直观反映能源终端效率。值得注意的是，在使用中需要统一口径。然而，该方法也存在不足，仅能对特定的产业部门内部进行比较，而现实中有的产业部门生产不同的产品种类，同种能源也可以分配在不同产品的使用上，导致不同产品部门在加总时无法计算总的能源效率。

最后是纯经济效率指标。由于不同能源种类即使在热当量相同的条件下，其功效也会有差别，克服该问题的途径之一是采用价格作为权重来测算能源价值效率。该指标最早由美国国会联合经济委员会于 1981 年提出，是指能源的投入与产出均以价值计算，更能反映能源生产率、价格信息以及能源供求。有研究曾提出构建"理想价格"权数（Berndt，Jorgenson，1978），该理想价格可以反映生产中的边际转化率，以及不同种类能源消费间的边际替代率。该指标在一定程度上解决了能源的非同质性问题。然而，使用"理想价格"来衡量能源投入在现实操作上存在一定的问题，因为价格是随时间而变化的，不像热力学测量的能量保持不变。

二 全要素能源效率指标测度法

全要素生产率，又称"索罗剩余"，作为经济增长的重要源泉，长期以来是学术界的重要研究对象。在前文已经提及，目前测算全要素生产率的方法分为参数法与非参数法。参数法包括索罗余值法与随机前沿分析法，需要事先对函数形式进行设定；非参数法包括指数分解法（主要指 LMDI 与 SDA 分解法）与 DEA 法，其优点在于不需要事先对函数形式进行设定，放松了对样本技术有效性要求的假设。本章测算能源效率所采用的是 DEA 法，其他研究方法不再进行回顾。

为了克服单要素能源效率指标在测度能源效率方面的缺陷，M. J. Farrell 和 C. A. K. Lovell 分别提出了基于既定投入条件下产出最大化和既定产出条件下投入最小化的"技术效率"的概念（Farrell，1957；Lovell，1993）。该概念的提出更加符合 Pareto 效率的内涵，为随后的能源效率研究提供了重要参考，其思路是通过测算样本点偏离理想点（最优生产前沿）的程度来衡量能源效率。该方法的关键是如何获得目标能源投入。随后，有学者将 DEA 方法应用于全要素能源效率的测算上（Freeman，1997；Boyd，Pang，2000），并与传统的能源测算指标进行了对比，研究结果显示，二者确实存在较大差异。进一步地，有学者将能源要素纳入全要素生产率框架（Hu，Wang，2006），并基于 A. Charnes 等提出的规模报酬不变的 DEA 模型（Charnes et al.，1978），分析了中国 1995—2002年 29 个省份的能源效率。具体地，他们将劳动力、资本存量、能源消耗和农作物总播种面积作为生物质能源的四种投入，将实际 GDP 作为单一产出指标，就两种不同的能源效率指标进行了对比，得出了全要素能源效率能够更好地拟合现实情况的结论。还有研究基于 M. J. Farrell 提出的投入导向的 CCR 模型，利用日本 47 个县的县级数据，结合更多的能源种类投入指标，研究发现人均收入与能源效率之间存在倒 "U" 形关系（Honma，Hu，2012）。该模型假定存在 N 个 DMU 单元，对每个单元有 K 个投入、M 个产出，对于第 i 个 DMU 单元，以列向量 x_i 和 y_i 分别表征投入与产出，则投入导向型的 VRS 模型的线性规划形式可表示为：

$$\min \theta$$

$$\text{s. t.} \sum_{j=1}^{N} \lambda_j y_j - s^+ = y^0$$

$$\sum_{j=1}^{N} \lambda_j x_j + s^- = x^0$$

$$\sum_{j=1}^{N} \lambda_j = 1, \ \lambda_j \geq 0, \ j = 1, \ 2, \ \cdots, \ N \qquad (4-1)$$

其中，θ 表示标量，且取值范围为 [0，1]，λ_j 是 $N \times 1$ 维的常数向量，s 表示松弛变量。该非线性规划模型的含义在于，将所有的 DMU 的效率值限定在 [0，1] 并使其最大化。之后，国内许多学者沿着这一研究思路，对中国的能源效率进行了广泛研究（魏楚、沈满洪，2007；屈小娥，2009）。CCR 模型的缺点在于忽视了非径向冗余问题而导致弱效率测度。该模型并未区分能源效率与其他要素投入效率，只在传统的全要素生产率框架下考虑了能源投入行为，由此测算出来的全要素效率值不能捕捉到能源特征（张少华、蒋伟杰，2016）。

基于上述模型的不足，有学者提出了 SBM 模型（Tone，2001）。SBM模型是一种非径向的 DEA 模型，是在径向模型的基础上发展起来的。传统的径向 DEA 模型用于改进无效 DMU 单位，具体做法是使所有投入或产出同比例缩减或增加，并未考虑到松弛改进的部分；SBM 模型可以对过度投入和产出不足，也就是松弛部分直接进行调整。鉴于此，SBM 模型

相对于以往的 DEA 模型更具明显优势。参照 K. Tone 对 SBM 模型的定义形式 (Tone, 2003):

$$\min \frac{1 - \frac{1}{m}\sum_{i=1}^{m}\frac{s_i^-}{x_{ik}}}{1 + \frac{1}{q}\sum_{r=1}^{q}\frac{s_r^+}{y_{rk}}}$$

$$\text{s. t. } X\lambda + s^- = x_k$$

$$\text{s. t. } Y\lambda - s^+ = y_k$$

$$\lambda, \; s^+, \; s^- \geq 0 \qquad\qquad (4-2)$$

其中, s^+ 表示能源投入冗余, s^- 表示产出不足, m 与 q 分别表示能源投入种类与产出种类。以上早期的研究并没有将环境因素纳入全要素能源效率分析, 换言之, 对于产出端而言, 大多数研究仅考虑了期望产出而忽视了经济生产中的非期望产出——污染物, 不能反映环境污染的成本, 导致对能源效率的测算发生偏差。由于生态环境对人类生存的重要性日益突出, 同时治理环境也需要较高的成本, 有必要将环境因素纳入全要素能源效率框架中, 以反映绿色全要素生产率。当前, 基于能源环境约束下的 SBM 模型在中国得到了广泛应用 (涂正革, 2008; 王兵等, 2010)。

(一) 基于环境约束下的全要素能源效率

关于国外的相关研究, 有学者利用 Super-SBM 模型测算金砖国家的能源效率, 分析了其现状和发展趋势, 并进一步利用自举法对基于小样本数据的 DEA 模型进行修正, 最后测量了能源效率与碳排放之间的关系 (Song et al., 2013)。结果表明, 金砖国家整体能源效率偏低, 但呈快速增长趋势。此外, 能源效率和碳排放之间的关系因能源结构不同而存在差异。有学者以发电量和碳排放分别作为期望产出和非期望产出, 采用基于 SBM-DEA 模型的环境 Malmquist 指数, 对 OECD 国家的环境全要素生产率指标进行了研究 (Xie et al., 2014)。结果表明, 动态环境效率为评价不同国家电力行业的减排效果提供了良好的视角, 化石能源结构变化和技术进步是促进动态环境效率的主要动力, 而且经济状况和能源价格变化对动态环境效率也具有显著影响。N. Apergis 等基于 SBM 模型以及 MCMC-GLMM 法, 对部分 OECD 国家的能源效率演进情况进行了分析

（Apergis et al.，2015）。结果表明，这些国家的能源效率水平较高，但随着时间的推移而不断下降。该研究还发现，欧盟国家的能源效率水平最高，其次是北美自由贸易区、G7 国家等。此外，资本密集型国家的能源效率高于劳动密集型国家。鉴于能源效率在确保节能、安全、成本最小化和减少碳排放方面的作用，该研究强调制定提高能源效率政策的必要性。也有研究以 OECD 国家为对象，研究了其 14 个工业部门绿色创新对能源强度的影响，发现绿色专利每增加 1%，将使能源强度降低 0.03%（Wurlod，Noailly，2018）。

国内研究方面，基于相关研究框架（Hu，Wang，2006），与先前文献（魏楚、沈满洪，2007）没有考虑非期望产出因素不同，有研究进一步分析了中国各省份 1995—2006 年的全要素能源效率，具体以工业六种废弃物排放构建了污染排放综合指数，并将其作为非期望产出，研究了中国全要素能源生产率的演变以及收敛特征（袁晓玲等，2009）。结果显示，全要素能源效率均值在 1995—1999 年呈现"U"形特征，而随后表现出波动式上升的特征。收敛性检验结果显示，中国的全要素能源效率内部差距呈缓慢 σ 收敛特征，东部地区能源效率最高，西部地区次之，中部地区最低。有学者运用 SBM 方向性距离函数和 Luenberger 生产率指标，研究了 19 个污染密集型产业的全要素生产率，具体将废水、CO_2、SO_2 和固体废物排放量作为非期望产出（李玲、陶锋，2011）。研究结果表明，考虑了大多数行业非期望产出的全要素生产率平均增长率，低于不考虑非期望产出下的全要素生产率平均增长率，证实了中国污染密集型产业高能耗、高污染的特征；此外通过指数分解还发现，纯技术效率的恶化和技术退步是绿色全要素生产率增长的主要障碍。另有研究将 CO_2 和 SO_2 作为非期望产出，采用基于考虑非期望产出的 SBM 模型，研究了中国各省份 2005—2009 年的全要素能源环境效率。结果表明，中国的全要素能源环境效率仍处于 0.6 的低水平，先前不考虑环境约束的研究高估了中国区域的能源效率（Li，Hu，2012）。此外，中国的区域能源效率极不平衡，东部地区最高，东北和中部地区次之，西部地区最低。陈诗一以中国省级面板数据为例，通过松弛向量可度量方向性距离函数行为分析（SBM-DDF-AAM）模型，构建了中国低碳转型进程中的动态评估指数以评估各地的低碳发展进程（陈诗一，2012）。具体地，该研究选择 CO_2 排放、废水排放、废气排放、化学需氧量等污染物作为非期望产出，研究将中国整体低碳转型进程划分为四个阶段，发现各省份的低碳转型表现差异较大，且多个地区处于初级转型阶段。也有研究进一步结合 SBM 方向性距离函数和 Luenberger 指数，基于全国 1995—2010 年省级面板数据，构建了新的生产率指数，以废水、SO_2、烟尘排放和化石能源燃烧产生的 CO_2 排放四个指标为非期望产出，发现研究样本期间的环境全要素生产率主要来源于技术进步而非效率改善（刘瑞翔、安同良，2012）。该研究还发现，近年来中国的经济增长绩效呈现的下降趋势，其中经济相对发达的东部地区的下降趋势尤为明显，不同地区的环境无效率影响因素存在差异，对于东部地区而言，污染排放导致了环境无效率；对于中部地区而言，投入效率不足和环境污染是引起环境无效率的原因；对于西部地区而言，期望产出效率不足是其环境无效率的主要原因。类似地，有文献以长三角地区为研究对象，基于 Malmquist-Luenberger 生产率指数模型研究了长三角地区 15 个城市 1996—2008 年的全要素能源效率，以 CO_2、SO_2 以及 NOx 作为非意愿产出，发现在环境约束下的全要素能源效率低于无环境约束下的情形，资源的过度使用和环境污染对该地区的全要素能源效率具有不利影响（张伟、吴文元，2011）。在非期望产出框架下，有学者研究了西部地区能源效率及影响因素，使用主成分分析法将 CO_2 排放量、SO_2 排放量、烟尘排放量、氮氧化物排放量、化学需氧量 5 种污染物排放指标结合构建了一个综合污染物排放指标。研究发现，西部地区的平均能源效率低于东部、中部地区，西部地区各省份的全要素能源效率都表现出下降趋势（刘丹丹，2015）。沿用上述框架，有研究将其拓展至能源生态效率分析，选取工业废水、废气和固体废弃物作为环境产出指标，将经济产出以及使用熵权法构建的社会福利指数作为意愿产出指标。研究发现，中国的能源生态效率在逐渐降低，中国粗放型的发展方式降低了环境质量。区域总体呈现出东高西低的阶梯分布特征（王腾等，2017）。

除了区域外，也有不少研究聚焦在行业层面。例如，有学者以改进的 Super-SBM 模型，对 2001—2010 年中国 36 个工业部门的能源效率进行了测算，并利用 Tobit 回归模型对影响能源效率的因素进行了探讨。该研究将规模以上企业的总产值作为期望产出，并将各行业的"三废"（废气、废水、工业废弃物）的总排放量作为非期望产出。实证结果表明，在"十一五"时期，各工业部门的能源效率整体上有所提高，但各行业的能源效率存在差异，轻工业最高，重工业次之，而轻工业的能源效率增长速度较快（Li，Shi，2014）。也有研究针对具体区域的行业进行了分析，如针对京津冀石化产业2003—2014年的投入产出效率，将废水、废气及固体废弃物排放作为非意愿产出。研究表明，考虑非期望产出时的投入产出效率均值为0.773，低于不考虑非期望产出情况下的效率值0.853，说明非期望产出造成了京津冀石化产业效率的下降（李健等，2017）。还有学者对上述模型框架进一步扩展，基于综合径向和非径向特征的EBM模型，将SO_2和来源于化石能源以及水泥的CO_2排放作为非期望产出，利用系统GMM模型研究了经济集聚对能源效率的影响（师博、沈坤荣，2013）。

（二）能源效率的影响因素

从区域层面看，目前大多数研究认为，影响能源效率的因素主要包括经济发展水平、技术进步、产业结构、能源价格、能源结构、要素结构、市场化程度、对外开放程度和政府的影响力等。有学者通过聚类分析，将中国划分为三个地区，克服了传统上按照地理划分区域的弊端（高振宇、王益，2006）。研究发现，经济发展水平每提高1%，能源生产率提升0.121%，产业结构、价格水平对能源生产率的提高也具有显著的正向影响。然而，投资的作用不明显，表明中国投资以粗放式为主。在市场化程度和经济机制方面，有学者通过超越对数成本函数测算了要素替代弹性，认为1992年以来市场化经济改革的加快提升了能源效率（Fan et al.，2007），原因是能源自身价格弹性在样本期内不断下降，能源、资本和劳动力之间的替代弹性和交叉价格弹性在1979—2003年有所增加。有研究利用随机前沿模型研究认为，经济发展机制是影响能源效率的重要方面（史丹等，2008）。在产业结构调整、技术进步、能源价格方面，有研究发现其有利于改善中国整体以及东部、中部、西部地区的能源效率（屈小娥，2009），而工业化水平对不同区域能源效率的影响存在异质性。类似地，有学者利用Tobit模型研究发现，产业结构对西部地区的全要素能源效率提升具有正向影响，第二产业增加值、第三产业增加值每提升1%，全要素能源效率分别平均提高0.7855%、0.9456%（刘丹丹，2015）。也有学者持不同观点，产业结构抑制了中国的全要素能源生产率，产业结构每提高 1%，全要素能源效率将下降 0.092%（袁晓玲等，2009）。煤炭消费结构、所有制结构以及能源禀赋与中国的全要素能源生产率也呈负相关，上述变量同样在区域间表现出区域异质性。具体在技术进步方面，有研究使用广义最小二乘法，在考虑非期望产出的情形下发现，经济增长与累积的技术效率增长率有利于提高能源效率，而技术进步、外商直接投资的增加不利于能源效率的提升（张伟、吴文元，2011）。类似地，有研究发现，R&D 经费支出对西部地区的全要素能源效率提升具有正向影响（刘丹丹，2015）；技术进步显著提高了中国的生态全要素能源生产率（李兰冰，2015）。相比之下，有学者发现，技术效率无论长期还是短期的影响均为正，因此，技术效率是推动长三角地区城市能源效率提升的主要来源；技术进步的短期影响为负，长期为正，表明从长期来看，技术进步可以促进能源效率提高；外商直接投资对该地区的能效影响不显著（张伟、吴文元，2011）。该研究还发现，短期内人均 GDP 具有显著的正向影响，但长期不显著，产业结构的短期影响为正。关于对外开放方面，有研究基于序列 DEA 的方向性距离函数、Malmquist-Luenberger 指数以及 Tobit 模型，发现提升对外开放水平促进了全国层面的全要素能源效率（王维国、范丹，2012）。另外，技术效应、产权所有制结构以及政府支持力度仅在中部、西部地区表现为正向作用，经济增长与全要素能源效率存在"U"形关系。此外，能源价格也是重要的影响变量。有研究发现，能源价格的提高无论是全国层面还是区域层面，都有利于提升全要素能源效率（袁晓玲等，2009）。另有研究有不同发现，认为能源价格指数抑制了地区的全要素能源效率（刘丹丹，2015）。

关于产业层面的研究，有学者基于 1997—1999 年工业行业数据的研究表明，研发、能源价格、产业结构调整能够有效地提高中国工业行业的能源效率（Fisher-Vanden et al.，2004）。具体在技术进步方面，有学者利用 Malmquist 指数法将技术进步进行分解，研究了技术进步对能源效率作用的来源，发现技术效率有利于改善工业部门的能源效率，而科技进步的贡献有限（李廉水、周勇，2006）；还有学者将综合效率分解为纯技术效率和规模效率，发现技术效率（也就是技术和管理）促进了京津冀石化产业的发展；同时发现规模效率值较低，表明该地区的石化产业存在规模不经济和要素配置不合理（李健等，2017）。在产业结构和产业分工方面，针对工业领域，有研究发现国际产业分工结构与产权结构的调整有利于能源效率的改善，而重工业比重、能源消费结构以及能源禀赋结构对能源效率具有负面影响（王秋彬，2010）；也有研究发现，产业集中度与能源效率正相关，认为较高的产业集中度有利于能源效率的提高（Li，Shi，2014）。该研究还发现，企业规模也是影响能源效率的重要变量，企业规模与能源效率总体呈正相关，企业规模平均每增加 1 个百分点，工业能效将提高 4% 左右（Li，Shi，2014）。这是因为大型企业有利于提高产业集中度，从而有助于研发水平以及组织管理效率的提升（李玲、陶锋，2011）。从上述研究不难发现，技术进步和产业结构是影响能源效率的核心变量，还包括行业集中度、国有化程度、对外开放度、环境规制强度等。例如，有学者通过构建随机前沿模型研究了 1994—2008 年中国工业部门的能源效率，发现行业集中度、国有化程度以及对外开放度提高均会促进能源投入效率提升（何晓萍，2011）；还有学者发现，环境规制程度有利于绿色全要素生产率的提高，外商直接投资水平、所有制结构对中国绿色全要素生产率具有负向作用（李玲、陶锋，2011）；贸易开放度以及能源价格的提高可以显著地改善能源效率，而政府干预不利于 EBM 能源效率的提高，金融发展效率有助于弱化产业集聚对能源效率的不利影响，城市密度与能源效率呈现"U"形关系（师博、沈坤荣，2013）；污染控制投资对提高能源效率具有显著的积极影响（Li，Shi，2014）。此外，由于行业存在较大异质性，有学者利用聚类分析法将中国行业分为低效率和高效率两类，发现各因素对生态全要素能源效率在两类产业间表现出一些差异（郭文、孙涛，2013）。对于这两类行业来说，资本深化、行业控股类型以及研发投入对生态全要素能源效率的提升均具有正向影响，对于高效率行业，资本深化和行业控股类型每增加 1%，生态全要素能源效率分别提升 0.037% 和 0.058%。行业竞争与企业规模在两类行业中表现出相反的作用。

　　通过比较上述文献可以看出，关于能源效率的测度主要分为单要素能源效率和多要素能源效率，单要素能源效率没有充分考虑到经济在发展中结构的变化，各种要素之间可能发生替代，而全要素能源效率测度法很好地弥补了这一不足。然而，关于全要素能源效率影响因素的研究结论仍存在较大分歧，因样本数据、模型设定、指标选取的不同而存在差异。例如，现有文献已经证实了产业结构调整对能源效率的提升作用，但是在具体指标的选取上，有的采用工业增加值比重，有的采用第三产业比重。技术进步指标的选择同样五花八门，部分文献采用 R&D 投入或者外商直接投资，也有直接用 DEA 方法分解综合效率来得到技术进步（赵楠等，2013）。整体上，现有文献关于技术进步对能源效率的作用研究深度还不够，着重点仍旧聚焦于经济发展、产业结构的作用，对技术进步的作用关注较少。另外，现有文献对能源效率的研究大多聚集在国家、省份以及产业层面，对城市层面的能源效率关注还不够。综上，本章的研究尝试从城市层面在环境约束下构建合理的全要素能源效率指数进行突破。

第二节　技术进步对能源效率影响的研究方法回顾

关于技术进步对能源效率影响的研究主要使用两步法：第一步测度能源效率，本章已经详细回顾，分为单因素能源效率以及全要素能源效率测算法，包括参数法与非参数法；第二步将第一步测得的能源效率作为被解释变量，以技术进步作为解释变量，通过建立合适的模型来估计技术进步对能源效率的影响，又可以分为计量建模、指数分解以及 DEA 方法。此处不再对 DEA 方法进行赘述。

现有大多数文献采用计量经济建模的相关方法，包括时间序列模型、固定效应模型、随机效应模型、广义最小二乘法模型、随机前沿模型等。随着计量经济模型的不断发展，现有学者逐渐从空间溢出的角度考察技术进步对能源效率的溢出效应。例如，有研究发现，中国能源效率在区域之间存在正向的空间溢出效应（徐盈之、管建伟，2011）；有研究分别运用地理加权回归模型、空间杜宾模型研究了技术进步对能源效率的作用（姜磊、季民河，2011；杨骞、刘华军，2014）。关于指数分解模型，主要是依据固定的等式进行分解，如 LMDI 指数分解模型（Ma，Stern，2008）、SDA 指数分解模型（Lin，Du，2014）。

然而，现有文献基本上以线性回归模型为主，均假定函数形式是同质的，不会随着时间而改变，而且假定不同地区的技术进步对能源效率的影响是一致的，但是在现实中，每个截面的系数可能会随着时间的推移或者经济结构的变化等因素而发生改变，进而导致估计结果偏差。换言之，技术进步与能源效率在时间尺度上可能存在非线性关系，可能由于各城市的经济发展程度、对外开放水平、产业结构等不同而产生不一致的影响。因此，单纯使用一般的线性模型难以刻画出技术进步对能源效率的非线性效应，也难以深入地研究技术进步对能源效率的非线性影响是通过何种制度变量进行平滑转换的。尽管面板门限模型能够刻画非线性关系，但其位置变量是突变的、不连续的，不能刻画现实中经济结构连续变化的特征。面板平滑转换回归模型作为完全的变系数模型，能够有效地克服上述不足。

第三节 基于 SBM 模型的共同前沿生产函数理论框架

随着能源环境与经济发展的不协调性日益凸显，越来越多的学者在研究能源效率时将环境的副产品纳入全要素生产率框架。大量的研究采用方向距离导数构建一个同时包括期望产出和非期望产出的生产可能性集合。根据相关研究（Färe et al.，2007），首先定义环境技术集合，将研究的每个城市看作一个生产决策单元（DMU），假设生产需要的 N 种投入记为 $x = (x_1, x_2, \cdots, x_N) \in \mathfrak{R}_+^N$，$M$ 种好产出也就是期望产出为 $y = (y_1, y_2, \cdots, y_M) \in \mathfrak{R}_+^M$，$J$ 种坏产出 b（也就是非期望产出）记为 $b = (b_1, b_2, \cdots, b_J) \in \mathfrak{R}_+^J$，例如化石能源燃烧排放的 CO_2、SO_2 等，将环境技术的产出可能性集合定义为：

$$P(x) = \{(y, b) : x \text{ 能够生产 } (y, b)\}, x \in \mathfrak{R}_+^N \qquad (4-3)$$

根据 R. Färe 等的研究，该产出集合满足：（1）对所有 $x = (x_1, x_2, \cdots, x_N) \in \mathfrak{R}_+^N$，有 $\{0\} \in P(x)$，表示无投入也无产出；（2）对于所有 $x = (x_1, x_2, \cdots, x_N) \in \mathfrak{R}_+^N$，$P(x)$ 是紧集，表示有限的产出是由有限的投入决定的；（3）如果 $x' \geq x$，则 $P(x) \subseteq P(x')$，增加投入不会减少产出；

（4）如果 $(y, b) \in P(x)$，$0 \le \theta \le 1$，则 $(\theta y, \theta b) \in P(x)$，表示非期望产出与期望产出是同时变化的，减少非期望产出也会降低期望产出；如果 $(y, b) \in P(x)$，且 $(y', b') \in (y, b)$，则有 $(y', b') \in P(x)$，表明期望产出与非期望产出可以不同比例减少；（5）若 $(y, b) \in P(x)$，且 $b = 0$，则 $y = 0$，指当非期望产出为零时，期望产出也为零，这保证了期望产出与非期望产出同时出现，只要有期望产出就必定会有非期望产出；（6）如果 $(y, b) \in P(x)$，且 $y' \le y$，则有 $(y' \in b) \in P(x)$，表示期望产出的自由可处置性。

接着构造考虑非期望产出的方向性距离函数。传统的 Malmquist 生产率指数来源于 Shephard 距离函数，要求期望产出与期望产出同比例增减，不能保证在减少非期望产出的同时增加期望产出，不能更好地贴近现实，有效地解决实际问题。因此，参考相关研究（Färe et al.，2007），使用方向性距离函数能够克服这一弊端，定义为：

$$D_o(x, y, b: g_y, g_b) = \sup \{\beta y + \beta g_y, b - \beta g_y\} \in P(x)\} \quad (4-4)$$

其中，$g = (g_y, g_b)$ 表示一个方向向量，$g_y \in \Re_+^M$ 和 $g_b \in \Re_+^J$ 表示在 g_y 方向上尽可能增加好的产出，在 g_b 方向上尽可能减少坏产出。在环境约束下，参考现有研究（Tone，2003），定义 SBM 方向性距离函数：

$$\vec{D}_o^t (x^{t,k'}, y^{t,k'}, b^{t,k'}; g^x, g^y, g^b) =$$

$$\max_{s^x, s^y, s^b} \frac{\frac{1}{N} \sum_{i=1}^{N} \frac{s_i^x}{g_i^x} + \frac{1}{M+1} \left(\sum_{m=1}^{M} \frac{s_m^y}{g_m^y} + \sum_{j=1}^{J} \frac{s_j^b}{g_j^b} \right)}{2}$$

$$\sum_{k=1}^{K} z_k^t x_{kn}^t + s_n^x = x_{k',n}, \quad \forall n; \quad \sum_{k=1}^{K} z_k^t y_{km}^t - s_m^y = y_{k',m},$$

$$\forall m; \quad \sum_{k=1}^{K} z_k^t b_{kj}^t + s_j^b = b_{k',j}^t, \quad \forall j; \quad (4-5)$$

$$\sum_{k=1}^{K} z_k^t = 1, z_k^t \ge 0, \forall k; s_n^x \ge 0, \forall n; s_m^y \ge 0, \forall m; s_j^b \ge 0, \forall j \quad (4-6)$$

其中，$(x^{t,k'}, y^{t,k'}, b^{t,k'})$ 表示城市 k' 的投入与产出向量；(g^x, g^y, g^b) 表示减少投入、增加期望产出与减少非期望产出的方向向量；s_n^x、s_m^y 以及 s_j^b 表示松弛向量；z_k^t 表示单个截面观察值的权重，若所有 z_k^t 的权重之和为 1，表示生产规模报酬不变，去掉该约束表示生产规模报酬可变。另外，R. G. Chambers 等发展了具有相加特征的 Luenberger 生产率测度方法（Chambers et al.，1996）。在已有研究（Caves et al.，1982）提出的

Malmquist 生产率指数基础上，有学者进一步将其扩展为可以测度包含环境因素的 Malmquist-Luenberger（ML）生产率指数（Chung et al.，1997）。为了与非角度的 SBM 方向性距离函数相适应以及使其具有可加性，根据 Y. H. Chung 等的研究，可以将基于 SBM 方向性距离函数的 ML 生产率指数进一步分解为具有可加性特征的技术效率指数和技术进步指数（Chung et al.，1997）：

$$
ML_t^{t+1} = \left\{ \frac{[1 + \vec{D}_o^t\ (x^{t,k'},\ y^{t,k'},\ b^{t,k'};\ g^t)]}{[1 + \vec{D}_o^t\ (x^{t+1,k'},\ y^{t+1,k'},\ b^{t+1,k'};\ g^{t+1})]} \times \right.
$$

$$
\left. \frac{[1 + \vec{D}_o^{t+1}\ (x^{t,k'},\ y^{t,k'},\ b^{t,k'};\ g^t)]}{[1 + \vec{D}_o^{t+1}\ (x^{t+1,k'},\ y^{t+1,k'},\ b^{t+1,k'};\ g^{t+1})]} \right\}^{\frac{1}{2}}
$$

$$
= \frac{1 + \vec{D}_o^t\ (x^{t,k'},\ y^{t,k'},\ b^{t,k'};\ g^t)}{1 + \vec{D}_o^t\ (x^{t+1,k'},\ y^{t+1,k'},\ b^{t+1,k'};\ g^{t+1})} \times
$$

$$
\left\{ \frac{[1 + \vec{D}_o^{t+1}\ (x^{t,k'},\ y^{t,k'},\ b^{t,k'};\ g^t)]}{[1 + \vec{D}_o^t\ (x^{t,k'},\ y^{t,k'},\ b^{t,k'};\ g^t)]} \times \right.
$$

$$
\left. \frac{[1 + \vec{D}_o^{t+1}\ (x^{t+1,k'},\ y^{t+1,k'},\ b^{t+1,k'};\ g^{t+1})]}{[1 + \vec{D}_o^t\ (x^{t+1,k'},\ y^{t+1,k'},\ b^{t+1,k'};\ g^{t+1})]} \right\}^{\frac{1}{2}}
$$

$$
= EC_t^{t+1} \times TCH_t^{t+1} \tag{4-7}
$$

其中，EC_t^{t+1}、TCH_t^{t+1} 分别表示时间 $t+1$ 与 t 之间的技术效率指数和技术进步指数，但 ML 指数仍然存在缺陷。由于 ML 指数采用两个当期指数的几何平均形式，难以满足传递性或循环性，进而导致线性规划可能存在无可行解问题。针对该不足，有学者对 ML 的生产集做了改进（Oh，2010），不仅对同期的生产技术加以界定，而且定义了群组生产技术集合。该研究的方法是构建多个群组前沿，对所有群组进行效率评价，进一步构建共同前沿。其中，共同前沿度量的是潜在技术水平，而群组前沿衡量的是实际技术水平。该方法不仅考虑了不同群组间可能存在的异质性问题，而且能够对群组边界与共同边界的技术差距进行测度。首先，将同期的生产技术定义为：$P^t(x^t) = \{(y^t,\ b^t): x\ 可生产\ (y^t,\ b^t),\ x^t \in \Re_+^N\}$，$t = 1,\ 2,\ \cdots,\ T$，$P^t(x^t)$ 表示参考技术集。定义群组生产技术集为：$P^G(x^t) = P^1(x^1) \cup P^2(x^2) \cup,\ \cdots,\ \cup P^T(x^T)$。基于群组生产技术集的线性规划问题可描述为：

$$\vec{D}_0^s \left(x_{k'}^s, \ y_{k'}^s, \ b_{k'}^s; \ y_{k'}^s, \ -b_{k'}^s \right) \ = \max \beta$$

$$\text{s. t.} \ \sum_{t=1}^{T} \sum_{k=1}^{K} \lambda_k^s y_k^s \geqslant \left(1+\beta \right) y_{k'}^s$$

$$\sum_{t=1}^{T} \sum_{k=1}^{K} \lambda_k^s b_k^s = \left(1-\beta \right) b_{k'}^s$$

$$\sum_{t=1}^{T} \sum_{k=1}^{K} \lambda_k^s x_k^s \leqslant x_{k'}^s \tag{4-8}$$

$$\lambda_k^s \geqslant 0, \ k=1, \ 2, \ \cdots, \ K$$

其中，$s = \{t, \ t+1\}$，λ_k^s 为权重变量。上述模型是基于规模报酬不变的 DEA 模型。如果对其施加限制条件 $\sum_{k=1}^{K} \lambda_k^s = 1$，则模型变为规模报酬可变。基于 SBM 方向性距离函数，群组 ML 指数 GML 可表述为：

$$GML_t^{t+1} = \left\{ \frac{[1+\vec{D}_G^t \ (x^{t,k'}, \ y^{t,k'}, \ b^{t,k'}; \ g^t)]}{[1+\vec{D}_G^t \ (x^{t+1,k'}, \ y^{t+1,k'}, \ b^{t+1,k'}; \ g^{t+1})]} \times \right.$$

$$\left. \frac{[1+\vec{D}_G^{t+1} \ (x^{t,k'}, \ y^{t,k'}, \ b^{t,k'}; \ g^t)]}{[1+\vec{D}_G^{t+1} \ (x^{t+1,k'}, \ y^{t+1,k'}, \ b^{t+1,k'}; \ g^{t+1})]} \right\}^{\frac{1}{2}}$$

$$= \frac{1+\vec{D}_G^t \ (x^{t,k'}, \ y^{t,k'}, \ b^{t,k'}; \ g^t)}{1+\vec{D}_G^t \ (x^{t+1,k'}, \ y^{t+1,k'}, \ b^{t+1,k'}; \ g^{t+1})} \times$$

$$\left\{ \frac{[1+\vec{D}_G^{t+1} \ (x^{t,k'}, \ y^{t,k'}, \ b^{t,k'}; \ g^t)]}{[1+\vec{D}_G^t \ (x^{t,k'}, \ y^{t,k'}, \ b^{t,k'}; \ g^t)]} \times \right.$$

$$\left. \frac{[1+\vec{D}_G^{t+1} \ (x^{t+1,k'}, \ y^{t+1,k'}, \ b^{t+1,k'}; \ g^{t+1})]}{[1+\vec{D}_G^t \ (x^{t+1,k'}, \ y^{t+1,k'}, \ b^{t+1,k'}; \ g^{t+1})]} \right\}^{\frac{1}{2}}$$

$$= GEC_t^{t+1} \times GTC_t^{t+1} \tag{4-9}$$

其中，GEC_t^{t+1}、GTC_t^{t+1} 分别表示待估决策单元第 G 群组前沿下在时间 $t+1$ 与 t 之间的技术效率指数、技术进步指数。共同前沿是所有群组前沿的包络线，满足闭合、有界以及凸性假设。借鉴已有研究（王兵和朱宁，2011）的分解法，MML 可以分解为：

$$MML_t^{t+1} = GML \times \frac{MML}{GML} = GEC \times GTC \times \frac{MEC}{GEC} \times \frac{MTC}{GTC}$$

$$= GEC \times GTC \times PTCU \times PTRC \tag{4-10}$$

其中，$PTCU$ 表示纯技术追赶，如果取值大于 1，则表明决策单元的生产技术接近共同前沿生产技术，否则表明被评价的决策单元不存在技术追赶。$PTRC$ 表示群组生产前沿与共同前沿技术的关系，该值越小越好。如果该值大于1，表示群组前沿技术与共同前沿差距较大，技术追赶空间小。

第四节　面板平滑转换模型

当前，关于技术进步对能源效率影响的文献多集中在研究二者的线性关系上。本章使用面板平滑转换非线性模型来弥补相关研究的不足。面板平滑转换模型是在平滑转换回归（Smooth Transition Regressions，STR）模型的基础上发展起来的，该模型起始于20世纪90年代。早期的平滑转换回归模型主要是基于时间序列数据的研究，经过20多年的发展，已被广泛应用于经济学多个领域，例如金融、资本市场、能源等。然而，STR模型对数据的时间要求较长，对于缺乏数据的新兴发展中国家具有较大的限制。随后，B. E. Hansen 提出了面板转换回归（Panel Transition Regression，PTR）模型。该模型大大地改进了原有模型的弊端，使研究范围扩展到面板数据上，比传统的固定或者随机效应更能够观测截面的异质性（Hansen，1999）。假定一个 PTR 模型存在一个门限值，如果转换变量低于或者高于该门限值，模型形式会发生改变。换言之，模型形式在门限值处发生突变。其方程形式可表述为：

$$y_{it} = \begin{cases} \beta_0 + \beta_1 x_{it} + \eta_i + \varepsilon_{it} & 若 q_{it} \leq c \\ \beta_0 + \beta_2 x_{it} + \eta_i + \varepsilon_{it} & 若 q_{it} > c \end{cases} \qquad (4-11)$$

其中，x_{it} 表示自变量，q_{it} 是转换变量，c 是位置参数，η_i 和 ε_{it} 分别是个体固定效应和误差项。PTR 模型的含义在于：当 $q_{it} \leq c$ 时，此时模型处于低区制，自变量的回归系数是 β_1；当 $q_{it} \geq c$ 时，此时模型处于高区制，自变量的回归系数是 β_2，且 $\beta_1 \neq \beta_2$。PTR 模型要求经济变量在 0 和 1 之间发生突变，因此在转换位置处是间断、不连续的，这不符合现实经济变量的连续性变化特征。有学者引入了 Logit 函数，放松了 PTR 模型的假定，使模型的转换能够以连续变化的形式出现（Gonzalez et al.，2005）。根据 A. Gonzalez 等提出的面板平滑转换回归（Panel Smooth Transition Regressions，PSTR）模型（Gonzalez et al.，2005），其形式可写为：

$$y_{it} = \mu_i + \beta_0 x_{it} + \sum_{j=1}^{r} \beta_1 x_{it} g\ (q_{it}^{(j)};\ \gamma,\ c)\ + e_{it} \qquad (4-12)$$

$$g\ (q_{it};\ \gamma,\ c)\ =\ (1 + \exp\ (-\gamma \prod_{j=1}^{m}\ (q_{it} - c_j))^{-1}\ \gamma > 0,\ c_1 < c_2,\ \cdots,\ < c_3$$

其中，$g\ (q_{it}^{(j)};\ \gamma,\ c)$ 是基于 Logit 函数的转换函数，取值范围为 $[0,\ 1]$，q_{it} 表示转换变量，γ 和 c_j 分别表示平滑参数和位置参数，m 是位置参数的个数。转换函数 $g\ (q_{it}^{(j)};\ \gamma,\ c)$ 是该模型最大的特色，能够保证函数变化平滑转换。平滑参数表示转换变量的转换速率，取值越大表示模型在转换位置的转换越快，从 Logit 曲线上表现为斜率更陡峭。对其一般形式的解释变量 x_{it} 进行求导：

$$\omega_{it}^g = \frac{\partial y_{it}}{\partial g_{it}} = \beta_0 + \beta_1 g\ (q_{it};\ \gamma,\ c)\quad \forall i,\ t \qquad (4-13)$$

从式（4-13）可知，在 $0 \leq g(q_{it};\ \gamma,\ c) \leq 1$ 的条件下，当 $\beta_0 > 0$ 时，一阶导数 ω_{it}^g 的取值范围为 $[\beta_0,\ \beta_0 + \beta_1]$；当 $\beta_0 < 0$ 时，一阶导数 ω_{it}^g 的取值范围为 $[\beta_0 + \beta_1,\ \beta_0]$。换言之，当 $m = 1$ 以及 $\beta_0 > 0$，模型变为两区制模型，因变量系数的变化范围为 $[\beta_0,\ \beta_0 + \beta_1]$，在不同截面间表现出明显的异质性。当 $m = 1$ 且 $\gamma \to \infty$ 时，模型变为 PTR 模型（Hansen，1999），因此 PSTR 模型是 PTR 的一般形式。

进一步地，当斜率参数的个数 $r = 1$ 以及 $\gamma \to \infty$，如果 $q_{it} \to -\infty$，则 $g(q_{it};\ \gamma,\ c) = 0$，表明 PSTR 模型位于低区制内；如果 $q_{it} \to +\infty$，则 $g(q_{it};\ \gamma,\ c) = 1$ 成立，则表明 PSTR 模型位于高区制内。本章研究的是技术进步指标对全要素能源效率的非线性影响，技术进步可能因经济增长水平的不同，而对全要素能源效率的影响具有不同的表现。一种情况可能是在经济发达地区，技术进步水平可能更高，从而相对于经济欠发达地区，技术进步对全要素能源效率的影响更显著。此外，还可以观察到，当 $q_{it} = c$ 时，转换函数变为 $g(q_{it};\ \gamma,\ c) = 0.5$，模型变为固定效应模型。当存在两个位置参数 c_1、c_2 时，即 $m = 2$，情况会变得相对复杂一些，PSTR 模型变为三区制模型，$g\ (q_{it};\ \gamma,\ c)$ 在 $(c_1 + c_2)/2$ 取最小值，也就是说 $(c_1 + c_2)/2$ 是转换函数的对称点，当转换变量取值介于两个位置参数之间以及 $\gamma \to +\infty$，可得 $g(q_{it};\ \gamma,\ c_1,\ c_2) = 0$，称为中间区制；而当转换变量取值位于两侧时（$q_{it} \to \pm\infty$），则有 $g(q_{it};\ \gamma,\ c_1,\ c_2) = 1$，称为高区制。

需要指出的是，在对 PSTR 模型回归前需要对模型进行截面异质性检验，检验模型是否存在非线性特征，即构建 PSTR 模型的合理性是否成立。根据相关文献（Gonzalez et al.，2005），首先检验模型是否存在非线性，具体做法是对转换函数在 $\gamma = 0$ 处进行一阶 Taylor 展开，构造辅助回归：

$$y_{it} = \mu_i + \beta_1' x_{it} + \beta_2' x_{it} q_{it} + \cdots + \beta_m' x_{it} q_{it}^m + u_{it} \qquad (4-14)$$

从式（4-14）的模型形式来看，检验原假设 $\gamma = 0$ 或者 $\beta_1' = 0$ 是否成立等同于检验回归系数向量 $\beta_2' = \beta_3' = \cdots = \beta_m' = 0$ 是否成立。如果检验结果拒绝原假设，那么认为模型存在非线性关系。A. Gonzalez 等认为，以 Taylor 序列展开进行回归不会影响渐进分布理论。在检验上述原假设时，通常依据构造服从 χ_2 分布的拉格朗日乘子 LM 检验以及服从 F 分布的 LM_F 检验。根据相关文献（Gonzalez et al.，2005），计算 LM 统计量分为两步。第一步是消除上式中的固定效应，具体做法是将 $\tilde{y}_{it} = y_{it} - \sum_t \frac{y_{it}}{T}$ 对 $\tilde{x}_{it} = x_{it} - \sum_t \frac{x_{it}}{T}$ 进行回归，得到固定效应的残差平方和 SSR_0。第二步是将 $\tilde{y}_{it}$ 对 $\tilde{x}_{it}$ 以及 $(x_{it}' q_{it} - \sum_t \frac{x_{it}' q_{it}}{T}, \cdots, x_{it}' q_{it}^m - \sum_t \frac{x_{it}' q_{it}^m}{T})$ 进行回归，得到残差平方和 SSR_1。分别计算以下 χ_{mk}^2 的渐近分布以及 F$[mk, TN - N - mk]$ 分布：

$$LM = TN (SSR_0 - SSR_1) / SSR_0 \sim \chi_2 (mk) \qquad (4-15)$$

$$LM = \left[\frac{\left(SSR_0 - \dfrac{SSR_1}{mk} \right)}{\left[\dfrac{SSR_1}{TN - N - mk} \right]} \right] \sim F (mk, TN - N - m(k+1)) \qquad (4-16)$$

接下来是确定位置参数 m 以及斜率参数 γ 的个数 r。对于相关文献（Gonzalez et al.，2005）给出的 PSTR 模型的 RATS 代码，一般将位置参数 m 的初始值设为 3。确定最终 m 取值的具体做法是构建 4 个原假设，第一个原假设是 $H_0: \beta_1 = \beta_2 = \beta_3 = 0$。如果该原假设被拒绝，表示模型存在非线性关系。接下来同时检验 $H_{03}: \beta_3 = 0$、$H_{02}: \beta_2 = 0 \mid \beta_3 = 0$ 以及 $H_{01}: \beta_1 = 0 \mid \beta_2 = \beta_3 = 0$。如果 H_{02} 被拒绝的 LM 统计量或者 LM_F 统计量大于 H_{01} 的对应值，那么 m 为 2，否则 m 为 1。

相关研究还提出了通过选取位置参数和转换函数的不同个数组合来进行判定（Colletaz, Hurlin, 2006），例如初始将位置参数的个数设为 2,

通过对比不同的组合，根据 H. Akaike 和 G. Schwarz 分别提出的标准信息准则（Akaike，1978；Schwarz，1978）进行选择。至于 PSTR 模型参数的估计，一般采用固定效应模型的组内回归和非线性最小二乘法。通常运用网格搜索算法，直至残差平方和最小，最终求得平滑参数 γ 和位置参数 c，具体如下：

$$(\hat{\gamma}, \ \hat{c}) \ = \arg\min_{(\gamma,c)} \sum_{i=1}^{} \sum_{t=1}^{} \ (\bar{Y}_{it} - \alpha \ \bar{X}_{it} \ (\gamma, \ c))^2 \qquad (4-17)$$

然而，由于相关文献（Colletaz，Hurlin，2006）给出的基于 PSTR 的 MatLab 程序将所有进入方程的变量纳入非线性检验范围，并不能选择性地添加所需要的控制变量。基于此考虑，本章采用 A. Gonzalez 等给出的 RATS 程序，并使用 WinRATS 8.2 软件进行回归（Gonzalez et al.，2005）。根据本章的研究目的，重点关注三类技术进步对全要素能源生产率的非线性关系，对其余变量是否对全要素能源生产率存在非线性影响不做探讨。借鉴已有文献的设定形式（Huang et al.，2017），并根据现有文献的研究加入了控制变量 Z_{it}，将模型设定为：

$$Y_{it} = \mu_i + \beta_0 X_{it} + \beta_1 X_{it} g(q_{it}; \ \gamma, \ c) \ + Z_{it} + u_{it} \qquad (4-18)$$

如前文所述，能源效率的变化在长期来看主要源于技术进步。对于自变量，$TD1$ 为国内技术进步，借鉴已有文献（Popp，2002）的方法进行构建，$TD2$ 表示外商直接投资带来的技术转移，$TD3$ 表示技术吸收能力；对于因变量，$GTFP$ 表示绿色全要素生产率，使用共同前沿生产函数进行测算。门限变量有实际收入（$lincom$），使用 GDP 价格指数平减，以人均实际地区生产总值的对数表示；经济结构（$struc$），以第三产业增加值占地区生产总值的比重表示；资本积累（$capit$），以固定资产投资占地区生产总值的比重表示；能源消耗（$energ$），以人均工业用电量表示；贸易开放（$open$），以进出口贸易总额占地区生产总值的比例表示（%）。控制变量 Z_{it} 包括人力资本（$human$），以中学生占总人口的比例表示（%）；环境规制（$regul$），借鉴已有文献的方法构建环境规制综合指数；城镇化（$urban$），以非农业人口占总人口的比例表示（%）；政府规模（$gosiz$），以政府支出与地区生产总值的比例表示（%）；能源价格（$lnenp$），以燃料和电力购买可比价格的对数表示。选取上述重要控制变量的理由在于，以能源价格和政府规模为例，能源价格是衡量工业生产成本的重要方面。从需求端来看，较高的价格会降低能源消耗，进而有助于能源密集型资本品的开发和利用。现有研究表明，政府过多干预可能会导致资源配置扭曲，引起能源要素配置效率低下（师博、沈坤荣，2013）。

第五节 数据来源与群组分类

一 数据来源与变量描述

本章考察了 2004—2015 年中国 284 个地级及以上城市技术进步对全要素能源生产率的影响。在测算中国城市层面的全要素能源生产率前，依照传统做法，首先选取劳动力、资本与能源消费作为基本的投入指标。具体指标情况为：（1）投入指标：劳动力投入指标以各地级市年末单位从业人员数（万人）来表示；资本投入指标以各地级市的全社会固定资产投资总额（万元）来表示，根据文献中普遍的处理方法，采用"永续盘存法"进行资本存量估算，使用该方法需要初始资本量、折旧率与价格指数平减。在测算资本存量时参考了已有文献（Hall，Jones，1999），为简单起见，以 2003 年作为起始年份，以基年的资本存量除以折旧率与城市的固定资产投资年均增长率之和，年均资本折旧率设定为 6%（Young，2003）。由于城市固定资产价格指数统计数据大多不可得，因此采用各城市所在省份对应年份的固定资产价格指数来进行平减，最终得到各城市 2004—2015 年的实际资本存量。对于能源投入指标，由于城市层面的一次能源消费数据严重缺失，本章参考现有文献的处理方式，采用全市年用电量（万千瓦时）来表征能源投入。选取该指标的合理性，一方面在于已有学者（秦炳涛，2014；李博等，2016）将电力消费作为测量中国资源型城市能源效率的投入指标。由于中国原煤与石油的供需存在低估现象，使用计算机直接读取的电力消费数据就相当准确（林伯强，2003）。另一方面，电力需求的 GDP 弹性系数与能源需求的 GDP 弹性非常接近。因此，电力可以用来表征中国的能源消费（林伯强，2003）。（2）合意产出指标采用各地级市的实际地区生产总值（万元），以 2003 年为基期，采用与第三章同样的价格平减方法进行处理。（3）由于 SO₂ 二级浓度标准是衡量空气质量的重要指标，另外，有较多的文献将 CO_2 作为研究省级或者产业层面的非期望产出，严格意义上讲，CO_2 作为温室气体排放，对环境的负面效应比 SO_2 小，以及考虑到城市层面的数据不可得，本章将 SO_2 排放（万吨）作为非期望产出指标。

上述指标所采用数据的时间跨度为 2004—2015 年，数据来源为历年的《中国城市统计年鉴》、《中国统计年鉴》、国家统计局以及 Wind 数据库。个别年份缺失数据，采用前后年份数据的均值估算法予以补齐。表 4-1 列出了所有解释变量的描述性统计分析。

表 4-1　　　　　　　　　　变量的描述性统计

	符号	平均值	标准差	最小值	最大值	观测值
被解释变量	GTFP	1.023	0.097	0.558	1.919	3408
解释变量	TD1	-0.088	1.893	-5.844	6.091	3408
	TD2	5.278	2.048	-1.844	10.628	3408
	TD3	2.542	11.738	-8.159	61.488	3408
控制变量和门限变量	human	0.095	0.130	0.001	1.909	3408
	capit	0.636	0.257	0.087	2.169	3408
	lnenp	0.138	0.117	-0.103	0.486	3408
	energ	6.413	1.567	0.477	10.422	3408
	open	0.263	0.690	0.000	12.380	3408
	urban	0.362	0.186	0.077	1.000	3408
	struc	0.493	0.110	0.152	0.797	3408
	lincom	8.984	1.097	6.148	12.316	3408
	gosiz	0.138	0.235	0.001	2.207	3408
	regul	0.077	0.120	0.001	1.401	3408

二　中国三大区域共同前沿效率描述性统计分析

依据常规区域分类方法，本章将中国分为东部、中部、西部地区三大群组。其中东部地区包括北京、福建、广东、海南、河北、江苏、辽宁、上海、山东、天津以及浙江；中部地区包括安徽、黑龙江、河南、湖北、湖南、江西、吉林以及山西；西部地区包括重庆、甘肃、广西、贵州、内蒙古、宁夏、青海、陕西、四川、新疆以及云南。

由于城市层面数据所占篇幅较大，为了节约篇幅与便于进行区域比较，本章将城市层面数据汇总成为省级数据。从 MML 指数汇总结果来看（见表4-2和图4-1），四大直辖市的绿色全要素生产率指数都较高，西部地区的宁夏和新疆的 MML 指数均值同样也超过 1.05，原因可能是西部大开发的实施对这两个省份的扶持力度相对于其他西部省份更大。另外，根据表4-2可知，不同区域的共同前沿生产率指数在各个年份表现不同。整体上，三大区域的绿色全要素生产率指数呈现出一定的收敛趋势。东部、中部地区的走势比较稳健，而西部地区在 2008 年、2009 年前后出现了一定的波动（见图4-2），这可能是因为 2008 年的国际金融危机对西部地区的冲击作用较大。在不同区域间，经过计算发现，东部地区的绿色全要素生产率指数高于中部和西部地区，而西部地区略高于中部地区。这与一些文献的部分研究结果类似（袁晓玲等，2009）。先进的节能技术多位于东部地区，这与沿海地区得天独厚的地理位置优势紧密相关，凭借该优势，东部地区经济开放程度高、外商直接投资的技术溢出效应强以及市场化水平高。而相比于西部地区，中部地区毗邻东部地区，承接较多的产业梯度转移，一些高耗能、高排放的工业项目落地中部地区，降低了该地区的能源效率。

对比 MML（见表4-2）与 GML（见表4-3）这两个生产率指数，可以发现绝大部分城市或者省份的绿色全要素生产率指数的平均值都大于1。同时，从城市加总后的三大区域的均值来看，东部、中部、西部地区的 MML 与 GML 指数均大于1，说明中国的绿色全要素生产率整体上在不断提升。

表4-2　　城市层面汇总成为省级层面的共同前沿生产率指数

	2004年	2005年	2006年	2007年	2008年	2009年	2010年	2011年	2012年	2013年	2014年	2015年	均值
北京	1.107	1.407	1.179	1.070	1.123	1.117	1.090	1.066	1.034	1.044	1.080	1.103	1.118
福建	1.028	0.947	1.042	1.040	1.056	1.069	1.073	1.059	1.000	1.019	1.042	0.989	1.030
广东	1.079	1.050	1.014	0.986	1.075	1.020	1.053	1.092	1.015	0.890	0.986	1.027	1.024
海南	1.068	1.211	1.073	0.756	1.041	1.076	1.076	0.808	1.080	0.957	0.906	0.692	0.979
河北	1.129	1.031	1.056	1.055	1.073	0.977	1.040	1.006	0.987	0.981	0.999	1.035	1.031
江苏	1.082	1.051	1.081	1.071	1.074	1.097	1.072	1.043	1.043	0.848	1.028	1.012	1.042
辽宁	1.103	1.009	1.046	1.075	1.060	1.002	1.062	0.993	1.006	0.967	0.973	1.004	1.025

续表

	2004年	2005年	2006年	2007年	2008年	2009年	2010年	2011年	2012年	2013年	2014年	2015年	均值
上海	1.115	1.100	1.202	1.095	1.063	1.079	1.072	0.989	0.988	1.026	1.022	1.037	1.066
山东	1.127	1.050	1.100	1.090	1.094	1.018	1.040	1.005	1.021	1.016	1.006	1.013	1.048
天津	1.171	1.164	1.093	1.046	1.162	1.118	1.099	1.021	1.073	1.046	1.080	1.051	1.094
浙江	1.021	1.017	1.063	1.068	1.047	1.028	1.069	1.031	1.009	0.975	0.980	0.992	1.025
东部地区均值	1.094	1.094	1.086	1.032	1.079	1.055	1.068	1.010	1.023	0.979	1.009	0.996	1.044
安徽	1.085	1.089	1.050	1.058	1.039	1.021	1.055	0.992	1.001	0.897	1.064	0.977	1.027
黑龙江	1.074	0.939	0.971	1.014	1.064	0.918	0.923	0.984	0.887	0.904	0.920	0.856	0.954
河南	1.140	1.050	1.031	1.022	1.066	0.967	1.035	0.995	0.998	0.967	1.000	1.010	1.023
湖北	1.052	0.942	1.027	1.055	1.068	1.047	1.015	1.052	0.992	0.969	1.045	0.976	1.020
湖南	1.072	1.020	1.070	1.062	1.078	0.992	1.043	1.089	1.042	0.955	1.006	1.030	1.038
江西	1.050	1.068	1.040	1.065	1.044	1.075	1.045	1.019	1.013	0.939	0.998	0.951	1.026
吉林	1.055	1.027	1.020	1.070	1.130	1.047	1.083	1.043	1.049	0.933	0.970	1.013	1.037
山西	1.045	1.094	1.039	1.024	1.051	0.995	1.039	1.022	0.999	0.942	0.964	1.072	1.024
中部地区均值	1.072	1.029	1.031	1.046	1.067	1.008	1.030	1.025	0.998	0.938	0.996	0.986	1.019
重庆	1.072	1.080	0.968	1.068	1.126	1.226	1.093	1.105	1.069	0.963	1.027	1.036	1.070
甘肃	1.071	1.192	1.001	1.011	0.994	0.988	0.974	0.968	1.011	0.884	0.880	0.946	0.993
广西	1.071	1.017	1.035	1.027	1.003	0.937	1.024	1.070	1.032	0.965	1.108	0.983	1.023
贵州	1.007	1.093	1.035	0.912	1.051	0.989	1.002	0.935	0.916	0.982	1.009	1.039	0.998
内蒙古	1.069	1.090	1.079	1.094	1.122	1.047	1.044	1.033	1.068	0.918	1.008	0.998	1.047
宁夏	1.011	1.118	1.064	1.165	1.339	0.778	1.022	1.001	1.324	1.002	1.039	1.029	1.074
青海	1.004	1.013	1.017	1.020	1.124	0.946	1.019	0.998	0.979	0.986	0.992	0.986	1.007
陕西	1.052	1.163	1.020	1.044	1.043	1.055	1.027	1.038	1.026	0.954	0.954	0.921	1.025
四川	1.073	0.965	1.075	1.048	1.086	0.967	1.016	1.084	0.999	0.939	1.016	0.982	1.021
新疆	1.146	0.964	1.074	1.004	2.098	0.519	1.169	1.056	0.913	0.985	0.985	0.907	1.068
云南	1.031	1.023	1.011	0.932	1.015	0.940	0.995	0.901	0.899	0.930	0.931	0.984	0.966
西部地区均值	1.055	1.065	1.035	1.030	1.182	0.945	1.035	1.017	1.021	0.955	0.995	0.983	1.027

资料来源：笔者测算。

表4-3　　　城市层面汇总成为省级层面的群组前沿生产率指数

	2004年	2005年	2006年	2007年	2008年	2009年	2010年	2011年	2012年	2013年	2014年	2015年	均值
北京	1.107	1.407	1.179	1.070	1.123	1.117	1.090	1.066	1.034	1.044	1.080	1.103	1.118
福建	1.027	0.979	1.041	1.037	1.047	1.064	1.077	1.062	1.011	1.021	1.033	0.993	1.033
广东	1.076	1.053	1.020	0.979	1.053	1.013	1.026	1.088	0.971	0.931	0.993	1.075	1.023
海南	1.068	1.211	1.073	1.000	1.000	1.076	1.076	0.956	1.050	1.016	1.022	1.026	1.048
河北	1.130	1.033	1.061	1.049	1.067	0.971	1.039	1.004	0.991	0.970	0.995	1.053	1.030
江苏	1.083	1.055	1.077	1.069	1.074	1.097	1.065	1.038	1.039	0.845	1.033	1.029	1.042
辽宁	1.093	0.970	0.995	1.013	1.030	0.954	1.003	0.969	1.004	0.932	0.963	1.038	0.997
上海	1.115	1.100	1.202	1.095	1.063	1.079	1.072	0.989	0.988	1.026	1.022	1.037	1.066
山东	1.130	1.050	1.105	1.091	1.097	1.016	1.039	1.004	1.019	1.007	0.988	1.040	1.048
天津	1.171	1.164	1.093	1.046	1.162	1.118	1.099	1.021	1.073	1.046	1.080	1.051	1.094
浙江	1.003	0.994	1.046	1.060	1.038	1.023	1.062	1.014	1.021	0.984	0.970	1.005	1.019
东部地区均值	1.091	1.092	1.081	1.046	1.068	1.048	1.058	1.019	1.018	0.984	1.017	1.041	1.047
安徽	1.131	1.100	1.026	1.030	1.037	1.030	1.071	0.996	1.005	0.931	1.108	0.990	1.038
黑龙江	1.054	0.940	0.937	1.005	1.065	0.922	0.965	1.043	0.923	0.929	0.968	0.979	0.977
河南	1.161	1.062	1.039	1.035	1.100	0.964	1.045	1.001	0.989	0.959	0.987	0.969	1.026
湖北	1.052	0.936	1.039	1.056	1.080	1.078	1.018	1.043	1.202	0.968	0.996	0.933	1.033
湖南	1.105	1.034	1.063	1.088	1.083	1.020	1.047	1.085	1.010	0.925	0.971	0.980	1.034
江西	1.034	1.069	1.070	1.066	1.073	1.211	1.077	1.034	1.013	0.935	1.000	0.954	1.045
吉林	1.035	1.076	1.054	1.101	1.136	1.052	1.092	1.036	1.032	0.898	0.975	1.019	1.042
山西	1.054	1.113	1.043	1.054	1.072	0.985	1.060	1.041	0.975	0.905	0.939	1.008	1.021
中部地区均值	1.078	1.041	1.034	1.054	1.081	1.033	1.047	1.035	1.019	0.931	0.993	0.979	1.027
重庆	1.103	1.117	1.060	1.101	1.149	1.200	1.093	1.121	0.949	1.005	1.032	1.013	1.078
甘肃	1.117	1.182	0.983	1.027	0.999	0.985	0.960	0.967	1.001	0.893	0.909	0.898	0.993
广西	1.085	1.034	1.043	1.033	1.009	0.941	1.007	1.075	1.020	0.968	1.100	0.987	1.025
贵州	1.068	1.085	1.137	0.914	1.103	1.036	0.995	1.017	0.927	0.928	0.961	0.981	1.013
内蒙古	1.110	1.099	1.098	1.150	1.136	1.073	1.041	1.026	1.041	0.899	0.980	0.970	1.052
宁夏	1.011	1.162	1.088	1.192	1.270	0.812	1.023	1.025	1.329	0.998	1.027	1.001	1.078
青海	1.046	1.009	1.035	1.033	1.195	0.935	1.064	1.044	0.968	0.973	0.962	0.957	1.018
陕西	1.091	1.146	1.052	1.048	1.069	1.014	1.007	1.030	1.014	0.969	0.965	0.859	1.022
四川	1.109	0.968	1.106	1.058	1.117	0.935	0.989	1.117	0.988	0.929	0.988	0.960	1.022
新疆	1.158	1.070	1.128	1.071	1.703	0.681	1.222	1.073	0.931	0.961	0.951	0.837	1.065
云南	1.031	1.032	1.022	0.961	1.009	0.956	0.970	0.911	0.925	0.915	0.911	0.925	0.964

续表

	2004年	2005年	2006年	2007年	2008年	2009年	2010年	2011年	2012年	2013年	2014年	2015年	均值
西部地区均值	1.084	1.082	1.068	1.054	1.160	0.961	1.034	1.037	1.008	0.949	0.981	0.945	1.030

资料来源：笔者测算。

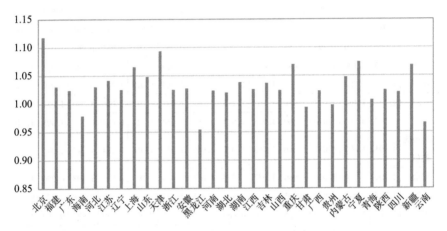

图 4-1　2004—2015 年基于城市汇总的各省份共同前沿指数 MML 平均值

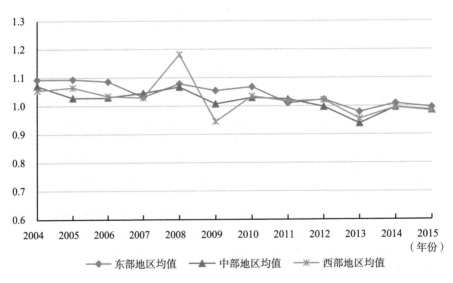

图 4-2　2003—2015 年各地区绿色全要素生产率

第六节 技术进步对能源效率非线性影响的
回归结果

一 全样本回归结果

在进行非线性模型回归之前，需要检验建立 PSTR 模型的合理性，即检验变量间是否存在非线性关系。该步骤借鉴了已有研究（Gonzalez et al.，2005）的做法，如表 4-4 的检验结果所示，上述五个变量不存在非线性关系的原假设H_0被显著拒绝。在对其他三个原假设进行对比后发现，H_{01}的 LM 值最大，说明这五个转换变量对于技术进步和能源效率之间的关系较为重要。这五个转换变量将技术进步对能源效率的影响划分为两个区制，弹性系数在不同区制间进行平滑转换。

表 4-4　　　　　　　　　全样本的同质性检验

	模型 1	模型 2	模型 3	模型 4	模型 5
门限变量	*lincom*	*struc*	*capit*	*energ*	*open*
检验	LM_F	LM_F	LM_F	LM_F	LM_F
H_0: $\beta_1=\beta_2=\beta_3=0$	2.230** (0.018)	2.147** (0.023)	4.676*** (0.000)	25.886*** (0.000)	12.119*** (0.000)
H_{03}: $\beta_3=0$	1.025 (0.380)	2.424* (0.064)	0.699 (0.553)	5.620*** (0.001)	4.432*** (0.004)
H_{02}: $\beta_2=0\mid\beta_3=0$	2.052 (0.141)	1.298 (0.311)	12.178*** (0.000)	12.615*** (0.000)	5.107*** (0.002)
H_{01}: $\beta_1=0\mid\beta_2=\beta_3=0$	3.610** (0.013)	2.713** (0.043)	1.144 (0.330)	58.449*** (0.000)	14.163*** (0.000)
位置参数个数	$m=1$	$m=1$	$m=2$	$m=1$	$m=1$

注：括号内为稳健标准误的 p 值。***、**、* 分别表示1%、5%、10%的显著性水平。

表 4-5 分别汇报了包括五个门限变量的 PSTR 模型回归结果。首先，本章讨论三类技术进步与绿色全要素生产率之间的非线性关系。其中，国内技术进步（TD1）对绿色全要素生产率具有显著的负面效应，

这一效应的大小受到五个门限变量的影响。具体而言，在以人均实际收入为门限变量的模型 1 中，国内技术进步的系数在第一个区制中是正的，但不显著，但在第二个区制中显著为负。由此，当人均实际收入超过门槛后，国内技术进步会转向更多的污染型技术，而非清洁技术。这一发现可以用中国过去几十年来的发展模式来解释。随着工业化进程加快，企业引进和采用更多的污染型技术进行生产，导致经济发展是以牺牲一定的环境为代价的。这一结果在模型 2 中得到了进一步体现，可以发现，产业结构从第一区制转向第二区制会加剧国内技术进步对绿色全要素生产率的负面影响。由此，产业结构的变化促使国内技术进步更倾向于污染型技术进步，可能是由于第二产业的企业面临更大的环境压力，第二产业比第三产业需要更多的清洁技术。事实上，在过去几十年中，中国第二产业的能源消费增速远低于第三产业。尽管增加第三产业的比重可以促进绿色生产率水平的提升，但会导致国内技术进步更多偏向于污染型技术。将资本积累作为门限变量时，也会出现与上述类似的情形，即该变量进入第二区制后会加剧国内技术进步对绿色全要素生产率的不利影响。然而，当考虑将能源消耗（模型 4）和贸易开放度（模型 5）作为门限变量时，上述不利影响得到很大程度缓解。特别是，当能源消耗和贸易开放度从第一区制转变为第二区制时，对国内技术进步的估计系数在模型 4 中由 -0.121 增加到 -0.025，从模型 5 中由 -0.039 增加到 -0.019。直观来讲，当能源消费达到一定程度时，污染排放也会达到一定限度，企业面临的来自政府环境约束的压力有所增大。在这些制约和压力下，企业更有可能从事绿色技术创新和利用清洁技术。同时，开放程度越高，意味着国内外市场竞争越激烈。为了获得竞争优势和更多外部需求，企业更有可能研发和采用更多的清洁技术。简言之，不同门限变量的区制转换可以缓解或增大国内技术进步对绿色全要素生产率的负面影响。

其次，外商直接投资带来的技术转移对绿色全要素生产率的影响同样取决于模型设定以及门限变量的选择。回归结果显示，由于行业、企业类型的差异，绿色全要素生产率受到的影响是不确定的。在模型 1 中，当人均实际收入处于第一区制时，外商直接投资对绿色全要素生产率的估计系数为负，但影响较小（-0.017），而在第二区制内则影响程度进

一步变小 (–0.005)。这意味着，当人均实际收入达到更高水平后，尽管污染型技术进步仍占主导地位，但外商直接投资会带来更多的清洁技术。原因可能是，人均收入水平较高的消费者需要更多的绿色或环境友好型产品，从外商直接投资中转移了更多的"清洁"技术来满足消费者的需求。由此，与国内技术进步的结果相反，随着人均实际收入水平的提升，外商直接投资带来的技术转移对消费升级具有积极的推动作用。模型5的结果显示，贸易开放度第二区制的估计系数显著为正，表明开放水平提升有利于绿色发展。同样，将资本积累提高到第二区制后，第一区制中外商直接投资最初的负面影响 (–0.008) 转变为正面影响 (0.018)。因此，与人力资本 (Borensztein et al., 1998)、金融发展 (Alfaro et al., 2004; Ang, 2009; Azman-Saini et al., 2010b) 和贸易开放度 (Azman-Saini et al., 2010a) 相比，一定数量的资本积累对于促进外商直接投资的绿色发展效应是必要的。另外，产业结构和能源消耗超过阈值后，二者对外商直接投资的绿色发展产生了相反的效应，或增强了对绿色全要素生产率的负面影响（模型2），或由最初的正向影响转变为负向影响（模型4）。另外，将产业结构和能源消耗提升到第二区制后，外商直接投资对绿色全要素生产率的影响发生了逆转。这两个变量的影响要么是增强了对绿色全要素生产率的负面影响，要么是将最初的正向影响转变为负向影响。总之，外商直接投资的技术转让效应对绿色全要素生产率的影响并不总是积极或者消极的，而是取决于经济条件。由此，当地的经济状况在一定程度上决定了通过外商直接投资转让的清洁或"肮脏"技术的类型。

最后，技术吸收能力作为第三个衡量技术进步的指标，在所有模型中都对绿色全要素生产率产生了较小但积极的影响。这与部分文献相一致，有学者发现技术吸收能力与外商直接投资引起的生产率之间存在正向关联 (Girma, 2005)。这种积极影响的幅度很小，可能是因为中国企业对先进技术的消化吸收能力仍然有限。类似上述两种技术进步的结果，技术吸收能力的积极影响也受到门限变量的影响。随着实际人均收入与产业结构进入第二区制后，技术吸收能力对绿色全要素生产率的积极影响变得更加显著，效应有所放大。这表明，从实际人均收入和产业结构的角度看，随着经济的发展，更多的清洁技术被用于生产。然而，这种积极影响在资本积累和能源消耗进入第二种制度后则受到破坏。此外，在以开放度为门限变量的模型 5 中，技术吸收能力对绿色全要素生产率的影响在两种区制中都不显著。

从其他变量的结果来看，所有控制变量的方向在五个模型中基本一致，意味着本章构建的模型是合理的。其中，人力资本对绿色全要素生产率具有显著的正向影响，该回归系数约为 0.10。这一发现与经济增长理论相关的大量文献一致，即人力资本是提高生产率的重要驱动因素（Romer，1990；Coe et al.，1997；Engelbrecht，1997）。相比之下，资本积累对绿色全要素生产率表现出显著的负面影响。这可能是因为许多投资由效率低下的国有企业承担（Chen，Golley，2014），并集中在能源密集型地区或行业（Li，Lin，2017）。同样，能源价格的估计系数显著为负（−0.101）。因此，当前能源价格上涨对技术创新方向的影响仍以"肮脏"型技术为主，而非相关研究（Popp，2002；Aghion et al.，2016）所提倡的"清洁"或节能型技术。这表明在中国采用清洁技术的成本仍然是较高的，即使能源价格上涨，"肮脏"型技术更加经济。另外，政府规模和环境规制对绿色全要素生产率的影响方向都为正，而统计上并不显著，表明政府干预可能会促进绿色发展，但这种促进作用意味着有为政府的作用有待提升；全样本的估计结果仅为波特假说提供了微弱支持，更严格的环境规制有利于提升绿色全要素生产率（Porter，1991；Zhang et al.，2011；Yang et al.，2012；Xie et al.，2017）。人均实际收入与产业经济结构的估计系数均为正，表明随着人均实际收入的增加和产业结构升级，中国经济正在向绿色转型，与部分研究结果一致（Schäfer，2005；Hofman，Labar，2007）。其中，产业结构的积极作用在所有变量中最大，估计系数位于 0.199 和 0.260 之间。此外，城镇化进程对绿色全要素生产率产生了不利影响，这与部分研究（Rafiq et al.，2016）的结果一致。因此，现阶段过度推进城镇化不利于中国的绿色发展。

表 4 – 5   全样本估计结果

	模型 1	模型 2	模型 3	模型 4	模型 5
门限变量	*lincom*	*struc*	*capit*	*energ*	*open*
TD1	0.018	– 0.023 ***	– 0.026 ***	– 0.121 ***	– 0.039 **
	(0.018)	(0.006)	(0.007)	(0.041)	(0.016)
TD2	– 0.017	– 0.004	– 0.008 ***	0.338 ***	– 0.033 ***
	(0.033)	(0.002)	(0.003)	(0.042)	(0.011)
TD3	– 0.012	0.001	0.002 **	0.054 ***	– 0.007
	(0.012)	(0.001)	(0.001)	(0.012)	(0.004)
TD1 × g (q; c, r)	– 0.053 ***	– 0.044 ***	– 0.005 *	0.096 **	0.020
	(0.017)	(0.019)	(0.002)	(0.047)	(0.019)
TD2 × g (q; c, r)	0.012	– 0.005 **	0.026 ***	– 0.361 ***	0.030 **
	(0.032)	(0.002)	(0.005)	(0.043)	(0.013)
TD3 × g (q; c, r)	0.014 ***	0.006 *	– 0.007	– 0.052 ***	0.007
	(0.001)	(0.004)	(0.005)	(0.012)	(0.004)
human	0.098 **	0.096 **	0.112 ***	0.074 *	0.056
	(0.043)	(0.043)	(0.043)	(0.044)	(0.050)
capit	– 0.022 *	– 0.024 **	– 0.047 ***	– 0.015	– 0.020 *
	(0.011)	(0.011)	(0.012)	(0.011)	(0.011)
lnenp	– 0.101 **	– 0.095 **	– 0.075 *	– 0.040	– 0.137 ***
	(0.040)	(0.040)	(0.039)	(0.039)	(0.044)
regul	0.090	0.094	0.092	0.055	0.087 *
	(0.064)	(0.065)	(0.066)	(0.065)	(0.048)
urban	– 0.084 **	– 0.084 **	– 0.072 **	– 0.039	– 0.087 **
	(0.033)	(0.033)	(0.033)	(0.031)	(0.038)
gosiz	0.006	0.014	0.006	0.028	0.014
	(0.040)	(0.040)	(0.041)	(0.040)	(0.032)
struc	0.227 ***	0.199 ***	0.260 ***	0.261 ***	0.201 ***
	(0.043)	(0.047)	(0.043)	(0.043)	(0.042)
lincom	0.026 *	0.034 **	0.017	0.033 **	0.027 **
	(0.015)	(0.014)	(0.015)	(0.014)	(0.014)
位置参数个数	m = 1	m = 1	m = 2	m = 1	m = 1
位置参数：c1	6.979	0.638	1.201	2.302	0.679

续表

	模型1	模型2	模型3	模型4	模型5
门限变量	*lincom*	*struc*	*capit*	*energ*	*open*
位置参数：c2			0.134		
斜率参数	13.768	37.405	6.587	0.674	2.680
AIC	−16667.215	−16654.592	−16676.933	−16869.977	−16665.123
BIC	−16569.073	−16556.450	−16572.649	−16771.835	−16566.981
R^2	0.215	0.213	0.218	0.261	0.215
观测值数	3408	3408	3408	3408	3408

注：括号内为稳健标准误。***、**、*分别表示1%、5%、10%的显著性水平。

综上所述，国内的技术进步会降低绿色全要素生产率。尽管技术吸收能力的影响很小，但其是积极的。外商直接投资的技术转让可能会改善或阻碍绿色全要素生产率的增长，这取决于具体的经济状况。具体结果在不同的模型和区制中的符号、显著性和影响大小各不相同，这再次证明了本章使用不同门限变量进行非线性估计的重要性。

二　分样本回归结果

为了进一步检验技术进步与绿色全要素生产率的关系是否随城市自然资源禀赋发生变化，本章将全部样本分为资源依赖型城市和非资源依赖型城市。重复上述估计过程。表4-6报告了两个子样本的同质性检验结果，列示了2004—2015年116个资源依赖型城市和168个非资源依赖型城市的同质性LM$_F$检验和阶数为 m 的同质性检验序列。对于依赖资源的城市，模型1和模型5不是非线性的，其中，模型2和模型5不适用于非资源依赖型城市。这意味着城市的自然资源禀赋确实影响了其技术进步的方向。此外，表4-7报告了没有冗余异质性的检验结果，结果表明两个子样本具有一个过渡函数的估计模型是充分的。

表 4 – 6   两个子样本的同质性检验

	模型 2	模型 3	模型 4	模型 1	模型 3	模型 4
门限变量	struc	capit	energ	lincom	capit	energ
检验	LM_F	LM_F	LM_F	LM_F	LM_F	LM_F
H_0: $\beta_1=\beta_2=\beta_3=0$	2.435**	3.210***	7.281***	2.776***	2.747***	6.944***
	(0.010)	(0.001)	(0.000)	(0.003)	(0.003)	(0.000)
H_{03}: $\beta_3=0$	1.488	0.658	1.883	1.203	0.576	1.534
	(0.216)	(0.578)	(0.131)	(0.307)	(0.631)	(0.204)
H_{02}: $\beta_2=0 \mid \beta_3=0$	4.208***	7.999***	1.107	1.952	6.240***	4.937***
	(0.006)	(0.000)	(0.345)	(0.119)	(0.000)	(0.002)
H_{01}: $\beta_1=0 \mid \beta_2=\beta_3=0$	1.590	0.964	18.808***	5.161***	1.418	14.254***
	(0.190)	(0.409)	(0.000)	(0.001)	(0.236)	(0.000)
位置参数个数	$m=2$	$m=2$	$m=1$	$m=1$	$m=2$	$m=1$

注：括号内为稳健标准误。***、**、*分别表示 1%、5%、10% 的显著性水平。

表 4 – 7   没有冗余的异质性检验

	资源依赖型城市			非资源依赖型城市		
	模型 2	模型 3	模型 4	模型 1	模型 3	模型 4
门限变量	struc	capit	energ	lincom	capit	energ
检验	LM_F	LM_F	LM_F	LM_F	LM_F	LM_F
$g2\ (q_{it};\ c1,\ c2)=0$	1.019	0.564	1.626	0.933	1.807	1.321
	(0.410)	(0.759)	(0.135)	(0.470)	(0.898)	(0.244)
$g2\ (q_{it};\ c1)=0$	1.016	0.044	2.492	1.608	0.494	1.542
	(0.384)	(0.988)	(0.058)	(0.185)	(0.687)	(0.201)

根据上述结果，本章有以下主要发现。首先是国内技术进步对绿色全要素生产率的不利影响在资源依赖型城市中更为突出。如表 4 – 8 所示，资源依赖型城市的 *TD*1 估计系数在第一区制中显著为负，范围为 – 0.033 至 – 0.124。这些负面效应在资本积累（模型 2）和产业结构（模型 3）进入第二区制后进一步减少。相比之下，表 4 – 9 显示，在非资源依赖型城市中，*TD*1 的估计系数要小得多，而且微不足道，甚至在第一区制（模型 1）中是正向的。原因可能是，在人均收入较低的非资源依

赖型地区，许多清洁技术创新是在农业或轻工业中进行的。总体上，与非资源依赖型城市相比，在资源依赖型城市中"肮脏"技术更多。这一结果是直观的，因为资源型城市通常依赖于煤炭和铁矿石等自然资源相关的重工业。同时，根据 P. Aghion 等对汽车工业的研究（Aghion et al.，2016），城市层面的技术进步表现出一定的路径依赖性。由于不利影响得到了加强，因此更多的"肮脏"技术随着资本积累和产业结构变化而被较多研发、推广及应用。

表 4 - 8 资源依赖型城市的估计结果

	模型 2	模型 3	模型 4
门限变量	*struc*	*capit*	*energ*
*TD*1	− 0.033 ***	− 0.037 ***	− 0.124 ***
	(0.010)	(0.009)	(0.025)
*TD*2	− 0.006	− 0.010 **	0.078 ***
	(0.004)	(0.004)	(0.018)
*TD*3	0.0003	0.001	0.010 *
	(0.002)	(0.001)	(0.006)
$TD1 \times g\ (q;\ c,\ r)$	− 0.076 ***	− 0.008 **	0.133 ***
	(0.029)	(0.003)	(0.041)
$TD2 \times g\ (q;\ c,\ r)$	0.0004	0.017 ***	− 0.120 ***
	(0.003)	(0.004)	(0.025)
$TD3 \times g\ (q;\ c,\ r)$	0.012 **	0.002	− 0.013
	(0.006)	(0.005)	(0.008)
human	0.090	0.098 *	0.087
	(0.059)	(0.057)	(0.061)
capit	0.009	− 0.014	0.022
	(0.017)	(0.018)	(0.016)
lnenp	− 0.078	− 0.023	− 0.048
	(0.061)	(0.061)	(0.062)
regul	0.540 ***	0.552 ***	0.434 **
	(0.187)	(0.198)	(0.184)

续表

Model	模型 2	模型 3	模型 4
门限变量	*struc*	*capit*	*energ*
urban	−0.077	−0.018	−0.076
	(0.055)	(0.055)	(0.056)
gosiz	0.023	0.015	0.015
	(0.042)	(0.042)	(0.043)
struc	0.136 **	0.264 ***	0.257 ***
	(0.064)	(0.065)	(0.066)
lincom	0.052 **	0.035	0.058 ***
	(0.022)	(0.022)	(0.022)
位置参数个数	*m* = 2	*m* = 2	*m* = 1
位置参数：c1	0.665	1.121	3.243
位置参数：c2	0.225	0.291	
斜率参数	143.307	20.406	0.296
AIC	−6746.692	−6758.442	−6788.189
BIC	−6657.637	−6669.388	−6704.373
R^2	0.276	0.282	0.297
观测值数	1392	1392	1392

注：括号内为稳健标准误。***、**、* 分别表示 1%、5%、10% 的显著性水平。

　　其次，外商直接投资技术转让和吸收能力的结果在这两个子样本中各不相同。当资本积累作为门限变量时（模型 3），在第一区制内，外商直接投资带来的技术转让在资源依赖型城市中表现出不利影响，而在非资源依赖型城市中表现出积极影响。在技术吸收能力方面，资本积累作为门限变量也会对两组城市产生不同的结果。在资源依赖型城市中，从第一区制到第二区制增加资本积累，增强了技术吸收能力对绿色全要素生产率的有益影响（从 0.001 到 0.002）。相反，在非资源依赖型城市中，达到资本积累阈值后将会导致积极影响变为消极影响。因此，城市的自然资源禀赋对于外商直接投资转让的技术和相关吸收能力对绿色全要素生产率的作用确实非常重要。

　　最后，对控制变量的估计进一步证实了城市自然资源禀赋的重要性，因为估计系数在两组城市中也有所不同。对于资源依赖型城市，在模型3中人力资本对绿色全要素生产率产生了显著的正向影响，但对于非资源依赖型城市的所有模型，正向影响都不显著。直观地说，相对于非资源依赖型城市，在资源依赖型城市，人力资本更有可能成为生产的稀缺投入，因此人力资本的边际产品在资源依赖型城市也很显著。然而，在资本积累和能源价格方面出现了相反的结果：这两个变量对非资源依赖型城市的绿色全要素生产率表现出显著的负面影响，而对资源依赖型城市则表现出不显著的影响。这表明，对于非资源依赖型城市来说，增加资本积累和能源价格对绿色全要素生产率的不利影响更大。此外，在资源依赖型城市，政府的环境规制在促进绿色全要素生产率方面比非资源依赖型城市更为有效和显著。因此，波特假说在资源依赖型城市中更为突出。这与部分研究结论（Lanoie et al.，2008）一致，环境规制对绿色全要素生产率的积极影响与污染更严重的企业更为相关。

表4-9　　　　　　　　非资源依赖型城市的估计结果

门限变量	模型1 *lincom*	模型3 *capit*	模型4 *energ*
TD1	0.045 *	−0.008	−0.039
	(0.026)	(0.008)	(0.025)
TD2	−0.020	0.002	0.054 ***
	(0.040)	(0.003)	(0.014)
TD3	−0.024	0.000	0.006
	(0.017)	(0.001)	(0.006)
TD1 × g (q; c, r)	−0.069 ***	−0.068 **	0.029
	(0.025)	(0.030)	(0.032)
TD2 × g (q; c, r)	0.017	0.016 **	−0.063 ***
	(0.039)	(0.007)	(0.014)
TD3 × g (q; c, r)	0.026	−0.001	−0.007
	(0.017)	(0.006)	(0.006)
human	0.073	0.099	0.088
	(0.063)	(0.062)	(0.063)

续表

	模型1	模型3	模型4
门限变量	*lincom*	*capit*	*energ*
capit	−0.043 ***	−0.053 ***	−0.040 ***
	(0.015)	(0.015)	(0.015)
lnenp	−0.137 ***	−0.130 ***	−0.087 *
	(0.052)	(0.050)	(0.050)
regul	0.037	0.037	0.027
	(0.066)	(0.069)	(0.067)
urban	−0.106 **	−0.104 **	−0.037
	(0.044)	(0.044)	(0.042)
gosiz	−0.073	0.000	0.029
	(0.075)	(0.051)	(0.081)
struc	0.217 ***	0.210 ***	0.249 ***
	(0.060)	(0.059)	(0.063)
lincom	0.015	0.010	0.024
	(0.018)	(0.019)	(0.018)
位置参数个数	$m=1$	$m=2$	$m=1$
位置参数：c1	7.087	1.585	3.875
位置参数：c2		0.171	
斜率参数	12.010	13.528	1.020
AIC	−9938.724	−9935.264	−9969.238
BIC	−9848.982	−9839.913	−9879.496
R^2	0.178	0.178	0.190
观测值数	2016	2016	2016

注：括号内为稳健标准误。***、**、* 分别表示1%、5%、10%的显著性水平。

三 稳健性检验和进一步讨论

为了检验上述结果的稳健性，本部分进一步做了两点估计。其一，人力资本存量对于学习和吸收外商直接投资中的国外技术可能很重要。一些研究也使用人力资本和技术转让的交互项作为吸收能力的表征指标（Kneller，2005）。因此，在模型中增加了人力资本与外商直接投资的交互项（*human* × *FDI*），以捕捉人力资本在吸收外商直接投资引发的技术转移中的杠杆效应。表4-10报告了全样本的估计结果，表明关于技术进步三个方面的主要发现保持不变。此外，在低区制下，$human \times FDI$ 交互项仅在模型1和模型4中显著为负，但在高区制下交互项显著为正，且系数较小（模型1中为0.006；模型4中为0.018）。因此，人力资本与外商直接投资交互项所表征的吸收能力对绿色全要素生产率也表现出积极但较小的影响。这进一步证实了本章关于吸收能力的研究结果的稳健性。其二，一个城市的外商直接投资数量与其开放程度密切相关。因此，开放性变量也被作为控制变量纳入模型中。表4-11给出了整个样本的估计结果。结果表明，主要结论依然稳健。

表4-10　　　　　　　加入吸收能力交互项后的稳健性检验

门限变量	模型1 lincom	模型2 struc	模型3 capit	模型4 energ	模型5 open
TD1	0.021	-0.023***	-0.026***	-0.140***	-0.037*
	(0.016)	(0.006)	(0.005)	(0.026)	(0.021)
TD2	0.006	-0.003	-0.005*	0.490***	-0.049***
	(0.032)	(0.003)	(0.003)	(0.041)	(0.016)
TD3	-0.013	0.000	0.002**	0.071***	-0.007
	(0.009)	(0.001)	(0.001)	(0.011)	(0.005)
$human \times FDI$	-0.796**	-0.002	-0.002	-0.634**	0.077
	(0.346)	(0.014)	(0.014)	(0.281)	(0.050)
$TD1 \times g(q;c,r)$	-0.059***	-0.045***	-0.003	0.114***	0.018
	(0.016)	(0.014)	(0.012)	(0.028)	(0.023)
$TD2 \times g(q;c,r)$	-0.011	-0.002	0.018***	-0.514***	0.047***
	(0.032)	(0.004)	(0.004)	(0.042)	(0.017)
$TD3 \times g(q;c,r)$	0.015*	0.006**	-0.005*	-0.070***	0.007
	(0.009)	(0.003)	(0.003)	(0.012)	(0.005)
$human \times FDI \times g(q;c1,y)$	0.802**	-0.034	0.007	0.652**	-0.082
	(0.347)	(0.029)	(0.023)	(0.286)	(0.053)
human	0.103	0.099	0.117*	0.096	0.040
	(0.065)	(0.065)	(0.064)	(0.065)	(0.066)

续表

	模型1	模型2	模型3	模型4	模型5
门限变量	*lincom*	*struc*	*capit*	*energ*	*open*
capit	− 0.021 *	− 0.025 **	− 0.044 ***	− 0.017	− 0.019
	(0.011)	(0.011)	(0.012)	(0.011)	(0.011)
lnenp	− 0.104 **	− 0.096 **	− 0.077 *	− 0.036	− 0.140 ***
	(0.044)	(0.044)	(0.044)	(0.043)	(0.044)
regul	0.087 *	0.092 *	0.092 *	0.060	0.087 *
	(0.048)	(0.048)	(0.048)	(0.047)	(0.048)
urban	− 0.081 **	− 0.083 **	− 0.073 *	− 0.031	− 0.087 **
	(0.038)	(0.039)	(0.038)	(0.038)	(0.038)
gosiz	0.007	0.014	0.009	0.016	0.010
	(0.032)	(0.032)	(0.032)	(0.031)	(0.032)
struc	0.222 ***	0.201 ***	0.259 ***	0.253 ***	0.202 ***
	(0.042)	(0.046)	(0.043)	(0.041)	(0.042)
lincom	0.020	0.033 **	0.017	0.031 **	0.028 **
	(0.016)	(0.014)	(0.015)	(0.014)	(0.014)
位置参数个数	$m = 1$	$m = 1$	$m = 2$	$m = 1$	$m = 1$
位置参数：c1	6.945	0.639	1.172	1.841	0.510
位置参数：c2			0.191		
斜率参数	2.592	40.760	12.320	0.672	2.429
AIC	− 16659.613	− 16652.124	− 16673.729	− 16871.575	− 16663.706
BIC	− 16549.203	− 16541.714	− 16557.185	− 16761.165	− 16553.296
R^2	0.215	0.213	0.218	0.262	0.216
观测值数	3408	3408	3408	3408	3408

注：括号内为稳健标准误。*** 、** 、* 分别表示1%、5%、10%的显著性水平。

表4−11　　　　　　　　控制开放度的稳健性检验

	模型1	模型2	模型3	模型4	模型5
门限变量	*lincom*	*struc*	*capit*	*energ*	*open*
*TD*1	0.018	− 0.023 ***	− 0.026 ***	− 0.123 ***	− 0.039 **
	(0.011)	(0.006)	(0.005)	(0.021)	(0.016)

续表

	模型 1	模型 2	模型 3	模型 4	模型 5
门限变量	*lincom*	*struc*	*capit*	*energ*	*open*
TD2	−0.017	−0.004	−0.006 **	0.346 ***	−0.033 ***
	(0.026)	(0.003)	(0.003)	(0.028)	(0.011)
TD3	−0.012	0.000	0.002 **	0.055 ***	−0.007 *
	(0.009)	(0.001)	(0.001)	(0.009)	(0.004)
$TD1 \times g$ (q; c, r)	−0.053 ***	−0.044 ***	−0.002	0.099 ***	0.020
	(0.011)	(0.014)	(0.012)	(0.024)	(0.019)
$TD2 \times g$ (q; c, r)	0.012	−0.005	0.019 ***	−0.369 ***	0.031 **
	(0.026)	(0.003)	(0.003)	(0.029)	(0.013)
$TD3 \times g$ (q; c, r)	0.014 **	0.006 **	−0.005 *	−0.053 ***	0.007
	(0.006)	(0.003)	(0.003)	(0.009)	(0.004)
human	0.098 **	0.096 *	0.113 **	0.073	0.055
	(0.049)	(0.049)	(0.049)	(0.048)	(0.050)
capit	−0.022 **	−0.024 **	−0.042 ***	−0.015	−0.020 *
	(0.011)	(0.011)	(0.012)	(0.011)	(0.011)
lnenp	−0.100 ***	−0.094 **	−0.079 *	−0.041	−0.135 ***
	(0.044)	(0.044)	(0.044)	(0.043)	(0.044)
regul	0.088 *	0.092 *	0.095 *	0.057	0.083 *
	(0.049)	(0.049)	(0.049)	(0.047)	(0.049)
urban	−0.083 **	−0.084 **	−0.075 *	−0.040	−0.085 **
	(0.038)	(0.039)	(0.038)	(0.037)	(0.039)
gosiz	0.006	0.014	0.008	0.028	0.014
	(0.032)	(0.032)	(0.031)	(0.031)	(0.032)
struc	0.227 ***	0.198 ***	0.259 ***	0.261 ***	0.200 ***
	(0.042)	(0.047)	(0.043)	(0.041)	(0.042)
lincom	0.026 *	0.034 **	0.017	0.034 **	0.027 *
	(0.015)	(0.014)	(0.015)	(0.014)	(0.014)
openness	−0.002	−0.001	0.003	0.002	−0.004
	(0.006)	(0.006)	(0.006)	(0.006)	(0.006)
位置参数个数	m = 1	m = 1	m = 2	m = 1	m = 1
位置参数：c1	6.979	0.638	1.182	2.241	0.689

续表

	模型 1	模型 2	模型 3	模型 4	模型 5
门限变量	*lincom*	*struc*	*capit*	*energ*	*open*
位置参数：c2			0.190		
斜率参数	13.750	38.120	12.013	0.666	2.643
AIC	−16665.333	−16652.654	−16675.811	−16868.094	−16663.561
BIC	−16561.057	−16548.378	−16565.401	−16763.818	−16559.285
R^2	0.215	0.213	0.218	0.261	0.215
观测值数	3408	3408	3408	3408	3408

注：括号内为稳健标准误。***、**、*分别表示 1%、5%、10%的显著性水平。

第七节　本章小结

本章以 2004—2015 年 284 个地级市为面板数据集，运用 PSTR 方法研究了不同类型的技术进步对中国绿色全要素生产率的影响。从基于专利的知识存量、外商直接投资的技术转让和国内企业的技术吸收能力三个方面来考虑技术进步。绿色全要素生产率通过考虑能源环境因素约束的 MML 指数来衡量。全样本进一步分为资源依赖型城市和非资源依赖型城市。研究发现，技术进步与绿色全要素生产率之间存在非线性关系。二者之间的关系取决于五个门限变量和城市的自然资源禀赋。特别是，国内技术进步会降低绿色全要素生产率，这种负面影响在资源依赖型城市中比在非资源依赖型城市中更为突出。外商直接投资的技术转让可能会根据具体的经济情况改善或阻碍绿色全要素生产率的增长，而吸收能力的影响虽然很小，但是积极的。此外，外商直接投资技术转移的结果和国内企业的技术吸收能力因城市自然资源禀赋的不同而存在很大差异。人力资本的增加可以提高绿色全要素生产率，而资本积累和能源价格的增加则不然。环境监管强度增大和产业结构升级也可以加速中国的绿色全要素生产率增长。

本章的政策启示在于以下几点。首先，国内技术进步对绿色全要素生产率的不利影响意味着，国内技术进步的方向不利于中国经济的绿色发展，而在资源依赖型城市，这一情况更为严重。因此，市场力量或当前政府干预的力量，未能利用国内技术变革来促进绿色发展，因此需要更好地利用技术政策和环境政策（Popp，2012）。这就要求政府需要更加努力地将国内研发活动的方向转向清洁技术，例如，使政府在研发活动和政策支持方面的支出更倾向于"清洁"创新，而较少倾向于污染型技术创新。其次，外商直接投资带来的技术转让对绿色全要素生产率的不确定性影响表明，"肮脏"型技术和清洁型技术都可以从外商直接投资中获得。因此，为了最大限度地利用外商直接投资的技术转让来促进中国的绿色发展，政府应该谨慎扩大外商直接投资，并根据不同的城市和不同的经济条件来调整外资引入政策。与此相关，吸收能力微小但积极的影响也需要特别关注，需要进一步提高中国企业的技术吸收能力。最后，人力资本、环境监管和产业结构方面的积极影响为政府促进绿色发展提供了有效工具。这些结果也证实了国内当前改革政策的正确性，即提倡高等教育和职业教育，在全国特别是污染严重的城市实施更适当的环境法规，通过消除产能过剩和优化供给侧来升级产业结构。然而，这些政策也应该与不同城市的具体经济发展状况相匹配。

需要说明的是，仍有两个问题值得未来进一步研究。其一，考虑到数据的可用性，本章的研究只考虑了外商直接投资的国外技术转让。然而，国内技术转让和空间技术转让也可能是一些城市技术变革的重要渠道，尤其是在中国这样一个幅员辽阔、技术异质性较强的国家。例如，相关研究发现，国内外技术转让对企业生产率非常重要（Hu et al.，2005）。其二，吸收能力的回归结果应谨慎解释，因为无法区分吸收技术的类型，即无法区分清洁型还是污染型的技术进步。根据估计结果，吸收能力对绿色全要素生产率微弱而积极的影响是应用清洁型技术和"肮脏"型技术的综合结果。未来，需要借鉴相关研究（Aghion et al.，2016），深入探究吸收能力背后的作用机制。

第 五 章

绿色技术进步下改善区域
空气质量的 CGE 模拟

　　随着中国经济的快速发展，能源的过度消耗导致空气污染。空气污染已成为制约中国绿色发展的重要障碍。SO_2 被认为是重要的污染气体，已在学术界达成共识。当前，发达国家特别是欧洲区域内已经实行了多种治理手段来减少 SO_2 的排放，而常用的手段主要分为市场型与行政命令控制型手段。环境污染特别是 SO_2 排放具有一定的区域性特征。特别地，山西省作为中国的重要能源基地之一，同时也是环境污染较为严重的地区之一。山西省的能源生产与消费以煤炭为主。目前，山西省的煤炭储量占全国探明储量的 1/3，约占中国煤炭生产总量的 1/4（Zhang et al.，2011）。在过去的较长一段时间内，该地区的煤炭消费量在一次能源使用中的比重保持在 90% 以上。煤炭资源的长期、高强度开采和该地区高度集中的产业结构是导致 SO_2 排放过量的主要原因。

　　作为中国区域空气污染的典型缩影，在 2015 年，山西省每平方千米的 SO_2 排放量为 7.15 吨，是全国平均水平的 4 倍以上。2002—2015 年，山西省的 SO_2 排放量占全国的比重一直保持在 5% 以上。如图 5 - 1 所示，山西省的 SO_2 排放趋势与全国基本一致。另外，山西省以煤炭主导的能源生产与消费结构在短期内难以改变。综上所述，这种类型的空气污染可能与煤炭的经济周期高度相关。因此，为了降低 SO_2 排放和相关的空气污染，关键是减少化石能源特别是含硫高的劣质煤的使用。

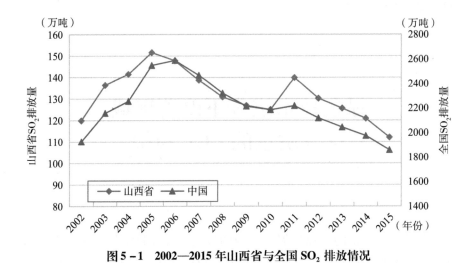

图 5 - 1　2002—2015 年山西省与全国 SO_2 排放情况

　　综上，鉴于山西省的生态环境破坏较为严重，以及煤炭消费与生产比重较高的现实，本章以山西省为例，通过构建单区域动态 CGE 模型量化在绿色技术进步条件下，实现不同的 SO_2 污染治理目标对宏观经济的影响。本章的绿色技术进步是指在生产端安装有利于减少 SO_2 排放的设备与生产工艺，例如脱硫、脱硝设备。

第一节　相关研究回顾

　　发达国家在进行环境治理的实践中，通常采用以市场机制为导向的治理手段（Pizer, 2002）。相关政策工具大致可分为两类：一种是价格手段，如征收硫税等环境税（Aatola et al., 2013; Garcia-Gusano et al., 2015; Nam et al., 2013）、碳税（Calderon et al., 2016; Eichner, Pethig, 2009; Filippini, Heimsch, 2016; Kim et al., 2011）或资源税（Eisenack et al., 2012; Liu et al., 2017）；另一种是数量控制手段，如排放交易许可（Kollenberg, Taschini, 2016; Milt, Armsworth, 2017）。尽管部分文献倾向于认为在自由市场下的排放交易工具优于税收方案（Shinkuma, Sugeta, 2016），但本章认同 M. L. Weitzman 的观点（Weitzman, 1974）。由于中国对环境治理广泛存在行政干预，将税收方案作为研究治理空气污染的工具。

关于使用何种模型进行量化方面，CGE 模型被广泛认为是环境政策评估的标准工具（Calderon et al.，2016；Garcia-Gusano et al.，2015；Gerlagh et al.，2004；Liang et al.，2007；Nestor, Pasurka, 1995；Nugent, Sarma, 2002；Wier et al.，2005；Xie, Saltzman, 2000；Zhang et al.，2017）。在 CGE 模型的框架下，与 CO_2 排放的研究相比，由于 SO_2 更是一种局部污染问题，学术界对此关注相对较少。在之前开展的研究中，控制 SO_2 排放的问题主要涉及的是发达国家（Bergman, 2005；Nam et al.，2010；Weisbach, 2012），对发展中国家（Kiuila, 2003），尤其是对中国（Liu et al.，2016；Nam et al.，2013；Xu, Masui, 2009）的关注相对较少。还有一些研究与本章的研究相关（Van Vuuren et al.，2006；Bollen, 2015；Dong et al.，2015）。

与之前的研究相比，本章的边际贡献如下。首先，当前学术界对中国的空气污染的研究主要集中在温室气体减排方面，而对 SO_2 气体排放的相关研究较少。尽管已有相关研究（Xu, Masui, 2009；Nam et al.，2013），但由于中国幅员辽阔，SO_2 污染跟雾霾污染类似，表现为一定的区域性聚集特征。截至目前，尚未有文献具体研究山西省的空气污染问题，特别是如何实现空气污染治理，以及实施空气污染治理后对宏观经济的影响。其次，现有文献在研究污染气体减排的过程中，大多倾向于使用环境税、排放交易手段等，忽视了绿色技术进步对空气污染的影响。本章在已有文献（Xu, Masui, 2009）的基础上，不仅使用了山西省的投入产出数据，而且考虑了国家对新能源比重目标的规划，研究更为细致。最后，由于 SO_2、CO_2、$PM_{2.5}$ 具有一定的同源性，即部分来自煤炭燃烧，现有国内相关研究大多并没有考虑到治理一种污染物对其他相关污染物的协同效应。

第二节 动态 CGE 模型

本章构建的动态 CGE 模型（见图 5-2）以 PEP 模型为基础，通过借鉴已有文献（Decaluwé et al.，2010），并根据研究需要对 PEP 模型的基础部分进行了修改。该模型主要包括生产模块、收入和支出模块、动态递归模块以及其他模块。主要修改内容包括：增加了环境污染模块，添加了能源投入作为生产要素，将绿色技术进步纳入环境模块，并考虑了在生产端征收 SO_2 税。下面简要介绍各模块的主要内容。

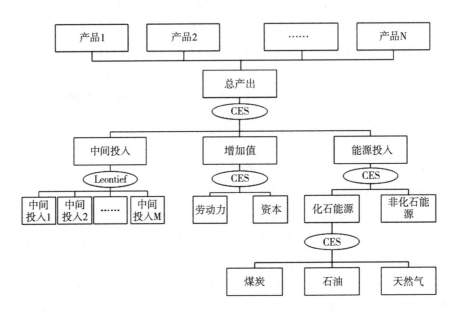

图 5 - 2　动态 CGE 模型结构

一　生产模块

整体而言，此动态 CGE 模型的生产函数由三层嵌套的常替代弹性（CES）结构组成。顶层由中间投入、增加值与能源投入构成。中间投入中的各个产品被认为是相互之间不可替代的，因此通过列昂惕夫（Leontief）函数复合而成。增加值部分由劳动力与资本通过 CES 函数组成。能源投入模块分为化石能源与非化石能源（电力），通过 CES 函数复合而成。化石能源又进一步分为煤炭、石油和天然气，由 CES 函数复合而成。与传统 CGE 模型不同的是，本章未将能源作为中间投入的一部分。能源投入结构借鉴了 ORANI-G 模型（澳大利亚的通用国家 CGE 模型）（Meng，2014）。CGE 模型的生产函数形式如下：

$$XT_{j,t} = B_j^{XT} \left[\beta_j^{CI} CI_{j,t}^{-\rho_j^{XT}} + \beta_j^{VA} VA_{j,t}^{-\rho_j^{XT}} \right.$$
$$\left. + (1 - \beta_j^{CI} - \beta_j^{VA}) EC_{j,t}^{-\rho_j^{XT}} \right]^{-\frac{1}{\rho_j^{XT}}} \tag{5-1}$$

$$VA_{j,t} = B_j^{VA} \left(\beta_j^{L} LAB_{j,t}^{-\rho_j^{VA}} + \beta_j^{K} CAP_{j,t}^{-\rho_j^{VA}} \right)^{-\frac{1}{\rho_j^{VA}}} \tag{5-2}$$

$$EC_{j,t} = B_j^{EC} (\beta_j^F FOS_{j,t}^{-\rho_j^{EC}} + \beta_j^{EL} ELE_{j,t}^{-\rho_j^{EC}})^{-\frac{1}{\rho_j^{EC}}} \qquad (5-3)$$

$$FOS_{j,t} = B_j^F [\beta_j^{COA} COA_{j,t}^{-\rho_j^F} + \beta_j^{OIL} OIL_{j,t}^{-\rho_j^F}$$

$$+ (1 - \beta_j^{COA} - \beta_j^{OIL}) GAS_{j,t}^{-\rho_j^F}]^{-\frac{1}{\rho_j^F}} \qquad (5-4)$$

其中，$XT_{j,t}$ 表示部门 j 在 t 时期的总产出，$CI_{j,t}$、$VA_{j,t}$ 和 $EC_{j,t}$ 分别表示中间投入、增加值和能源投入模块。$LAB_{j,t}$ 和 $CAP_{j,t}$ 分别指劳动力和资本。$FOS_{j,t}$、$ELE_{j,t}$、$COA_{j,t}$、$OIL_{j,t}$ 和 $GAS_{j,t}$ 分别是化石能源、电力、煤炭、石油和天然气。B_j 是规模参数，β_j 是份额参数，ρ_j 是弹性参数。

二　收入和支出模块

该 CGE 模型的经济主体包括消费者（居民）、生产者（企业）和政府等。其中，居民的收入来源有劳动收入与资本收入，以及政府的转移支付，部分用于支付个人所得税，其余用于储蓄。企业的收入由资本收入以及政府的转移支付构成，其中部分收入用于支付所得税、部分转让给居民，其余的分配给储蓄。政府的收入来源为各种税收的总和，例如居民与企业的所得税、间接税以及环境税等，所得的收入部分分别用于居民和企业的转移支付，其余用作储蓄。对于居民的需求方面，通过 Stone-Geary 效用函数来刻画。该效用函数描述的是在收入一定的约束条件下，居民如何通过分配可支配收入以实现效用最大化。居民的可支配收入总额是居民总收入扣除个人所得税后的部分，分为两部分：一部分用于保障最低基本生活需求，另一部分在产品间进行分配。

$$PM_{i,t} X_{i,h,t} = PM_{i,t} X_{i,h,t}^{\min} +^{LES}_{i,h} (I_{h,t} - \sum_{j=1}^{n} PM_{ij,t} X_{i,h,t}^{\min}) \qquad (5-5)$$

其中，$PM_{i,t}$、$X_{i,h,t}$ 和 $X_{i,h,t}^{\min}$ 分别表示由居民 h 在时间 t 支付的商品价格、对商品的需求量和保障基本生活对商品的最低需求量。$I_{h,t}$ 是可支配收入。$\gamma_{i,h}^{LES}$ 表示居民 h 对商品 i 的边际消费倾向。此外，其他的约束条件还包括 $X_{i,h,t} > X_{i,h,t}^{\min}$ 和 $0 < \gamma_{i,h}^{LES} < 1$。

三　动态递归模块

动态递归模块的设定参考已有文献（Lemelin，Decaluwé，2007）。该设定形式对于资本的计算采用了永续盘存法的计算方法，即下一期资本投入等于当期资本投入折旧加上本期投资量。方程 5–7 表示投资等于新资本价格与资本投入量的乘积。方程5-8表示新资本价格受到生产者价格的影响。方程5-8还表明新的资本投资受到给定的投资价格的影响。参考已有文献（Jung，Thorbecke，2003），本章设定了投资需求，如方程5-9所示。根据托宾Q理论，资本取决于新资本的价格、折旧率和利率，得到方程5-10。

$$KD_{j,t+1} = KD_{j,t}\ (1-\delta_j)\ + IND_{j,t} \qquad (5-6)$$

$$IT_t = PK_t \sum_j IND_{j,t} \qquad (5-7)$$

$$PK_t = \left(\frac{1}{A^K}\right)\prod_i \left(\frac{PC_{i,t}}{\gamma_i^{INV}}\right)^{\gamma_i^{INV}} \qquad (5-8)$$

$$IND_{j,t} = \varphi_{j,t}\left(\frac{R_{j,t}}{U_{j,t}}\right)^{\sigma_j^{INV}} KD_{j,t} \qquad (5-9)$$

$$U_{j,t} = PK_t\ (\delta_j + IR_t) \qquad (5-10)$$

其中，$KD_{j,t+1}$和$KD_{j,t}$分别代表部门j在第$t+1$和第t时期的资本需求；δ_j表示折旧率；$IND_{j,t}$、IT_t、PK_t分别表示新资本投资额、总资本投资额、新资本价格；A^K是规模系数；$PC_{i,t}$表示生产者价格；γ_i^{INV}表示投资需求在商品中的份额；$\varphi_{j,t}$表示部门投资的规模参数；$R_{j,t}$是租金率；$U_{j,t}$是资本使用成本；σ_j^{INV}和IR_t分别表示投资需求弹性和利率。

四　环境污染模块

为了有效降低特定部门产生的SO_2排放，需要将SO_2排放模块加入企业的生产过程中，也就是从企业的生产端推进绿色技术进步与征收环境税等。本章假定所有的SO_2排放物是由于化石能源燃烧引起的。因此，与SO_2排放相关的污染物排放方程为：

$$SE_{j,t} = \sum_s QF_{j,s,t}EF_s \qquad (5-11)$$

其中，$SE_{j,t}$表示行业j在t时间内由于使用化石能源排放的SO_2量；$QF_{j,s,t}$表示化石能源s的投入量；EF_s表示第s种化石能源的SO_2排放因子。

由于技术进步包括了自身规模水平的提高，还包含了对经济发展产生的影响。借鉴已有文献（Dong et al.，2018），本章设定两类技术进步：一是能源效率提高，二是绿色技术进步（也称为清洁型技术进步），将TC_t表示绿色技术进步，加入式（5-11）可以得到包含技术进步的污染排放模块：

$$SE_{j,t} = \frac{(\sum_s QF_{j,s,t}EF)}{TC_t} \qquad (5-12)$$

通过多次模拟的结果显示，单纯的绿色技术进步并不足以实现 SO_2 减排目标，或者说技术进步的影响有限，但本章的重点在于刻画技术进步对污染减排的影响。因此，综合现有文献，按照常规做法，加入了税收模块。通常征收 SO_2 税分为两种方式：一是从消费端进行征收，即以化石能源的最终消费需求为基础进行计算；二是从企业的生产端进行征收。两种征税方式各有利弊，前者有助于降低对化石能源的需求，但波及范围较广，影响较大；后者范围较小，侧重于控制污染行业的排放。本章采用对生产端进行征税的方式。SO_2 税税率随着污染减排成本的增加而逐渐提高：

$$PP_{j,t}OUT_{j,t} = OT_{j,t} + SE_{j,t}TS_t \qquad (5-13)$$

$$\sum_j SE_{j,t} = TQ_t \qquad (5-14)$$

其中，$PP_{j,t}$ 表示行业 j 在 t 时期的生产价格；$OUT_{j,t}$ 表示总产出；TS_t 表示 SO_2 税税率；TQ_t 是所有行业的 SO_2 排放量加总。

由于化石燃料和废弃物燃烧引起的部分硫氧化物、氮氧化物等最终会转化为 $PM_{2.5}$。因此，本章假设 SO_2 排放量与 $PM_{2.5}$ 浓度高度相关。为了验证该假设，本章使用了 179 个典型污染城市在 2014—2016 年的 $PM_{2.5}$ 和 SO_2 月度面板数据来捕捉 SO_2 排放量与 $PM_{2.5}$ 浓度间的相关关系。相关性检验表明，二者的相关系数为 0.60 以上，表明二者存在一定的相关关系。另有文献支持了该假设，认为煤炭是 $PM_{2.5}$ 的重要来源之一，$PM_{2.5}$ 污染的 40% 来源于煤炭燃烧（Zheng et al.，2005）。因此，SO_2 减排同时也有助于降低 $PM_{2.5}$ 浓度。根据山西省环境状况公报，2015 年山西省 11 个主要地级城市的 $PM_{2.5}$ 平均浓度是 56 微克/立方米，同时相应的 SO_2 排放量为 112 万吨。因此设定 SO_2 排放量与 $PM_{2.5}$ 浓度的比值大致保持不变。

第三节　数据来源和情景设置

一　数据来源

在说明数据来源之前，需要简单阐述一下社会核算矩阵（SAM）。社会核算矩阵以投入产出表为基础，根据研究需要加入了投入产出表右下角的缺失部分，用来刻画各经济变量之间的互动和平衡关系。投入产出表仅能够描述生产性部门的投入产出关系。而 SAM 表不仅能够刻画生产部门的投入产出流量关系，还将非生产性部门的流量关系纳入其中。SAM 表的行和与列和相等，行和表示总产出，列和表示总投入，其账户主要包括生产、商品、要素（一般是资本和劳动力）、家庭、企业、政府、投资与储蓄账户以及国外账户。根据研究需要，还可以对账户进行修改、扩充。生产账户描述了企业的生产活动，能够刻画现实中一个部门生产多种商品或者多个部门生产一种商品的情形；商品账户是企业在市场上销售的产品，行方向表示中间投入、家庭需求、政府需求、投资需求以及出口需求，列方向表示支出，包括进口与购买；家庭账户的行方向表示收入，包括企业的工资、政府的转移支付等，而列方向表示支出，包括个人所得税以及储蓄；企业账户的行方向是企业的收入，列方向的支出包括对居民的转移支付以及储蓄；政府的行方向表示政府的收入，包括企业所得税与个人所得税以及生产税等，列方向表示对居民的转移支付、企业的转移支付以及政府储蓄；投资与储蓄账户的行方向表示总储蓄，包括政府、居民、企业以及国外储蓄，列方向表示总投资，包括固定资产投资以及存货；国外账户的行方向表示进口、国内对国外的支付，列方向表示出口以及国外对国内的支付。

SAM 表中的基础数据来源于山西省 2012 年投入产出表，包括 42 个部门。根据研究需要，本章将所有部门最终合并成 10 个部门，即农业、煤炭、石油、天然气、电力、轻工业、重工业、建筑业、运输业和服务业。社会核算矩阵的其他数据来源于《山西统计年鉴（2013）》、《中国金融年鉴（2013）》和国家统计局，所使用的软件是 GAMS 23.7。

值得注意的是，SAM 表中的原始数据是按价值量而不是以物理数量显示的，而能源消费和污染物排放量是以物理量计算的。根据价值量计算出污染物的物理排放量。假定 SO_2 与 CO_2 排放均来源于化石能源燃烧，在获得物理量后，需要乘以相应的排放因子进行评估。具体地，排放因子来源于中国的化石燃料空气污染物和二氧化碳排放系数。计算过程如图 5-3 所示。

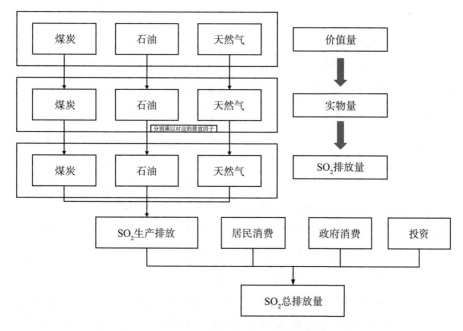

图 5 - 3　计算 SO_2 排放量过程

二　参数设定以及模型闭合

本章的 CGE 模型需要确定的参数可分为两种类型：一种是可通过已有数据计算得到，包括各种税率、函数参数和函数的份额参数；另一种通过参考已有文献而得，包括需求弹性与替代弹性系数。模型需要确定的参数有 CGE 函数弹性参数、Amigton 生产函数和 CET 函数。生产函数替代弹性的大小决定了各种投入要素和产品的替代性高低，也决定了外部冲击给整个系统造成的影响大小。由于本章的研究对象是山西省，相关数据严重缺乏，因此，借鉴现有研究对全国 CGE 模型的设定（贺菊煌，2002），以及 GTAP 9.0 等。

CGE 模型中宏观闭合依据的是宏观经济理论。目前在学术界，应用最多的是新古典主义的宏观闭合。该闭合规则的特征是假定所有要素价格以及商品价格都是完全弹性的，由模型内生决定。劳动力和资本供给均实现充分就业，并由模型外生给定。本章采用新古典闭合规则，设定人口增长率外生。

三 情景设置

由于该 CGE 模型是动态的，根据当前的经济发展状况进行未来的基准情景设定尤为重要，因此需要对直至 2030 年的人口增长率与 GDP 增长率进行预测。本章采用联合国发布的《世界人口展望》中对中国的预测数据作为山西省的人口增长率预测值。GDP 增长率来源于 EIU 数据库。根据国家发改委的数据，2003—2020 年的能源效率年均增长率为 3%。本章参考了已有文献（Xu，Masui，2009；魏巍贤等，2016），考虑到能源效率会随着时间的推移逐渐下降，设定 2016—2020 年能源效率年均增长 2.5%，2021—2030 年年均增长 1.5%。通过计算，山西省的 SO_2 排放强度一直处于下降状态，平均每年下降 14.31%。鉴于中国当前处于以经济结构调整为主的关键转型时期，本章设定 2012—2020 年的绿色技术进步率为 7%，而 2021—2030 年为 5%。与上述文献不同的是，本章还考虑了山西省未来非化石能源的发展目标，根据国家发改委《关于印发"十四五"可再生能源发展规划的通知》，中国 2030 年非化石能源在一次能源消费中所占比重将达到 25%。另外，由于山西省以煤炭为主的生产与消费结构在短期内难以改变，考虑到当地经济发展处于全国的中等水平，本章设定山西省 2030 年非化石能源在一次能源消费中的比重目标为 15%。参考已有文献（Hsieh，Klenow，2009），本章将山西省年均资本折旧率设为 5%。

前文已经提到基准情景的设定。基准情景是不采用技术进步与税收等外在经济手段，经济增长的自然状况。本章设定了七种模拟情景，包括一种基准情景（BAU）与六种反事实情景（T11、T12、T13、T21、T22、T3）。情景 T11、T12 和 T13 表示在两种技术进步（也就是绿色技术进步与能源效率提高）下 SO_2 税率设为内生的情形。正如前文所述，绿色技术进步在 2012—2020 年年均增长 7%，在 2021—2030 年年均增长 5%。同时，能源效率在 2012—2020 年年均提高 2.5%，在 2021—2030 年年均增长 1.5%。情景 T11、T12 和 T13 所对应的 SO_2 减排目标分别为 10%、20% 和 30%。情景 T21 表示仅包括绿色技术进步和能源效率提高而不包括征收 SO_2 税的情形，以此表明单纯的技术进步能否实现 SO_2 排放目标，而且可以反映技术进步是否引起能源消费需求反弹。由于能源强度越来越受到国际社会的关注（Fischer, Springborn, 2011），情景 T22 表示在情景 T21 的基础上，设定了能源强度在 2030 年相对于 2012 年下降 25% 的目标。情景 T3 表示仅包括能源效率提高与国家发改委制定的 630 元/吨的 SO_2 税税率，以考察该效应对 SO_2 排放的影响。所有模型从 2017 年开始预测，2012—2016 年的数据（如 GDP 增长率、非化石能源占比情况等）均采用实际数据，数据来源于历年的《山西统计年鉴》《中国统计年鉴》。具体的情景设置如表 5 - 1 所示。

表 5 - 1　　　　　　　　　　七种模拟情景设置

	情景介绍
BAU	基准情景：无任何降低 SO_2 排放的市场机制
T11	能源效率在 2012—2020 年年均提高 2.5%，在 2021—2030 年年均提高 1.5%
	绿色技术进步在 2012—2020 年年均提高 7%，在 2021—2030 年年均提高 5%
	相对于基准情景 SO_2 减排目标：10%；SO_2 税内生
T12	能源效率在 2012—2020 年年均提高 2.5%，在 2021—2030 年年均提高 1.5%
	绿色技术进步在 2012—2020 年年均提高 7%，在 2021—2030 年年均提高 5%
	相对于基准情景 SO_2 减排目标：20%；SO_2 税内生
T13	能源效率在 2012—2020 年年均提高 2.5%，在 2021—2030 年年均提高 1.5%
	绿色技术进步在 2012—2020 年年均提高 7%，在 2021—2030 年年均提高 5%
	相对于基准情景 SO_2 减排目标：30%；SO_2 税内生
T21	能源效率在 2012—2020 年年均提高 2.5%，在 2021—2030 年年均提高 1.5%
	绿色技术进步在 2012—2020 年年均提高 7%，在 2021—2030 年年均提高 5%
T22	能源效率在 2012—2020 年年均提高 2.5%，在 2021—2030 年年均提高 1.5%
	绿色技术进步在 2012—2020 年年均提高 7%，在 2021—2030 年年均提高 5%
	能源强度在 2030 年相对于 2012 年降低 25%
T3	能源效率在 2012—2020 年年均提高 2.5%，在 2021—2030 年年均提高 1.5%
	SO_2 税税率在 2012—2030 年为 630 元/吨

第四节　模拟结果

一　SO_2 排放和协同效应

一般而言，在没有政策干预的自由放任的经济状态中，负外部性的存在，即市场失灵，会导致过度的环境污染（Acemoglu et al.，2012）。
图 5-4 描绘了在没有政策干预的基准情景下，SO_2 排放量稳步上升，由
2017 年的 130 万吨上升至 2030 年的 158 万吨。在 T3 情景下，SO_2 的变化
轨迹与基准情景的变化基本一致。这反映了较低的 SO_2 税税率对污染气
体的减排效应非常小，不足以实现特定的污染气体减排目标。在仅包括
绿色技术进步与能源效率提高的情景下，SO_2 排放不但没有受到抑制，反
而相对于基准情景有所增加。这表明在不使用税收工具的情形下，单纯
的技术进步由于缺少税收的激励，会提高含硫量较高的能源消费。另外，
在控制了能源强度的情景下，SO_2 排放会以更快的速度下降，表现为更为
陡峭的斜率，而且其减排效应接近于制定 30% 减排目标的情景。因此，
降低能源强度是实现控制 SO_2 目标的重要途径之一。地方政府在制定相关
大气污染治理政策时，应考虑制定能源强度目标。

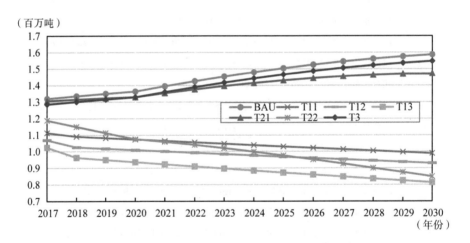

图 5-4 七种模拟情景下 SO_2 排放变动情况

随着 SO_2 减排目标力度逐渐增大，在绿色技术进步与能源效率的条件
下，达到减排目标要求的 SO_2 税税率也逐渐提高，表现在情景 T11、T12
和 T13 中。例如，在情景 T13 下，如图 5-5 所示，SO_2 税率逐渐由 2017
年的 6278.07 元/吨上升到 2030 年的 17442.36 元/吨。该 SO_2 税税率为相
关决策部门提供了参考。在情景 T13 下，可以观察到 $PM_{2.5}$ 浓度明显下降
（见表 5-2），降幅范围为 37.7%—48.76%。但 $PM_{2.5}$ 浓度在情景 T12 下

并没有显著下降，说明技术进步提高了能源使用效率，进而导致能源价格下降，生产者增加了能源使用需求特别是化石能源的使用，最终导致了更高的 $PM_{2.5}$ 浓度。

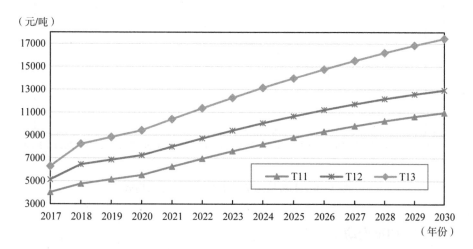

图 5-5　情景 T11、T12 和 T13 下 SO_2 税税率变动情况

表 5-2　　　　　　　　情景 T11、T12、T13、T21、T22 和 T3 下
$PM_{2.5}$ 浓度变化　　　　　　（单位：%）

	T11	T12	T13	T21	T22	T3
2017 年	-15.620	-19.030	-22.369	-1.026	-9.909	-2.559
2020 年	-21.297	-26.019	-31.358	-2.495	-21.141	-2.540
2025 年	-31.517	-35.626	-41.998	-4.883	-35.124	-2.517
2030 年	-37.698	-41.436	-48.758	-7.095	-46.495	-2.496

由图 5-6 可知，与 SO_2 的变动轨迹有所不同，七种模拟情景下 CO_2 排放都呈现稳定的上升趋势。除了情景 T21 外，相对于基准情景，其余所有情景的政策工具均不同程度地降低了 CO_2 排放。在情景 T21 下，CO_2 排放在 2030 年相对于基准情景降低幅度接近 30%。由此，控制 SO_2 排放会对其他相关气体排放产生一定的抑制作用，即协同效应。因此，相关决策部门在制定 SO_2 控制目标时，也应当考虑到对其他来源于同一污染源的污染气体的减排效应。

（十亿吨）

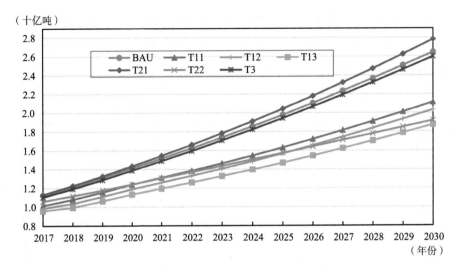

图5-6 七种模拟情景下 CO_2 排放变动趋势

二 GDP 变动

如表5-3所示，相对于基准情景，其他所有模拟情景下 GDP 都存在一定的损失。随着 SO_2 规制力度的加大，由此而引致的 GDP 的负面影响也逐渐增大。值得注意的是，与大幅度的减排目标相比，控制 SO_2 排放对 GDP 的负面影响相对较小，低于 0.25%（见表5-3）。鉴于此，通过合理配置污染减排政策，可以实现在大幅度减少污染物排放的同时，不会对经济增长产生较大的负面影响。这是因为诸如绿色技术进步、能源效率和税收等调控政策，对经济的影响是结构性的。这种控制政策主要针对高污染、高排放的工业部门进行严加限制，从而有利于其他相对清洁的部门特别是新能源产业的发展。

表5-3 情景 T11、T12、T13、T21、T22 和 T3 下实际 GDP 变动（单位:%）

	T11	T12	T13	T21	T22	T3
2017 年	-0.050	-0.062	-0.073	-0.001	-0.031	-0.009
2020 年	-0.075	-0.093	-0.113	-0.001	-0.074	-0.010
2025 年	-0.129	-0.148	-0.176	-0.004	-0.145	-0.011
2030 年	-0.175	-0.195	-0.234	-0.006	-0.222	-0.012

三　能源消费

尽管每个模拟情景下的能源消费仍保持着稳定的增长势头，如表5-4 所示，除了情景 T21 外，其他模拟情景均对能源消费具有一定的抑制作用。从不同的能源品种来看，煤炭生产部门的消费降幅最大，其次为天然气部门和石油部门。其中，在情景 T13 下，煤炭部门和天然气部门的消费量分别降低 42.36% 和 17.8%。这是因为实施 SO_2 控制政策提高了能源的使用价格，对于生产者来说，意味着更高的生产成本，因此，促使他们降低对"肮脏"能源的使用。该结果也表明，通过将清洁能源替代化石能源，山西省以煤炭为主的能源消费结构最终会发生转变，并促使山西省的经济发展向绿色低碳的方向转型。

此外，模拟情景 T21 显示，仅提高绿色技术进步与能源效率水平不足以降低能源消费水平，反而会引起能源消费不同程度地增加。由此推测，技术进步可能会导致能源反弹效应（Brännlund et al.，2007；Greening et al.，2000；Lin，Zhao，2016；Zhang et al.，2015）。造成能源反弹现象的一个重要原因是，中国的能源价格机制不完善（Lin，Liu，2013），这也说明山西省的能源价格及其定价机制尚未完全市场化。

表5-4　情景 T11、T12、T13、T21、T22 和 T3 下能源消费变化（单位:%）

部门	年份	T11	T12	T13	T21	T22	T3
煤炭	2017	-14.525	-18.109	-21.616	0.008	-8.502	-2.646
	2020	-18.183	-23.280	-29.036	0.021	-17.977	-2.626
	2025	-25.681	-30.321	-37.506	0.045	-29.689	-2.601
	2030	-29.302	-33.721	-42.361	0.070	-39.601	-2.579
石油	2017	-5.596	-7.177	-8.760	0.008	-3.304	-1.061
	2020	-6.714	-9.097	-11.894	0.021	-7.254	-1.075
	2025	-9.417	-11.786	-15.625	0.044	-12.572	-1.087
	2030	-10.456	-12.856	-17.804	0.069	-17.741	-1.101
天然气	2017	-5.743	-7.392	-9.045	0.009	-4.115	-1.101
	2020	-6.750	-9.227	-12.137	0.024	-8.988	-1.108
	2025	-9.296	-11.750	-15.737	0.049	-15.473	-1.114
	2030	-10.088	-12.567	-17.690	0.077	-21.649	-1.120

四　部门产出

所有情景下每个部门的产出都不同。在绿色技术进步外生与 SO_2 税内生的情景下，随着 SO_2 减排力度的增大，各行业产出的效应逐渐增强，而且 SO_2 减排力度与部门产出之间表现出明显的非线性特征。例如，如表5-5所示，在情景T11、T12和T13下，煤炭部门产出相对于基准情景分别减少了3.24%、3.63%和4.38%。产出降幅最大的部门发生在含硫量较高的煤炭与石油部门。这说明通过实施污染排放控制政策，煤炭与石油部门的收入效应和替代效应均为负，煤炭与石油部门的产出会下降。与煤炭和石油部门相反，天然气部门的产出出现了明显的增长，预测2030年的产量相对于基准情景增长9.31%。从收入效应来看，与煤炭相同，由于 SO_2 排放控制政策导致生产者对天然气的使用成本上升，从而减少了对天然气的使用，收入效应为负；另外，从替代效应来看，直观上天然气价格上升导致其对煤炭或石油形成替代，但由于天然气含硫量要低很多，其成本上升的程度远低于煤炭或石油。因此，生产者会使用天然气替代其他化石能源，因此天然气的替代效应为正。正的替代效应大于负的收入效应，导致总效应为正。其他部门的生产也在不同程度地增加。值得注意的是，在情景T21下，煤炭与石油部门的产出会增加，一些部门的产出会下降。这是因为仅提高绿色技术进步与能源使用效率，相对降低了能源价格，减少了这两个部门的生产成本，使生产者进一步扩大生产。煤炭和石油部门产出的增加对其他一些部门的产出形成了挤出效应。

表5-5　　　　　　预测各部门在2030年的产出变动　　　（单位:%）

部门	T11	T12	T13	T21	T22	T3
农业	0.559	0.577	0.591	0.237	0.582	0.030
煤炭	-3.235	-3.625	-4.376	0.055	-4.108	-0.243
石油	-2.617	-3.437	-5.276	2.009	-4.664	-0.258
天然气	5.588	6.763	9.309	-1.954	6.167	0.483
电力	0.431	0.450	0.477	0.210	0.449	0.018
交通运输业	0.476	0.590	0.826	-0.342	0.789	0.053
重工业	2.287	2.653	3.381	-0.583	3.273	0.204

续表

部门	T11	T12	T13	T21	T22	T3
轻工业	1.049	1.198	1.490	−0.148	1.397	0.085
服务业	0.287	0.298	0.312	0.143	0.265	0.013
建筑业	4.148	4.677	5.702	−0.291	5.580	0.329

五　能源价格

通过表 5 − 6 可以发现，在设定 SO_2 减排特定目标的情况下，化石能源的价格更高。在模拟情景 T13 下，预测 2030 年煤炭价格相对于基准情景将上升 48.79%，随后是石油和天然气。从横向来看，随着减排目标力度的增大，化石能源的价格也在不断上升。原因是在 SO_2 税税率内生的情形下，等同于征收 SO_2 税，导致煤炭的使用成本增加，进而削弱了煤炭需求，增加了清洁能源特别是天然气的需求。与其他情景不同，情景 T21 的模拟结果与其他情景相反。导致这种不一致的可能原因是，相对于非能源投入，企业更容易获得能源投入，从而降低了能源价格。就不同的能源类型而言，天然气价格跌幅更大，例如与基准情景相比，预测 2030 年其价格的下降幅度为 2.97%。

表 5 − 6　　情景 T11、T12、T13、T21、T22 和 T3 下能源价格变动　（单位:%）

部门	年份	T11	T12	T13	T21	T22	T3
煤炭	2017	11.337	14.532	17.915	−0.007	6.357	1.743
	2020	15.352	20.342	26.752	−0.023	14.860	1.711
	2025	24.315	29.719	39.504	−0.057	28.327	1.677
	2030	29.931	35.559	48.786	−0.107	43.182	1.644
石油	2017	2.778	3.551	4.346	−0.167	1.674	0.472
	2020	3.677	4.894	6.386	−0.448	3.903	0.485
	2025	5.692	6.987	9.206	−0.969	7.328	0.497
	2030	6.933	8.300	11.313	−1.569	11.095	0.511
天然气	2017	3.051	3.972	4.928	−0.380	3.406	0.546
	2020	3.687	5.102	6.859	−0.963	7.910	0.544
	2025	5.293	6.761	9.312	−1.956	14.854	0.542
	2030	5.910	7.410	10.764	−2.973	22.518	0.540

六　就业

表 5-7 的结果显示，煤炭和石油部门的劳动力需求下降最多。相比而言，天然气作为清洁能源，该部门劳动力需求增加较多。与产出结果的分析类似，对 SO_2 采取控制措施增加了含硫量较高的煤炭和石油的使用成本。生产者会削减这两个部门的劳动力数量。比较煤炭和石油两个部门，煤炭部门的劳动力需求要低于石油部门，这也是符合预期的。在模拟情景 T11、T12 和 T13 下，随着污染控制力度的加大，煤炭部门的下降幅度低于石油部门。可以观察到，其余部门的劳动力需求均有不同程度的增加，建筑业（预测 2030 年分别增加 6.63%、7.48% 和 9.15%）和轻工业（预测 2030 年分别增加 4.41%、5.12% 和 6.55%）的劳动力需求增幅较为明显。重工业比轻工业的劳动力需求增加少，这仍旧可以通过替代效应与收入效应来解释。SO_2 排放控制政策增加了企业的生产成本，化石能源价格相对于劳动力价格上升，生产者会增加劳动力投入、减少能源需求，但由于重工业倾向于使用更多的化石能源，特别是煤炭与石油，直观上重工业行业的劳动力需求会增加得更多。由于重工业行业规模要比轻工业大得多，劳动力基数较大，其比重的增幅小于轻工业。在模拟情景 T21 下，重工业劳动力需求增加的比重超过轻工业，这说明绿色技术进步与能源效率提升会显著改变工业中的劳动力结构。

表 5-7　　　　　　　　预测各部门 2030 年就业情况的变化　　　　（单位:%）

部门	T11	T12	T13	T21	T22	T3
农业	0.802	0.828	0.849	2.051	0.835	0.043
煤炭	-5.555	-6.216	-7.482	-0.318	-7.032	-0.422
石油	-3.774	-4.948	-7.562	-1.684	-6.695	-0.374
天然气	8.209	9.960	13.785	-1.984	9.070	0.702
电力	1.973	2.060	2.188	4.250	2.056	0.082
交通运输业	1.135	1.408	1.974	2.494	1.884	0.126
重工业	2.161	2.470	3.078	2.162	2.884	0.175
轻工业	4.407	5.119	6.546	1.982	6.333	0.390
服务业	0.581	0.603	0.631	-1.071	0.536	0.027
建筑业	6.627	7.484	9.150	0.014	8.951	0.520

七　边际减排成本

在本章中，将 SO_2 减排成本定义为，相对于基准情景，GDP 的损失量与 SO_2 减排量的比值。这也被称为 SO_2 的影子价格（Lee，Zhang，2012；Molinos - Senante et al.，2015）。随着经济发展水平与绿色技术进步率不断下降，边际减排成本在所有情景下逐步上升。表 5 - 8 的结果显示，在模拟情景 T21 下，预测 2030 年 SO_2 的减排成本为 8.06 万元/吨，而其他模拟情景下的减排成本范围为 46.48 万—49.66 万元。一个重要的发现是，在绿色技术进步与能源效率提高并存的情景下，SO_2 的减排成本低于其他情景。通过对比，本章倾向于建议情景 T12 的政策组合。因为在此政策下，在大幅降低 SO_2 排放的同时，并不会造成较高的边际减排成本。这同时也说明了在征收环境税的背景下，需要大力推动绿色技术进步与提高能源效率以降低 SO_2 的边际减排成本。

表 5 - 8　　　　　　情景 T11、T12、T13、T21、T22 和 T3 下
SO_2 的边际减排成本　　　（单位：万元/吨）

	T11	T12	T13	T21	T22	T3
2017 年	32.269	32.501	32.614	4.873	31.197	34.010
2020 年	35.169	35.722	36.055	5.808	35.034	37.993
2025 年	40.864	41.439	41.989	7.222	41.290	43.996
2030 年	46.480	47.174	48.074	8.061	47.786	49.663

第五节　本章小结

根据国家统计局发布的山西省 2012 年投入产出表，本章通过多个渠道收集数据构建了社会核算矩阵，用以模拟在绿色技术进步、能源效率提高以及税收等不同政策组合工具下实现 SO_2 减排目标，对山西省空气污染减排、GDP、部门产出、能源价格以及就业等宏观经济变量的影响。具体而言，在构建的模型方面，以 PEP 单区域动态 CGE 模型为基础，本章对此进行了一系列修改，根据研究需要添加了环境污染模块、修改了生产函数，并将绿色技术进步与能源效率纳入其中。在此过程中考虑了征

收环境污染税，同时兼顾了中国新制定的非化石能源发展目标。本章的主要结论如下。

随着绿色技术进步和能源效率的提高，实现特定减排目标所需要的SO_2税税率也会相应提高，因此，在SO_2税税率与SO_2减排控制目标之间表现出一定的非线性特征。具体而言，相对于基准情景，要实现30%的SO_2减排目标，2030年需要设定的SO_2税税率为17442.36元/吨。一个比较重要的发现是，控制SO_2排放，同时还可以减少CO_2和$PM_{2.5}$的排放，即减少SO_2的同时还可以带来其他气体减排的协同效应，因为这些污染气体具有一定的同源性。与其他的政策工具相比，从长期来看，控制能源强度也是降低SO_2排放的重要途径之一。另外，国家发改委制定的对污染排放企业征收630元/吨的SO_2税对SO_2减排的作用非常小，如不采取其他控制措施，SO_2排放量仍将以较快的速度上升。本章的多种政策工具模拟结果也暗含了以市场机制治理大气污染减排是合理的，而且是可行的。政府在制定相应的政策时应当充分考虑政策的连续性。

GDP作为宏观经济的核心指标，在所有的政策情景下，均受到了负向冲击。随着污染气体控制力度的加大，GDP的负向效应也逐渐增大。但与较大的减排力度相比，GDP的减少幅度较小，在所有的模拟情景下均小于0.25%。通过将SO_2税内生化处理，征收SO_2税改变了山西省的能源消费结构。在此过程中，煤炭消费受到抑制，而清洁能源特别是天然气消费量有所提高，有助于山西省实现经济低碳转型。从部门来看，削减SO_2对产出的影响在不同部门间差异较大。整体来说，"肮脏"化石能源部门的产出受到抑制，而清洁能源部门的产出增加。在不同能源种类之间，与基准情景相比，在实现SO_2减排30%目标的情景下，石油部门比煤炭部门的产出下降得更多。因此，如果制定旨在通过限制煤炭消费来减少SO_2排放的政策，决策部门就必须认真考虑可能存在的影响。这是因为如果SO_2排放控制力度过高，可能会对其他部门产生巨大的负面影响，阻碍整个工业的发展。此外，清洁能源部门和建筑业的产出增加较多。对于就业，绿色进步技术和能源效率的提高有助于增加轻工业行业的就业。

从长远来看，技术进步是促进能源节约和环境保护的根本途径，因为

技术进步带来的 SO_2 边际减排成本较低。监管部门要搞好清洁能源技术改造和普及，提高脱硫、脱硝装置的安装率，坚决关闭高排放、低效率的火电厂，促进产业整合升级，加强有关法律法规的制定。例如，德国的煤炭消费量在 1990—2014 年下降了近 40%，SO_2 排放量则下降了 92.8%。其原因是德国的节能技术在此期间得以迅速发展，特别是以火电厂为代表的脱硫技术发展较快。目前，山西省燃煤企业脱硫设备安装率较低，技术进步空间依然很大。另外，地方政府要为企业自主创新提供资金支持。但是，由于存在能源反弹效应，技术创新和能源效率水平的提高不能作为实现山西省节能和环境质量改善的唯一手段，需要与 SO_2 税一同作为调节手段。此外，由于存在能源价格扭曲现象，要把定价机制引入能源行业，进一步深化能源价格体系改革，发挥市场机制对能源价格的基础性调节作用。总之，要实现节能减排或者解决地方经济发展中的能源和环境约束问题，就必须采取能源价格和环境税等一系列市场化手段。

第 六 章

内生技术进步在实现中国 2030 年碳强度目标中的作用研究

在目前全球倡导发展低碳经济的背景下，以 CO_2 为主的温室气体排放是各国普遍关注的焦点。碳排放量的长期快速上升使主要发展中国家面临着较大的国际舆论压力。中国作为全球第二大经济体，其 CO_2 排放量在2007 年超过美国，成为全球最大的碳排放国家。根据美国环境保护局（U. S. Environmental Protection Agency，EPA）的统计数据，中国在 2016年来源于化石能源的 CO_2 排放量约占全球总量的 28%。[①] 根据世界银行统计数据，1961—2014 年，中国 CO_2 排放量由 5. 52 亿吨上升到 102. 92 亿吨，年均增长率为 5. 52%。从图 6 - 1 中可以看出，尽管 1961—1999 年中国的 CO_2 排放增长趋势比较平缓，但在 2000 年以后的曲线斜率较以往年份变得更加陡峭，表明 CO_2 排放呈现加速上升趋势。这可能与中国实行的一系列经济发展战略有关，如加入 WTO、实施西部大开发战略等。这些经济发展战略大幅增加了进出口需求以及国内投资需求，增加了对能源的消费需求，进而导致 CO_2 排放量以较快的速度上升。已有研究表明至 2030 年，中国的 CO_2 排放相对于 2015 年将会上涨 50%（Liu et al.，2015）。根据图 6 - 1，整体上中国的碳排放强度呈下降趋势，特别是改革开放后期，从碳排放强度来看，中国的经济增长与 CO_2 排放在一定程度上实现了"脱钩"。

[①] https：//www. epa. gov/ghgemissions/global-greenhouse-gas-emissions-data#Country.

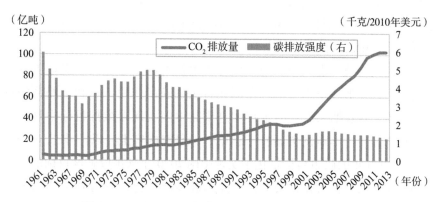

图 6 - 1 1961—2014 年中国 CO_2 排放量与碳排放强度

资料来源：世界银行发展指标（https：//data. worldbank. org/products/wdi）。

　　碳排放强度的下降得益于中国在低碳减排领域所做的不懈努力。自 20 世纪末起，作为全球最大的发展中国家，中国从负责任大国的角度出发，积极推动《联合国气候变化框架公约》和《京都议定书》的制定与实施。2007 年，国家发改委将 GDP 能耗作为节能减排的重要标准。在 2009 年的哥本哈根全球气候大会上，中国提出了单位国内生产总值 CO_2 排放强度在 2020 年相对于 2005 年下降 40%—45% 的承诺。在新的发展机遇期，中国于 2015 年在巴黎气候变化大会上进一步承诺，在 2030 年相对于 2005 年单位国内生产总值 CO_2 排放降低 60%—65%。随着城镇化与工业化的持续推进，人们的生活水平不断提高，引致的各种基础设施建设以及服务需求势必促使中国的能源需求进一步增长。另外，煤炭消费是碳排放增加的重要来源。由于中国特殊的能源禀赋结构，以煤炭为主的能源消费结构在短期内难以扭转，能源消费结构矛盾依然突出。

　　面对艰巨的碳排放强度约束目标任务，如何在保障经济健康持续发展的同时，顺利实现碳减排承诺是当前政府面临的重要任务。事实上，碳强度目标的实现与中国当前的生态文明建设是一脉相承的，二者都内在地以"低碳""绿色"为目标。不同于 SO_2 污染典型的区域性特征，碳排放的分布范围更加广泛。从长远来看，低碳技术进步是降低碳排放的根本手段。量化在低碳技术进步下如何实现该目标以及对中国宏观经济的影响，对于促进生态文明建设同样具有十分重要的现实意义，有助于为中国碳强度下降目标的实现提供参考。鉴于此，本章拟从低碳绿色技术创新推动 CO_2 减排的视角，研究低碳技术进步在实现中国 2030 年碳排放强度目标中发挥的作用以及相关政策。

在不同的技术进步来源中，尽管外生技术进步通过技术引进更容易实现，但容易形成技术依赖，会弱化自主创新的作用，不利于经济的可持续发展。从长期来看，内生技术进步在中国实现碳减排目标中具有不可替代的作用。本章的创新在于：第一，研究内容上，以"十三五"规划以及 2030 年的政策目标量化了实现中国 2030 年碳排放强度目标的宏观经济效应；第二，研究方法上，将技术进步内生化，并与外生技术进步的模拟结果进行对比，强调绿色低碳技术进步在其中的重要作用。

第一节　相关研究回顾

CGE 模型作为量化环境政策效果的优势在第五章已经提到，本章不再赘述。从碳减排的治理措施来看，同 SO_2 排放一样，CO_2 排放控制方式也分为市场型手段与行政命令型控制手段，市场手段又可分为价格手段（主要为碳税）与碳交易机制等。例如，在关于碳税的 CGE 模型研究方面，有研究较早地使用了包含多部门的 CGE 模型模拟了碳税对碳排放的减排效应（Jorgenson，Wilcoxen，1993；Boyd et al.，1995）。还有研究发现，征收碳税的效果与煤炭税类似（Jorgenson，Wilcoxen，1993）。除了煤炭行业，碳税通过提高电力使用成本而对其他行业产生影响，使用更多的其他燃料，以电力替代煤炭。

国内学者较早地使用 CGE 模型研究了征收碳税对中国宏观经济的影响（Zhang，1998）。类似地，有学者利用静态 CGE 模型研究发现，碳税对 GDP 的负面影响较小；随着碳税税率的提高，征收碳税对经济的负面影响逐步增大；征收碳税主要通过提高能源价格来降低能源消费，对煤炭部门的负面影响最大（贺菊煌等，2002）。有研究基于包含 10 个部门的 CGE 模型，以 2010 年作为模拟情景，研究发现，当碳排放削减目标为 10%—40% 时，GDP 减少的幅度为 0.12%—3.92%，征收碳税同样提高了能源价格，不利于能源部门的产出，并且减排目标与能源价格、资本价格呈现明显的非线性关系（王灿等，2005）。也有学者发现，征收碳税对中国经济增长的负面影响不大（刘宇等，2015）。总体上，随着减排力度的增加，碳排放的边际减排成本将快速上升。考虑税收返还机制后，有学者通过设定 8 种不同模拟情景，研究了在征收碳税应对气候变化时不同税收返还机制的经济影响，发现在中性碳税税率下，征收碳税具有较强的碳减排效应，对经济的负面效应较小（曹静，2009）；也有研究发现，如果政府要降低碳税成本，可以使用生产税减免，然而，从长期来看，消费税减免更有助于经济结构调整（Liu，Lu，2015）。征收不同的环境税和不同的市场机制也存在差异性影响，在比较征收碳税和征收能源税对经济的影响后，有研究发现征收碳税导致的经济负面效应比能源税小，并促使经济体向清洁的方向发展（何建武、李善同，2009）；有学者对比了征收碳税、碳交易机制以及二者结合下的碳减排效应，发现征收 40 元/吨的碳税对经济的负面影响较小，但无法实现 2020 年的减排目标（石敏俊等，2013），研究认为应将碳税征收与碳交易机制相结合来实现碳减排目标。针对农业部门，有研究通过构建 MCHUGE 动态多部门一般均衡模型，模拟了对农业部门征收碳税的经济效应，同样也发现征收碳税会降低 GDP（刘亦文、胡宗义，2015）。尽管如此，该研究还发现征收碳税降低了能源强度，有利于企业的技术创新；由于农业适应气候变化的能力较弱，当前并不适合对农业部门征收碳税。针对工业部门，有研究基于动态 CGE 模型，设定了 6 种模拟情景，即在 2030 年向所有经济部门分别征收 20 美元/吨、40 美元/吨、60 美元/吨、80 美元/吨、100 美元/吨和 120 美元/吨的碳税。研究发现在 2030 年，工业部门的碳排放相对于基准情景的 122 亿吨分别减少到 104 亿吨、93 亿吨、85 亿吨、79 亿吨、74 亿吨和 70 亿吨，电力、金属冶炼和化工行业是碳减排的三个主要部门（Dong et al.，2017）。

在碳交易机制方面，有学者使用 AIM（Asia-Pacific Integrated Model）模型研究了泰国碳排放交易和碳捕获与储存（CCS）技术下的温室气体减排措施（Thepkhun et al.，2013）。结果表明，国际自由排放贸易政策可以通过降低能源供需和提高排放价格来推动温室气体减排，CCS 技术可以平衡减排，但会降低能效和抑制可再生能源的发展。模拟结果显示，在实现总量减排 30% 的目标上，泰国将在 2022 年后成为碳信用出口国；在 50% 的减排目标上，实现排放信用出口将推迟到 2025 年。关于国内的研究，有学者设计了三种碳交易政策模拟情景，包括省际不进行碳排放交易、仅涵盖试点的碳排放交易和统一的碳排放交易市场（Cui et al.，2014）。为了实现 2020 年的碳强度下降目标，中国需要减少 8.19 亿吨 CO_2 排放量。他们还发现，仅涵盖试点的碳排放交易机制和统一的碳排放交易市场机制对应的 CO_2 排放价格分别为 99 元/吨和 53 元/吨，可使减排总成本分别降低 4.50% 和 23.67%。另有学者针对单个省份进行研究，如利用动态 CGE 模型研究了中国广东省实现能源和碳强度指标对经济的影响（Cheng et al.，2015）。结果表明，实施碳交易制度还有助于带来一系列协同减排效应。例如，相对于基准情景，实行碳交易制度在 2020 年分别减少 12.4% 的 SO_2 和 11.7% 的 NOx 排放，可以降低实现节能减排目标的经济成本，但碳交易制度也会导致 GDP 损失 1.05%。类似地，也有研究发现，实行碳交易制度对中国的经济会造成负面影响，碳密集型产业受到的冲击较大，而清洁能源部门可以获益（时佳瑞等，2015）。

关于中国碳排放总量控制的研究方面，有学者考察了中国碳排放约束对中国的能源结构调整问题（林伯强等，2010）。随着碳排放量约束不断提高，GDP 与就业的负面影响逐渐增大，"肮脏"能源部门的发展受到抑制，而新能源的比重大幅提高。有研究基于包含 12 种电力技术的 AIM 模型，评估了中国实现哥本哈根承诺的政策效果和影响（Dai et al.，2011）。结果表明，碳强度在 2005—2020 年有望下降 30.97%。如果中国的非化石能源发展目标能够实现，那么碳强度将进一步降低 7.97%。实现 2020 年的碳强度目标会推动能源使用成本上升，进而减少化石能源消费，特别是煤炭。同时，在对碳强度施加限制的情景中发现，实现 2020 年的碳强度下降 40%—45% 目标会导致 GDP 相对于基准情景下降 0.032%—0.24%。从对不同产业的影响来看，碳排放下降最多的部门集中在制造业部门。具体地，焦炭业、煤气生产业、矿产开采业等能源密集型行业的产出会大幅下降，而服务业、农业的产出会有所增加。还有研究通过设定基准情景、碳排放总量控制、减排技术和无减排技术四种模拟情景发现，通过实施一系列减排措施能够实现 2020 年的碳强度降低目标（Dong et al.，2015）。在污染减排技术的情景下，相对于 2005 年，SO_2 排放量会减少 20%。在 CO_2 减排控制情景下，减排成本有所降低，

SO_2、NOx 和 $PM_{2.5}$ 分别降低 2.4 百万吨、2.1 百万吨和 0.3 百万吨。此外，能源供应约束和 TFP 也对碳排放具有一定影响，有研究发现，中国能够实现碳强度稳步下降且 CO_2 排放将在 2034 年达到峰值（Li et al.，2016）。然而，在仅考虑能效提高的情景下，未来的能源消耗和 CO_2 排放量将快速增长。

一方面，从政策工具的有效性来看，碳税与碳交易本质上均反映了碳价格信号，都有助于优化市场的资源配置。但从管理成本角度看，初始排放权的分配需要经过复杂而漫长的过程，其监管成本较高。总之，相对于碳税，碳交易制度要求以更加健全的市场制度为支撑。经济学家和国际组织长期以来一直主张将碳税作为碳减排的有效工具（Nordhaus，2006），因为碳税更容易实现，而且可以减少更多的碳排放，对经济增长的负面影响较小（Wittneben，2009）。尽管中国已于 2011 年在 7 个省份启动碳交易试点，但目前中国的碳交易市场仍处于初始发展阶段，其发展具有不确定性。考虑到当前中国面临的碳排放目标约束的紧迫性，讨论碳税与碳交易孰优孰劣超出了本章的研究范围，本章仅仅是为了刻画实现巴黎气候变化大会上中国提出的 2030 年碳排放约束目标对宏观经济的影响，鉴于此，本章选取碳税作为碳减排的政策工具之一。

另一方面，从当前中国较为丰富的碳减排相关文献来看，绝大部分文献是基于 2020 年 40%—45% 的碳强度下降目标展开研究，对于中国在 2015 年巴黎气候变化大会上提出的 2030 年碳强度下降 60%—65% 目标的经济效应研究尚不多见。在有关碳排放的 CGE 模型中考虑中国技术进步和能源效率的文献更是少之又少，少数相关文献研究了中国在技术进步外生的条件下征收碳税对中国经济的影响（Dong et al.，2018）。基于 33 个生产部门的动态 CGE 模型，有文献研究了广东省实现碳强度下降 45% 的目标对该省的经济影响（任松彦等，2016）。他们设定能源效率年均增长率为 3%，发现技术进步是降低碳排放强度的关键因素。然而，上述文献是基于技术进步外生的假设进行研究的，未考虑经济系统中技术进步内生的特性。技术进步对生产要素不同的偏向可能会导致碳税对碳排放的作用发生变化。技术进步与当前的经济增长具有密切联系，忽视该联系可能会弱化政策效果（汤维祺等，2016）。本章通过构建诱导型内生技术进步 CGE 模型来模拟实现 2030 年碳强度目标的经济效应，并与外生技术进步 CGE 模型下的模拟结果进行比较。

第二节　模型构建

关于 CGE 的模型框架,本章不再赘述。与第五章不同的是,本章构建了诱导型技术进步的动态 CGE 模型,从全国层面来考察中国实现 2015 年巴黎气候变化大会上提出的 2030 年碳排放强度相对于 2005 年下降 60%—65% 目标对宏观经济的影响。

一　诱导型技术进步

该模型的关键设定参考已有文献(Gerlagh, Kuik, 2014),首先设定参数 σ 用于描述与碳相关的能源和其他生产要素投入之间的替代弹性。该替代弹性可能是由于带有嵌入式技术的资本存量对其他要素形成替代,也可能是不同技术的资本要素之间的替代,或者价格诱导下新技术开发引起的替代。内生技术进步中的替代机制与创新有关。生产者具有提高自身生产技术水平的动机,特别是对于那些丰裕的要素。要素价格上涨会推动该要素所在部门生产率的提高。假定 μ 表示不因技术进步而发生的替代可能性,γ 表示由于技术进步所带来的替代可能性的份额。那么 $\mu = (1 - \gamma)\sigma$,表示富碳能源密集型企业在部门间的替代。当一项生产技术创新推动 TFP 增长,由于企业的激励不同,TFP 提高对每种要素生产率的影响程度可能有所不同。技术进步的方向在节能与节约其他要素之间进行抉择。当高碳型能源的价格上升,生产者会减少对碳密集型能源的使用,增加其他要素投入。参考已有文献(Gerlagh, Kuik, 2014; Wing, 2006),根据标准 CES 生产函数:

$$Y = (\sum_i \beta_i \ (X_i)^{\frac{\sigma-1}{\sigma}})^{\frac{\sigma}{\sigma-1}} \tag{6-1}$$

其中,β_i 表示生产技术,X_i 表示要素,Y 由 i 种要素生产而成。接着,在生产函数中引入诱导型技术参数 λ_i。根据已有文献(Gerlagh, Kuik, 2014)的假设,对于给定的技术 λ_i,替代弹性变为 $(1 - \gamma)\sigma$,以及生产函数的一阶条件为:

$$Y = (\sum_i \ (\lambda_i X_i)^{\frac{(1-\gamma)\sigma-1}{(1-\gamma)\sigma}})^{\frac{(1-\gamma)\sigma}{(1-\gamma)\sigma-1}} \tag{6-2}$$

$$\frac{P_i}{Q} = \beta_i \left(\frac{X_i}{Y}\right)^{\frac{1}{-\sigma}} = \lambda_i^{\frac{(1-\gamma)\sigma-1}{(1-\gamma)\sigma}} \left(\frac{X_i}{Y}\right)^{\frac{1}{(1-\gamma)\sigma}} \tag{6-3}$$

对式（6-2）和式（6-3）进行推导，进而可以得到技术进步与替代弹性的关系：

$$\lambda_i = \beta_i^{\frac{(1-\gamma)\sigma-1}{(1-\gamma)\sigma}} \left(\frac{X_i}{Y}\right)^{\frac{1}{(1-\gamma)\sigma}} \tag{6-4}$$

二　碳税模块

由于温室气体排放主要来源于生产消费，如果对生产者征收碳税，有助于生产者提高能源效率；如果从消费端征收碳税，那么无形中扩大了征税的范围，所有经济主体都有责任减少碳排放。本章参照第五章，从实际可行的角度出发，在生产端引入碳税。碳税等于碳排放量乘以对单位碳排放量征收的碳税税率。CO_2 排放量等于各化石能源消费量与对应的排放系数的乘积，CO_2 排放系数以及各种能源的折标煤系数来源于 IPCC[①] 和《中国能源统计年鉴（2016）》。将每个行业各化石能源的税收收入进行加总，得到总碳税收入。本章设定碳税收入为政府收入的一部分，碳税方程为：

$$TACO2F_{f,j} = t_c QF_{f,j} EMF_f \tag{6-5}$$

$$TQCO2 = \sum_j TACO2_j = \sum_j \sum_f TACO2F_{f,j} \tag{6-6}$$

$$t_{f,j} = \frac{TACO2F_{f,j}}{PF_f QF_f} \tag{6-7}$$

其中，$TACO2F_{f,j}$ 表示对行业 j 使用的化石能源 f 进行征税，t_c 表示碳税税率，$QF_{f,j}$ 与 EMF_f 分别表示行业化石能源的需求与 CO_2 排放系数，$TQCO2$ 表示总碳税收入，$TACO2_j$ 表示行业 j 的碳税收入，PF_f 表示化石能源 f 的价格，$t_{f,j}$ 是碳税的从价税税率。

三　闭合模块

本章将名义汇率作为基准价格。假定资本和劳动力在不同行业间自由流动。从长期来看，劳动是由经济的人口特征决定的。按照 CGE 模型的传统处理方法，政府的转移支付、每种商品的最低消费等都与人口呈

---

① https：//www.ipcc-nggip.iges.or.jp/public/2006gl/.

线性关系。假设世界进出口价格是外生的，其余的变量是内生的。

第三节　数据来源与情景设定

本章的基础数据来源于《2012年中国投入产出表》，其中包括生产部门、居民、要素、投资、政府、进出口账户，并根据相关数据建立了SAM表。本章的部门合并与第五章相同，最终合并为10个部门。SAM表中其他缺失的数据来源于《中国财政年鉴（2013）》《中国金融年鉴（2013）》，以及国家统计局等。最后使用RAS交叉熵法在GAMS软件中进行平衡。此外，CGE模型还需要较多的外生参数，不同于第五章，本章的参数参照前期成果（Dong et al.，2018）（见表6-1）。

表6-1　　　　　　　　　　外生参数设定

	Sigma_VA	Sigma_X	Sigma_M	Sigma_XD	Sigma_Y
农业	0.26	4.40	3.25	4.40	0.70
煤炭业	0.20	5.60	3.05	5.60	1.10
重工业	1.26	3.80	2.95	3.80	1.10
轻工业	1.12	4.40	2.00	4.40	1.10
石油	1.26	2.10	2.10	2.10	1.10
电力	1.26	5.60	2.80	5.60	1.10
天然气	1.26	3.80	2.80	3.80	1.10
建筑业	1.40	3.80	1.90	3.80	1.10
服务业	1.26	3.80	1.90	3.80	1.05
交通运输业	1.68	3.80	1.90	3.80	1.05

注：Sigma_VA是生产要素之间的替代弹性，Sigma_X是出口与国内贸易之间的替代弹性，Sigma_M是进口和国内采购之间的替代弹性，Sigma_XD是出口需求的价格弹性，Sigma_Y是消费的收入弹性。

根据研究目的，本章设定了6种模拟情景，基准情景是不对经济采取任何政策措施的自然增长状态，2017—2030年的GDP增长率预测数据来源于 EIU 数据库。[①] 其他 5 种模拟情景分别是外生绿色技术进步下实现 2030 年 60% 的碳强度下降目标（S11），外生绿色技术进步下实现 2030 年 65% 的碳强度下降目标（S12），诱导型技术进步下实现 2030 年 60% 的碳强度下降目标（S21），诱导型技术进步下实现 2030 年 65% 的碳强度下降目标（S22），以及外生绿色技术进步下无能源效率提高实现 2030 年 60% 的碳强度下降目标（S3）。能源效率年均提高速率和绿色技术进步速率与第五章相同。本章同样考虑了新能源在 2030 年的发展目标，不同于第五章，按照中国向国际社会的承诺，将 2030 年非化石能源占能源消费的比重设为 20%。此外，需要注意的是，由于数据模拟是从 2012 年开始，为了将 2030 年的能源强度与 2005 年统一起来，根据世界银行的数据，测算出 2005 年、2014 年的碳排放强度分别为 0.8881 千克/美元、0.5613 千克/美元。经计算，要实现 2030 年碳强度下降 60%、65% 的目标，需要 2030 年的碳排放强度相对于 2014 年分别下降 36.7053%（下降 60% 目标）和 44.6171%（下降 65% 目标）。参考已有文献（Gerlagh，Kuik，2014），本章设定 γ 的值为 0.05。本章的绿色技术进步特指低碳技术进步，例如能够在生产端降低碳排放的碳捕捉技术等，不同于第五章的脱硫、脱硝末端技术。

第四节　模拟结果

一　GDP

从表 6-2 中可以看出，碳税不利于经济增长。相对于基准情景，无论是实现 2030 年 60% 还是 65% 的碳排放强度目标，均会对 GDP 造成一定的负面影响，且随着时间的推移，该负面影响随着碳排放强度控制目标的提高而增大。具体地，在技术进步与能源效率提高（情景 S11、S12、S21 与 S22）的条件下，GDP 的损失范围为 2.34%—7.45%。在不包含能源效率提高的情景 S3 下，实现 60% 的碳排放强度约束目标在初始时期对 GDP 的负面影响较小，GDP 损失不足 0.5%，但随着时间的推移，其对

[①]　https：//eiu. bvdep. com/version-20171023/cgi/template. dllhproduct = 101&user = ipaddress& dummy_forcingloginisapi = 1.

GDP 的负面影响增速超过了其他情景。通过比较情景 S11 与 S21 两种不同类型的技术进步的模拟结果，可以发现，在诱导型技术进步情景 S21 下，GDP 的损失小于外生技术进步的情景 S11，且随着时间的推移，该差距呈现出继续扩大的趋势。在对碳排放强度施加约束的情况下，碳税与技术进步推动能源价格上涨。由于高碳能源与非能源要素之间的投入份额不同，高碳能源内部的投入比例也存在差异，进而改变了要素之间的相对价格，使技术朝节约要素投入的方向发展。根据表 6 - 6，煤炭价格相对于化石能源上升较多，从而技术朝节约煤炭使用的方向发展，生产者使用更多的其他要素来替代煤炭，优化了资源配置，提高了经济的运行效率，进而弱化了碳减排政策对 GDP 的负面影响。

二 碳税税率

表 6 - 3 给出了 2017—2030 年 5 种情景模拟所要求的碳税税率，可以发现，随着时间的推移以及减排力度的增大，碳税税率也逐步增大。以情景 S11 为例，碳税税率由 2017 年的 21 元/吨逐步上升到 2030 年的 326.27 元/吨。特别是在情景 S21 与 S22 两个高碳排放强度控制目标下，2004 年后，这两个情景下要求的碳税税率显著高于其他模拟情景。在情景 S3 下，初期该情景下的碳税税率高于其他情景，表明绿色低碳技术进步在初期对碳排放的作用相对较小。短期内，由于经济结构不能快速调整，低碳技术对碳排放的抑制作用难以充分发挥，而随着时间的推移，企业有充分的时间进行结构调整，并且在政策激励下，企业具有技术创新的内在动力。在同等减排条件下，诱导型技术进步在长期内需要的碳税税率相对较低。此外，诱导型技术进步情景下的碳税税率稍低于外生技术进步情景下的碳税税率。这是因为煤炭作为高碳能源，同等单位下相对于其他化石能源排放的 CO_2 更多。在诱导型技术进步下，企业使用其他生产要素替代煤炭，相对减少了碳排放量，因此需要更低的碳税税率，便可以实现碳强度目标。

表 6 - 2　　　　情景 S11、S12、S21、S22 和 S3 下 GDP 变动　　（单位:%）

	S11	S12	S21	S22	S3
2017 年	-2.379	-2.391	-2.378	-2.390	-0.263
2018 年	-2.620	-2.653	-2.618	-2.651	-0.475
2019 年	-2.900	-2.966	-2.896	-2.961	-0.744
2020 年	-3.220	-3.328	-3.213	-3.321	-1.077
2021 年	-3.499	-3.657	-3.490	-3.646	-1.399
2022 年	-3.791	-4.007	-3.778	-3.992	-1.757
2023 年	-4.094	-4.377	-4.077	-4.357	-2.149
2024 年	-4.408	-4.765	-4.385	-4.740	-2.573
2025 年	-4.731	-5.171	-4.704	-5.140	-3.028
2026 年	-5.064	-5.593	-5.031	-5.557	-3.510
2027 年	-5.408	-6.032	-5.369	-5.990	-4.017
2028 年	-5.762	-6.487	-5.716	-6.438	-4.546
2029 年	-6.127	-6.958	-6.075	-6.903	-5.095
2030 年	-6.505	-7.446	-6.447	-7.383	-5.661

表 6 - 3　　　　情景 S11、S12、S21、S22 和 S3 下碳税税率变动（单位：元/吨）

	S11	S12	S21	S22	S3
2017 年	20.997	23.856	20.898	23.725	52.455
2018 年	43.385	49.380	42.972	48.896	74.241
2019 年	66.964	76.391	66.231	75.547	96.917
2020 年	91.839	105.022	90.788	103.820	120.591
2021 年	112.512	129.618	111.232	128.147	139.517
2022 年	133.802	155.091	132.305	153.367	158.783
2023 年	155.827	181.595	154.124	179.631	178.550
2024 年	178.537	209.100	176.645	206.912	198.782
2025 年	201.871	237.563	199.806	235.172	219.441
2026 年	225.835	267.021	223.614	264.446	240.560
2027 年	250.290	297.343	247.933	294.607	262.025
2028 年	275.168	328.478	272.695	325.603	283.795
2029 年	300.508	360.495	297.938	357.505	305.936
2030 年	326.274	393.378	323.626	390.293	328.432

三 能源消费与能源价格

表6-4、表6-5、表6-6分别列出了2017—2030年总能源消费、不同种类的化石能源消费比重、能源价格的变动情况。在技术进步与碳税的作用下，相对于基准情景，总能源消费由于能源价格的普遍上涨而大幅减少。随着时间的推移，该负面效应逐渐增大，预测在2030年所有情景下相对于基准情景的能源消费减少幅度大约为70%。由此看来，实现碳强度下降目标正是通过减少企业对化石能源的消费需求实现的。从表6-4中还可以发现，情景S3下的能源减少量小于情景S12和S21，说明绿色低碳技术进步有助于节约能源，而能源效率提高可能会导致能源反弹效应。这是因为在包含能源效率提高的情景S21下，能源消费反而增加。另外，对比无诱导型技术进步的情景S11与存在诱导型技术进步的情景S21，发现2030年前者（-69.61%）的能源消费相对于基准情景的降低量高于后者（-69.59%）。

从不同种类的能源消费来看，在BAU基准情景下，煤炭消费比重由2017年的65.77%下降到2030年的57.5%，下降了8.27个百分点。这说明，仅在包含新能源目标的BAU情景下，煤炭消费也会相对于其他化石能源大幅减少，而石油消费占比在2020年达到峰值，随后逐渐减小；天然气消费比重在2023年达到峰值，之后逐步下降。这充分表明，煤炭消费是中国碳排放的一大来源，要实现中国2030年的碳排放强度目标，需要彻底改变以煤炭为主的能源消费结构。在包含技术进步与碳税税率内生的情景下，煤炭消费比重进一步降低。例如在情景S11下，煤炭消费比重由2017年的65.83%下降至2030年的52.02%，降幅达13.81个百分点。其他两种化石能源消费比重相对增加。此外，比较不同情景下2030年的煤炭消费比重，发现技术进步外生情景S11下的煤炭消费比重为52.02%，高于情景S21的51.41%，而其他两种化石能源与煤炭的情形刚好相反。原因是煤炭较石油和天然气的含碳量更高，煤炭价格的上涨幅度相对更高，推动生产者以更多的其他能源来替代煤炭，相对降低了煤炭的份额。

表6-4　　　情景 S11、S12、S21、S22 和 S3 下总能源消费变动　（单位:%）

	S11	S12	S21	S22	S3
2017 年	-18.171	-18.933	-18.171	-18.932	-16.456
2018 年	-24.424	-25.830	-24.423	-25.829	-22.814
2019 年	-30.421	-32.363	-30.419	-32.361	-28.927
2020 年	-36.141	-38.519	-36.137	-38.514	-34.774
2021 年	-40.514	-43.282	-40.508	-43.275	-39.262
2022 年	-44.637	-47.728	-44.630	-47.720	-43.505
2023 年	-48.524	-51.876	-48.515	-51.867	-47.514
2024 年	-52.179	-55.737	-52.168	-55.726	-51.291
2025 年	-55.607	-59.322	-55.594	-59.310	-54.839
2026 年	-58.815	-62.643	-58.801	-62.629	-58.162
2027 年	-61.809	-65.712	-61.793	-65.697	-61.265
2028 年	-64.598	-68.542	-64.582	-68.527	-64.156
2029 年	-67.194	-71.150	-67.176	-71.133	-66.844
2030 年	-69.606	-73.548	-69.587	-73.531	-69.340

表6-5　　　　　不同种类的化石能源消费比重变动　（单位:%）

		BAU	S11	S12	S21	S22	S3
煤炭	2017 年	65.770	65.827	65.750	65.815	65.733	64.284
	2018 年	65.303	64.772	64.624	64.717	64.561	63.261
	2019 年	64.822	63.722	63.513	63.618	63.392	62.252
	2020 年	64.334	62.667	62.408	62.507	62.230	61.247
	2025 年	60.830	57.041	56.623	56.672	56.204	56.004
	2030 年	57.502	52.020	51.534	51.414	50.873	51.262
石油	2017 年	18.604	18.796	18.868	18.807	18.883	19.982
	2018 年	18.643	19.375	19.515	19.421	19.568	20.546
	2019 年	18.693	19.946	20.161	20.043	20.252	21.103
	2020 年	18.758	20.543	20.787	20.661	20.925	21.661
	2025 年	18.287	21.976	22.439	22.288	22.779	22.844
	2030 年	17.857	23.070	23.636	23.574	24.175	23.709

续表

		BAU	S11	S12	S21	S22	S3
天然气	2017 年	4.538	4.290	4.294	4.290	4.296	4.646
	2018 年	4.629	4.428	4.435	4.437	4.446	4.768
	2019 年	4.721	4.557	4.566	4.582	4.593	4.883
	2020 年	4.813	4.703	4.704	4.718	4.732	4.985
	2025 年	4.817	4.921	4.891	4.985	4.968	5.107
	2030 年	4.642	4.913	4.833	5.022	4.949	5.042

表 6-6　　　　情景 S11、S12、S21、S22 和 S3 下能源价格的变动　　（单位：%）

		S11	S12	S21	S22	S3
煤炭	2017 年	6.743	7.562	6.704	7.504	14.981
	2018 年	14.012	15.766	13.843	15.561	22.162
	2019 年	22.018	24.859	21.720	24.513	30.008
	2020 年	30.846	34.906	30.414	34.414	38.565
	2025 年	77.023	89.548	76.103	88.475	81.868
	2030 年	141.774	168.769	140.376	167.147	141.685
石油	2017 年	6.172	6.432	6.164	6.412	5.072
	2018 年	8.835	9.411	8.804	9.370	7.703
	2019 年	11.906	12.854	11.828	12.763	10.713
	2020 年	15.407	16.780	15.287	16.647	14.172
	2025 年	33.813	38.282	33.433	37.849	32.507
	2030 年	60.363	70.283	59.602	69.426	59.113
天然气	2017 年	6.771	7.074	6.758	7.064	5.732
	2018 年	9.788	10.437	9.749	10.391	8.694
	2019 年	13.248	14.307	13.158	14.214	12.076
	2020 年	17.183	18.739	17.040	18.582	15.940
	2025 年	37.971	43.053	37.522	42.527	36.568
	2030 年	68.334	79.702	67.403	78.615	66.813

四　就业

表 6-7 的结果显示，煤炭和石油部门的劳动力需求受到的负面冲击

最大。在情景 S11 下，预测 2030 年煤炭和石油部门的劳动力需求将分别减少 61.22% 和 38.72%。随着碳减排强度目标的提高，这两个部门劳动力需求的负面影响将继续扩大。其余劳动力需求有所削减的部门，包括电力部门和农业部门。天然气部门的劳动力需求大幅上涨，在所有情景下都表现出强劲的发展态势。相对于基准情景，在情景 S11 下该部门的劳动力需求预测在 2030 年增加 1.48 倍。情景 S11 下其他部门的劳动力需求均有不同程度的增加，例如交通运输业（10.5%）、建筑业（9.23%）和重工业（9.03%）是三个劳动力需求增加最多的行业。

表 6-7　　　　预测 2030 年情景 S11、S12、S21、S22 和 S3 下
各部门就业变动　　　　（单位：%）

	S11	S12	S21	S22	S3
农业	-3.077	-3.468	-3.038	-3.427	-2.935
交通运输业	10.503	11.697	10.457	11.651	10.150
服务业	0.452	0.460	0.471	0.479	0.388
煤炭	-61.217	-65.482	-61.743	-65.996	-61.966
石油	-38.719	-43.154	-37.544	-41.967	-37.087
天然气	247.573	298.781	244.554	295.645	204.068
电力	-8.642	-9.676	-8.512	-9.537	-8.144
轻工业	1.910	2.092	1.912	2.095	1.934
重工业	9.027	9.909	8.970	9.847	8.944
建筑业	9.228	9.850	9.179	9.797	9.477

五　部门产出

在碳税与技术进步和能源效率的共同作用下，实现 2030 年碳强度下降目标对各部门的负面冲击主要集中在化石能源部门，特别是煤炭部门和石油部门。在情景 S11 下，如表 6-8 所示，相对于基准情景，煤炭部门、石油部门的产出在 2030 年分别下降 59.69%、39.74%；其次，电力部门也受到了较大的负面冲击，产出降幅为 10%—15%。而清洁能源部门受到鼓励，天然气部门的产出在所有的情景下均大幅提高，在技术进步与碳税的共同作用下，其产出增幅将超过 120%。其余部门的产出均表现为不同程度的增

减，以情景 S11 为例，产出增加的部门有建筑业（5.55%）、交通运输业（3.93%）、重工业（3.05%）以及服务业（0.23%）。上述结果符合预期，中国城镇化与工业化进程的进一步推进，将继续推动中国工业的重工化（林伯强等，2010）。产出有所降低的其余部门为农业和轻工业，在 S11 情景下分别下降 3.45% 和 2.3%。在化石能源部门之间，诱导型技术进步情景下的产出与技术进步外生情景下的产出有所不同，具体地，煤炭产出在 S11 情景下减少得更少，而石油部门的产出减少得更多。

表 6−8　　　　　　　　　　预测 2030 年各部门产出变动　　　　　　（单位:%）

	S11	S12	S21	S22	S3
农业	−3.452	−3.879	−3.412	−3.837	−3.135
交通运输业	3.930	4.322	3.910	4.303	5.562
服务业	0.235	0.238	0.244	0.249	0.201
煤炭	−59.688	−63.792	−60.167	−64.263	−59.841
石油	−39.740	−43.859	−38.724	−42.829	−36.537
天然气	121.823	142.186	120.657	141.044	98.544
电力	−12.832	−14.180	−12.710	−14.049	−10.110
轻工业	−2.298	−2.563	−2.284	−2.546	−0.601
重工业	3.053	3.266	3.020	3.232	5.009
建筑业	5.546	5.799	5.509	5.759	7.145

六　边际减排成本

同第五章类似，本章将单位碳排放的减排成本定义为相对于基准情景的 GDP 损失量与碳减排量的比值。根据表 6−9，在情景 S11、S12、S21、S22 下，随着碳税税率的不断提高，单位碳减排成本呈现逐渐下降趋势，例如在情景 S11 下，由 2017 年的 552.67 元/吨降至 2030 年的 234.4 元/吨。2020 年后的单位碳减排成本结果与部分文献（石敏俊等，2013）类似。在不包含能源效率提高的情景 S3 下，在初期，单位碳减排成本较小，不足 100 元/吨。然而，随着时间的推移，单位碳减排成本呈现逐渐增大的趋势，预测 2030 年情景 S3 下的单位减排成本将接近于其他情景。此外，比较不同减排目标的情景可以发现，60% 的碳排放强度控制目标下的单位碳减排成本在 2023 年之前高于 65% 的碳排放强度控制目标的情景，而在 2030 年后，前者逐渐低于后者，且差距逐渐扩大。因此，从短期来看，制定较高的碳排放强度下降目标有助于降低 CO_2 边际减排成本；但从长期来看，适度的碳排放强度下降目标有助于降低 CO_2 边际减排成本。诱导型技术进步情景下的 CO_2 边际减排成本低于外生技术进步的情景。因此，如果不考虑内生技术进步，那么可能会高估 CO_2 边际减排成本。此外，从长期来看，中国的 CO_2 边际减排成本为 200—250 元/吨（以 2012 年价格计）。

表 6 - 9 　　　　　　情景 S11、S12、S21、S22 和 S3 下

CO_2 排放的边际减排成本　　　　（单位：元/吨）

	S11	S12	S21	S22	S3
2017 年	552.669	533.093	552.602	533.014	67.530
2018 年	433.012	414.697	432.772	414.433	83.976
2019 年	367.047	352.835	366.613	352.367	99.092
2020 年	326.315	316.482	325.672	315.799	113.390
2021 年	305.355	298.697	304.544	297.841	125.982
2022 年	289.644	286.284	288.666	285.259	137.700
2023 年	277.349	277.299	276.207	276.108	148.648
2024 年	267.458	270.655	266.156	269.305	158.850
2025 年	259.329	265.663	257.875	264.162	168.305
2026 年	252.540	261.867	250.942	260.227	177.015
2027 年	246.826	258.980	245.097	257.212	184.993
2028 年	241.988	256.787	240.140	254.905	192.256
2029 年	237.880	255.132	235.926	253.151	198.837
2030 年	234.401	253.914	232.356	251.848	204.778

七 其他宏观经济变量

其一，从企业收入来看，由于控制碳排放强度而征收的碳税主要来源于生产端，换言之，该税负由生产端的企业承担。这提高了企业的生产成本，其可支配收入整体上受到了明显的负面冲击。根据表 6 - 10，相对于基准情景，企业收入的降幅在 2030 年为 7%—9%。在诱导型技术进步的情景下，企业的可支配收入更少，这是因为企业可以根据生产要素

的相对比例使其朝有利于优化企业内部资源配置、增加企业利润的方向进行调整，进而降低了碳减排政策对其造成的负面效应。在情景 S3 下，企业收入受到的负面冲击更小。这说明从长期来看，绿色低碳技术创新能够为经济提供新的增长点，有利于减轻企业负担，推动整体经济的发展。其二，与企业收入的结果类似，根据表 6-11，居民的福利水平也受到了明显的负向冲击。此外，关于投资需求，如表 6-12 所示，除了清洁能源部门与服务业外，实现 2030 年的碳强度下降目标会降低其他所有部门的投资需求。碳税与绿色低碳技术进步减少了高碳能源类企业的利润，增加了其生产成本，造成投资需求大幅萎缩；而重工业、建筑业与交通运输业的投资需求受到的负面影响较小。

表6-10　　　　情景 S11、S12、S21、S22 和 S3 下企业收入变动　　（单位:%）

	S11	S12	S21	S22	S3
2017 年	-2.191	-2.229	-2.191	-2.230	-0.828
2018 年	-2.683	-2.763	-2.685	-2.765	-1.245
2019 年	-3.205	-3.331	-3.206	-3.333	-1.710
2020 年	-3.752	-3.930	-3.752	-3.930	-2.224
2021 年	-4.211	-4.444	-4.209	-4.442	-2.671
2022 年	-4.667	-4.959	-4.662	-4.953	-3.139
2023 年	-5.117	-5.471	-5.107	-5.461	-3.622
2024 年	-5.557	-5.977	-5.543	-5.963	-4.119
2025 年	-5.985	-6.476	-5.966	-6.455	-4.623
2026 年	-6.402	-6.964	-6.377	-6.938	-5.133
2027 年	-6.807	-7.443	-6.776	-7.410	-5.643
2028 年	-7.201	-7.912	-7.164	-7.873	-6.154
2029 年	-7.588	-8.373	-7.544	-8.328	-6.663
2030 年	-7.969	-8.828	-7.918	-8.777	-7.171

表6-11　　　　情景 S11、S12、S21、S22 和 S3 下居民福利水平变动　　（单位:%）

	S11	S12	S21	S22	S3
2017 年	-2.250	-2.286	-2.251	-2.288	-0.798

续表

	S11	S12	S21	S22	S3
2018 年	-2.721	-2.797	-2.725	-2.802	-1.200
2019 年	-3.222	-3.344	-3.228	-3.351	-1.652
2020 年	-3.751	-3.922	-3.758	-3.930	-2.154
2021 年	-4.192	-4.417	-4.198	-4.423	-2.590
2022 年	-4.633	-4.916	-4.638	-4.920	-3.049
2023 年	-5.070	-5.415	-5.072	-5.417	-3.527
2024 年	-5.500	-5.911	-5.499	-5.910	-4.021
2025 年	-5.922	-6.402	-5.916	-6.397	-4.525
2026 年	-6.334	-6.887	-6.324	-6.877	-5.038
2027 年	-6.737	-7.365	-6.722	-7.350	-5.555
2028 年	-7.132	-7.837	-7.112	-7.816	-6.074
2029 年	-7.522	-8.304	-7.496	-8.277	-6.595
2030 年	-7.908	-8.768	-7.876	-8.735	-7.118

表 6-12　　　预测 2030 年情景 S11、S12、S21、S22 和 S3 下
投资需求变动　　　　（单位:%）

	S11	S12	S21	S22	S3
农业	-10.782	-11.875	-10.730	-11.817	-7.128
交通运输业	-1.098	-1.284	-1.099	-1.282	1.992
服务业	0.000	0.000	0.000	0.000	0.000
煤炭	-57.611	-61.474	-58.023	-61.880	-56.903
石油	-40.233	-44.199	-39.291	-43.246	-36.267
天然气	81.394	93.692	80.720	93.052	64.029
电力	-15.262	-16.783	-15.146	-16.657	-11.274
轻工业	-6.921	-7.652	-6.893	-7.620	-3.436
重工业	-1.786	-2.084	-1.800	-2.097	1.764
建筑业	-1.758	-2.197	-1.774	-2.212	2.428

第五节　稳健性检验

由于 CGE 模型需要许多外部参数，因此结果可能高度依赖于这些关

键参数的值。为了检验结果的稳健性，本章通过改变外生参数检验该动态 CGE 模型的敏感性。这些变化的详细情况见表 6 - 13。不失一般性，本章只给出了情景 S11 和 S21 的结果，其中预测了 60% 的碳强度降低目标（见表 6 - 14）。

其一，通过将相应的参数 γ 翻番，从 0.05 增加到 0.1，来检验内生技术进步的重要性。表 6 - 14 中 SR1 的结果表明，内生技术进步的作用有所扩大。例如，边际减排成本从 222.59 元/吨降至 220.46 元/吨，而 γ 设置为 0.05 时为 232.36 元/吨。此外，GDP 损失也得到了进一步缓解。因此，从长远来看，内生技术进步加强了生产要素之间替代的可能性，对于实现碳强度降低目标具有实质性影响。

其二，通过将能源和资本之间的替代弹性以及化石能源和电力之间的弹性分别增加和减少 50% 来检验结果的稳健性。表 6 - 14 中 SR2—SR5 的模拟结果表明，本章的结果是稳健的。这些参数的变化不会显著影响估计值的符号和大小。

表 6 - 13　　　　　　　　　　稳健性参数　　　　　　　　（单位:%）

改变参数	情景设置	相对于基准情景变动
模型中正常参数的设置	SR0	—
γ 由 0.05 提升至 0.1	SR1	100
能源与资本的替代弹性	SR2	50
	SR3	− 50
化石能源与电力的替代弹性	SR4	50
	SR5	− 50

表 6 - 14　　　　　　　　　　敏感性分析结果

	变量	SA0	SR1	SR2	SR3	SR4	SR5
S11	碳税（元/吨）	326.274	338.152	322.520	332.108	325.021	327.649
	能源消费（%）	− 69.612	− 73.229	− 68.643	− 71.083	− 70.479	− 68.801
	煤炭价格（%）	141.772	156.873	142.077	154.584	148.253	145.931
	GDP（%）	− 6.514	− 6.268	− 6.372	− 6.711	− 6.619	− 6.408
	边际减排成本（元/吨）	234.401	222.594	239.712	225.746	229.088	239.263

续表

	变量	SA0	SR1	SR2	SR3	SR4	SR5
S21	碳税（元/吨）	323.626	334.576	319.901	329.416	322.410	324.959
	能源消费（%）	−69.588	−73.101	−68.631	−71.069	−70.455	−68.783
	煤炭价格（%）	140.376	155.804	140.559	153.253	146.976	144.633
	GDP（%）	−6.451	−6.188	−6.307	−6.653	−6.556	−6.559
	边际减排成本（元/吨）	232.356	220.459	237.557	223.857	227.131	237.126

第六节 本章小结

　　本章以 2012 年中国 139 个部门的投入产出表为基础，将所有部门合并为 10 个部门，并结合中国相关年鉴的统计数据，编制了全国社会核算矩阵，通过构建动态 CGE 模型量化模拟了实现中国政府在 2015 年巴黎气候变化大会上提出的 2030 年碳排放强度下降 60%—65% 目标的经济社会效应。本部分的创新在于，不仅量化了该经济效应，还构建了诱导型技术进步的 CGE 模型，并将其模拟结果与外生技术进步下 CGE 模型的结果进行比较。本章的 CGE 模型还考虑了中国 2030 年的非化石能源发展目标，并以碳税作为政策工具。

　　研究结果表明，通过征收碳税与绿色低碳技术进步的组合，能够实现 2030 年碳排放强度目标。但实现该目标以及 2030 年的非化石能源发展目标整体上不利于经济增长，对碳密集型能源部门特别是煤炭和石油部门的产出、就业会造成较大的负面冲击，大幅度地抑制了企业对化石能源的消费需求。但实现该目标有利于天然气行业、服务业、建筑业以及重工业的发展。征收碳税尽管会对宏观经济造成一定的负面影响，但从边际减排成本来看，随着减排力度的加大，经济社会的 CO_2 边际减排成本在不断减少。碳税的短期边际减排成本较高，超过 500 元/吨；长期边际减排成本较低，为 200—250 元。值得注意的是，与第五章的结果类似，绿色低碳技术进步同样能够有效地降低碳排放的边际减排成本。因此，从长期来看，绿色低碳技术进步是推进低碳经济、促进生态文明建设的根本手段。此外，政府应当通过政策引导使绿色技术进步朝有利于低碳的方向发展。从内生技术进步的情景结果来看，值得注意的是，内生技术进步可以有效降低边际碳减排成本。简而言之，忽视内生技术进步可能高估碳减排政策的不利影响。这表明有必要在执行相关环境政策时，考虑内生技术进步对碳排放的作用。

从本章的研究结果中可以得出一些政策启示。第一，应更加重视研发对绿色发展的作用。第二，应提升低碳技术研发投资和绿色专利申请比重。为了激发内生技术进步，政府应通过适当的制度安排，建立有序的市场竞争机制和绿色技术创新体系，给予环保研发企业相应的政策倾斜（如增加对绿色研发企业的财政支持）。第三，适度制定碳税税率。一方面，过高的环境税会对经济增长和就业产生显著的负面影响，对企业竞争力构成威胁，降低企业创新的动力；另一方面，过低的碳税税率无法有效实现碳减排目标。环境税率应根据经济发展水平和产业结构进行动态调整。此外，相关措施应支持开展征收碳税。碳税可用于开发新能源技术或为环境友好型企业提供融资和补贴。第四，制定有效的可再生能源发展战略和扩大清洁能源消费比重也是减少碳排放的有效工具。

本章的研究仍存在不足以及有待拓展之处，其一，技术进步对环境和经济的影响只在总体层面上进行评估。尽管不同部门的差异化影响揭示了诱导型创新的存在，但诱导型技术进步背后的作用机制尚不清楚。其二，由于CGE模型建模的复杂性，来自外国直接投资和贸易的技术转让作为技术进步的其他重要渠道没有纳入模型。因此，未来应用计量经济模型来评估和理解技术转让在减少碳排放与实现碳强度降低目标方面的作用是十分必要的。

第七章

"双碳"目标下工业碳排放
结构模拟与政策冲击研究

2020 年 9 月 22 日，习近平主席在第七十五届联合国大会一般性辩论上向全世界宣布，中国将提高国家自主贡献力度，采取更加有力的政策和措施，二氧化碳排放力争于 2030 年前达到峰值，努力争取 2060 年前实现碳中和。中央财经委员会第九次会议指出，实现碳达峰、碳中和（以下简称"双碳"）目标是一场广泛而深刻的经济社会系统性变革。实现"双碳"目标，离不开产业结构的调整与经济发展方式的转型升级。一方面，国内化石能源消费产生的碳排放在碳排放总量中占据较高比重，工业是化石能源消费的重点领域，也是碳排放的主要来源，尤其是钢铁、化工、水泥、有色金属等行业。根据本章测算，2019 年全国工业碳排放量为 62.36 亿吨，约占全国碳排放总量的 62%。由此，实现"双碳"目标的关键在于推动工业的绿色发展，尤其是发展绿色制造。另一方面，《中华人民共和国国民经济和社会发展第十四个五年规划和 2035 年远景目标纲要》提出"深入实施制造强国战略"，强调要"保持制造业比重基本稳定"。这对制造业发展提出了新的要求，本章认为，要保持制造业比重基本稳定、推动制造业高质量发展的唯一途径在于发展绿色制造。鉴于实现"双碳"目标和保持制造比重稳定的现实紧迫性，量化研究工业行业在实现"双碳"目标过程中的作用、贡献以及给出相应的路径安排，具有重要的现实意义。

第一节　相关研究回顾

从研究现状来看，根据研究对象的因果关系，现有文献大致可以分为两类。一类文献重在考察实现碳减排的主要途径或影响因素，包括绿色技术创新、产业结构调整、降低化石能源终端消费比重、构建新型电力系统、发展碳交易市场和实施碳税等。例如，从产业结构与碳排放之间的关系来看，有研究表明，优化产业结构对碳排放有显著影响（林伯强、蒋竺均，2009）。也有研究认为，仅依靠产业结构调整就能够实现2020年供给侧能耗目标和碳排放大幅减少（王文举、向其凤，2014）；采取差异化的产业结构调整政策能够实现碳减排和经济增长的双重目标（张捷、赵秀娟，2015）。另外，也有研究表明，能源结构转变对碳减排的作用更大（张伟等，2016）。

另一类文献认为碳减排目标约束对产业结构变动、要素配置、技术创新等变量会形成倒逼作用，重在考察实现碳减排目标对经济社会的主要影响。"双碳"目标倒逼产业结构不断优化，降低高耗能产业比重，引发前所未有的绿色工业化革命（胡鞍纲，2021）。事实上，绿色发展与低碳工业化存在天然联系，绿色低碳以新型工业化为理念，而新型工业化又以绿色发展为结果（史丹，2018）。量化研究方面，有研究发现随着碳减排约束趋紧，产业结构调整幅度越大，排放系数较低且最终需求水平较高的行业得到鼓励（张晓娣，2014）。有研究比较了2025年、2030年、2035年碳达峰对经济的影响，认为推迟至2030年达峰能够降低产业部门的负面影响（王勇等，2017）。碳减排政策对高耗能产业的影响最大，服务业、高技术产业部门受到的冲击较小（朱佩誉、凌文，2020）；同时，碳减排政策也会推动劳动力市场、投资、能源市场发生结构性变化。有学者认为，强化环境治理约束目标能够推动能源结构转型，加快煤炭替代和降低碳排放。碳减排政策约束下，可再生能源部门的投资会相应增加（林伯强、李江龙，2015）。还有一些文献考察了环境政策目标与技术创新之间的关系，有研究认为，环境权益交易市场诱发了企业绿色创新，主要表现在绿色发明专利的促进作用更大（齐绍洲等，2018）；排污权交易制度有助于提升绿色创新强度（史丹、李少林，2020）。关于碳排放交易试点的技术创新效果,有研究发现,碳排放权交易试点政策促进了试点地区的低碳技术创新活动(王为东等,2020;Calel,2020)。然而,也有研究持不同观点,构建碳排放权交易制度会对企业的创新活动构成损害(Shi et al.,2018)。

综上,已有文献关于碳排放与产业结构等经济变量之间的关系做了初步探索,因模型选择、情景设定、参数估计等不同,研究结论具有较大差异。现有文献仍然存在以下不足。一是研究内容和研究对象方面,已有研究主要聚焦于碳排放与产业结构的关系,缺乏关于"双碳"目标与产业结构等变量的相关定量研究。"双碳"目标包括碳达峰、碳中和两个目标,其具有明显的阶段性特征,且紧密相关。碳排放达峰越早,其对经济的负面冲击越大,但可能有利于实现长期碳中和目标。二是研究方法方面,一般而言,使用动态多区域CGE模型研究"双碳"目标问题较计量模型更加合适。现有研究使用的工具主要是计量经济模型和单区域CGE模型,忽视了不同区域实现"双碳"目标的异质性和非同步性,且多数研究设定的情景相对简单,缺乏将绿色技术创新、能源效率、碳税、碳交易等工具纳入统一系统的研究,大多采用单一工具分析碳减排问题,缺乏对多种政策组合有效性的分析和探讨。三是数字化、智能化、网络化作为新一轮技术革命的重要特征,智能化在制造业中的作用越发凸显,已有研究关于智能化与"双碳"目标之间关系的刻画和分析相对不足。

第二节 模型与方法

本章构建的动态CGE模型由多层嵌套结构组成。

一 生产结构

第一层的产出包括基本投入和生产税两部分。生产税由政府征收,政府征收生产税会增加企业的生产成本,但不影响其产出。因此,二者不存在替代关系,用列昂惕夫函数复合而成。第二层的两个部分同样使用列昂惕夫函数复合而成,其中,第一部分是能源—资本—劳动的复合品,第二部分是复合的中间投入。能源—资本—劳动复合品又包括能源—资本复合品与劳动两部分，二者通过 CES 函数进行嵌套。复合的中间投入中，由于每种投入不存在替代关系，均通过列昂惕夫函数嵌套而成。在能源层，本章将能源分为化石能源与电力两大类，通过 CES 函数嵌套，其中，化石能源又可分为煤炭和非煤炭（石油和天然气）。对于每类化石能源、每种中间投入商品均可分为国内和进口两个部门，其仍由 CES 函数嵌套而成，国内部分又由多个地区的商品进一步嵌套构成。

二 区域间的国内贸易

区域间贸易是动态多区域 CGE 模型的主要特点之一，通过跨区域调入、调出商品实现。在调出方面，地区 r 的企业 i 可以将自身的产品同时在国内和国外销售。针对国内销售的情形，除了本地区，其产品也可以出售至其他地区（用 s 表示）。由于各区域间存在运输成本等，即使某地区的商品价格高于其他地区，企业也不会把所有商品销往一个地区。假定各地区之间的销售方案不可完全替代，参照恒替代转换函数的设定，将其表示为：

$$Q1D_{i,s,t} = B1D_{i,s,t} \left[\sum_r \beta1d\, r_{i,s,r,t} Q1DR_{i,s,r,t}^{\rho1d_{i,s,t}} \right]^{\frac{1}{\rho1d_{i,s,t}}} \qquad (7-1)$$

$$Q1DR_{i,s,r,t} = \left[\frac{P1DR_{i,s,r,t}}{\beta1d\, r_{i,s,r,t} P1D_{i,s,t}} \right]^{\sigma1d_{i,s,t}} \frac{Q1D_{i,s,t}}{(B1D_{i,s,t})^{1+\sigma1d_{i,s,t}}} \qquad (7-2)$$

$$P1D_{i,s,t} = \frac{\sum_s P1DR_{i,s,r,t} Q1DR_{i,s,r,t}}{Q1D_{i,s,t}} \qquad (7-3)$$

$$\rho1d_{i,s,t} = \frac{1+\sigma1d_{i,s,t}}{\sigma1d_{i,s,t}} \qquad (7-4)$$

其中，$Q1DR_{i,s,r,t}$ 表示地区 s 的行业 i 销售给地区 r 的数量，$P1DR_{i,s,r,t}$ 为相应的价格，$\beta1dr_{i,s,r,t}$ 表示份额参数。$Q1D_{i,s,t}$ 和 $P1D_{i,s,t}$ 为销售给所有国内地区的数量与价格。$B1D_{i,s,t}$ 表示 CET 函数的规模系数。$\sigma1d_{i,s,t}$ 是弹性系数，用来衡量企业销往各地区之间的替代程度。$\rho1d_{i,s,t}$ 表示与替代弹性有关的中间参数。

在区域间调入方面，假定企业在购买中间投入品、各类能源商品时能够根据各地区产品价格自由选择，这一假设也适用于投资、消费和政府采购，同样通过 CES 函数嵌套而成。

三 区域间的国际贸易

各区域之间的贸易分为进口与出口两部分。假定各区域直接与国际商品市场进行贸易。在出口方面，企业出口和国内销售的比例由阿明顿条件决定。在进口方面，企业的决策与出口类似，但不同的是，进口数量与进口价格反方向变动，出口数量与出口价格则呈同方向变化。主要方程可表示为：

$$Q1EX_{i,s,t} = \left[\frac{1 - \beta1ex_{i,s,t}}{\beta1ex_{i,s,t}} \frac{PW_{i,s,t}}{P1D_{i,s,t}} \right]^{\sigma ex_{i,s,t}} Q1D_{i,s,t} \qquad (7-5)$$

$$PW_{i,s,t} = \frac{PWX_{i,s,t}Ed_{nor,t}}{1 + tex_{i,t}} \qquad (7-6)$$

$$Q1EX_{i,s,t} = Q1EX0_{i,s,t} \left[\frac{PWORLD_{i,t}Ed_{nor,t}}{PW_{i,s,t} \ (1 + tex_{i,t})} \right]^{\sigma wd_{i,t}} \qquad (7-7)$$

其中，$Q1EX_{i,s,t}$ 和 $Q1D_{i,s,t}$ 分别是企业决定出口国外和在国内的产品销售量。$P1D_{i,s,t}$ 是在国内销售部分的价格。$PW_{i,s,t}$ 是以本币表示的税前出口价格，$PWX_{i,s,t}$ 是以外币表示的税后出口国际价格。$tex_{i,t}$ 表示出口税税率，假定同一时期各区域出口某商品的税率相同，因此该变量没有地区下标 s。$Ed_{nor,t}$ 是直接标价法下的时期 t 的人民币名义汇率，即 1 美元 $= Ed_{nor,t}$ 人民币。$PWORLD_{i,t}$ 是商品的国际市场价格。$Q1EX0_{i,s,t}$ 为基准情景下的国际市场需求量。$\sigma wd_{i,t}$ 是国际市场的需求弹性。式（7-5）表明企业在出口和国内销售的分配关系受价格影响。式（7-6）反映了以人民币表示的税前出口价和以国际货币表示的税后出口价之间的关系。以美元表示国际货币，企业出口的商品同时受自身和国际需求的影响。式（7-7）意味着，价格比例与汇率是国际市场对商品需求的主要决定因素。此外，对于汇率，本章参照费雪指数（Fisher Index）的原理，使用直接标价法计算人民币实际汇率。

四 动态模块及其他部分

传统的 CGE 模型大多采用动态递归机制，尽管完美预期动态机制在理论上更具优势，但实际操作中不容易求解。因此，本章仍然采用动态递归机制进行求解。在这一机制中，资本跨期迭代是常用的方法，资本存量由投资决定，投资量还受到投资者投资意愿的影响。本章设定了 M 比率，即预期回报率与该行业的长期稳态回报率之间的比例，假定投资者投资的意愿强烈程度与 M 比率同方向变动。

另外，本模型还包含污染排放模块、政府收支、居民收入与消费模型闭合等部分。污染排放模块主要根据各能源种类的碳排放因子换算而来。首先，将各能源的物理量换算为统一单位；然后，根据 IPCC 于 2006 年发布的碳排放因子清单，分别乘以各自的碳排放因子；最后进行加总。其余污染物的构建思路亦是如此。政府的收入主要来自生产税、个人所得税、关税等各项税收收入。政府支出主要包括采购和储蓄。其中，政府储蓄可以为负数，意味着财政赤字。居民的收入主要来自两部分，即劳动工资收入和资本收入。居民支出包括个人所得税、储蓄和消费。居民的效用函数沿用传统的效用函数进行设定。

第三节 数据来源和情景设定

本章使用的基础数据来自全国 30 个省份① 2012 年的投入产出表。鉴于一些省份个别行业的投入或产出部门存在为零的情况，不能直接用于预测分析。由此，本章根据地理特征以及相关政策文件对 30 个省份进行了归并，即东部、中部、西部、东北地区四大区域。2011 年，由国家发改委发布的《关于开展碳排放权交易试点工作的通知》同意北京、天津、上海、重庆、湖北、广东及深圳 7 个省市开展碳排放权交易试点地区。2013 年 6 月 18 日至 2014 年 6 月 19 日，7 个碳排放权交易试点省市先后开展了碳排放权交易。2016 年，福建省成为全国第 8 个碳排放交易试点地区。本章为了捕捉区域差异效应，将这些较早实行碳排放权交易试点的地区分离出来，最终合并为 5 个区域（见表 7 - 1）。

在行业方面，本章将"石油与天然气"行业拆分为石油和天然气两个行业，同时保留了煤炭行业。除能源部门外，本书将其他行业合并为农业，煤炭，石油，天然气，电力，化学产品，通用设备，专用设备，交通运输设备，电气机械和器材，通信设备、计算机和其他电子设备，仪器仪表，

---

① 鉴于数据限制，研究范围不包含中国西藏、香港、澳门、台湾地区。

采矿业,食品和烟草,其他轻工业,其他重工业,金属制品业,其他制造产品,水的生产和供应业,建筑业,交通运输业,信息传输、软件和信息技术服务业,金融业,其他服务业24个行业。鉴于智能化是新一轮技术革命的首要特征,而智能化的主要作用在于提升相应行业的生产率。因此,这里使用相应行业的全要素生产率增长状况来刻画智能化水平。从具体因智能化而生产率提升较多的产业来看,根据国际机器人联合会(IFR)发布的机器人使用数据,选取中国机器人应用较多的行业,分别为化学产品,通用设备,专用设备,交通运输设备,电气机械和器材,通信设备、计算机和其他电子设备,仪器仪表,食品和烟草,金属制品业,其他制造产品,交通运输业,信息传输、软件和信息技术服务业,金融业,并将这些产业称作"智能化"程度较高的产业。

表7-1 区域划分

	省份
东北地区	黑龙江、吉林、辽宁
东部地区	北京、天津、河北、山东、江苏、上海、浙江、海南、福建、广东
中部地区	安徽、湖北、湖南、江西、河南、山西
西部地区	陕西、宁夏、甘肃、青海、新疆、内蒙古、四川、重庆、广西、云南、贵州
碳交易试点地区	北京、天津、上海、重庆、湖北、广东、福建

力争2030年前中国二氧化碳排放达到峰值,2060年前力争实现碳中和是中央经济工作会议提出的八大重点工作任务之一。其间,2035年和2050年分别是中国基本实现社会主义现代化和建成社会主义现代化强国的时间节点。因此,本书模拟的时间范围是2021—2060年。对基准情景的设置包括对经济增长、劳动力增长等关键变量的赋值。在劳动力供应方面,本部分假设劳动力与人口数量同比例变动,该数据来自联合国发布的《世界人口展望(2019)》。在能源利用效率方面,过去十几年中国能源利用效率显著提升,而且提高能源利用效率将是"十四五"时期乃至未来能源规划的核心内容。已有文献强调了能源效率提升对工业绿色转型的重要作用(中国社会科学院工业经济研究所课题组,2011),设定

能源效率提升情景恰好也反映了新一轮技术革命中绿色化的特征。根据国家发改委设定的 2005—2020 年的能源效率目标以及借鉴现有文献（Xu et al.，2008），考虑到能源效率速度会随着时间推移逐渐下降，保守设定 2020—2035 年、2036—2060 年能源效率年均分别增长 1.5%、1%。外生参数（如弹性）的设定参考现有文献（Dong et al.，2018）以及 GTAP 10.0 数据库。具体模拟情景设定如表 7 - 2 所示。[①]

表 7 - 2   情景设置

	情景	情景介绍
基准政策情景	BAU	仅依靠能源效率提升、绿色技术进步[②]温和增长的自然增长状态
弱政策情景	P11	在能源效率提升基础上，高耗能行业绿色技术进步 2021—2035 年、2036—2060 年年均分别提高 3%、1.5%；其他行业绿色技术进步年均提高 1.5%、0.5%
一般政策情景	P21	在能源效率提升基础上，高耗能行业绿色技术进步 2021—2035 年、2036—2060 年年均分别提高 5%、3%；其他行业绿色技术进步年均提高 2%、1%；对高耗能行业征收碳税 100 元/吨
	P22	在能源效率提升基础上，高耗能行业绿色技术进步 2021—2035 年、2036—2060 年年均分别提高 5%、3%；其他行业绿色技术进步年均提高 2%、1%；各省份对高耗能行业广泛开展碳交易
强政策情景	P31	在能源效率提升基础上，高耗能行业绿色技术进步 2021—2035 年、2036—2060 年年均分别提高 5%、3%；其他行业绿色技术进步 2021—2035 年、2036—2060 年年均分别提高 2%、1%；各省份广泛开展碳交易；智能化水平年均提升 2%［参考已有文献（Autor et al.，2018），以 TFP 作为智能化的表征变量，结合 IFR 机器人数据对不同产业设定不同的智能化水平］

---

① 需要说明的是，现有研究对碳达峰的实现时间和碳排放峰值有所涉及，但对于碳中和仍然停留在定性分析层面（何建坤，2021）。根据碳中和的定义，产生的温室气体总量通过森林碳汇、碳捕捉和碳封存等技术吸收，实现社会经济系统的净零排放。本书保守将碳排放 50 亿吨以下的水平视为实现碳中和的合理区间。

② 绿色技术是指能减少污染、降低消耗和改善生态的技术体系。包括能源技术、材料技术、生物技术、污染治理技术、资源回收技术以及环境监测技术和从源头、过程加以控制的清洁生产技术。本章重点以生产端节能减排技术来衡量绿色技术进步水平，其增速参考"十三五"时期（数据仅包括2016—2019 年）绿色专利授权年均增速约为 4%。这一数据通过各城市绿色专利数据计算而得，原始数据来源于国家专利局。

为了推动"双碳"目标顺利实现，2020年12月，《碳排放权交易管理办法（试行）》正式发布，2021年全国碳交易试点正式开启，电力行业率先被纳入，全国发电行业率先启动第一个履约周期，2225家发电企业分到碳排放配额。随着全国碳排放交易体系运行常态化，该范围将逐步扩大，预计最终覆盖发电、石化、化工、建材、钢铁、有色金属、造纸和国内民用航空八个行业。鉴于投入产出数据的局限性，本章除了上述行业以外，还将其他高耗能行业一并纳入。目前，全国碳排放交易体系采用基准线法来分配配额，即对单位产品的碳排放量进行限制。排放配额初期以免费分配为主，后续会逐步引入有偿分配、提高有偿分配的比例，企业获得配额高于其实际排放的部分可在市场出售。

第四节 结果及分析

一 总体结果

碳减排政策通过行政命令和市场机制对不同产业部门的能源使用量进行约束，促进非化石能源替代化石能源、加快产业结构转型升级。基准政策情景（BAU）模拟结果显示，未来十年里中国碳排放仍会保持温和增长（见图7-1）。随着能源效率和绿色技术进步水平不断提升，产业结构转型加快，总体上将于2030年实现碳达峰，对应的峰值为120亿吨左右，随后呈现缓慢下降趋势，并于2060年降至71亿吨的水平。这表明仅依靠能源效率和温和的绿色技术进步不足以实现碳中和，还需要结合其他政策手段。考虑在生产端征收碳税后（P21），减排政策抬高了企业的生产成本，尤其是高碳产业部门的产出会大幅下降，该情景下对应的碳排放峰值低于基准政策情景。进一步考虑将高耗能行业纳入碳交易市场（P22）后，碳排放峰值会继续下降，提前于2028年实现碳达峰，对应的峰值约为107亿吨，2060年将降至40亿吨左右的水平，较2020年下降60%。另外，在大数据、云计算、人工智能等新一代信息技术的推动下，行业智能化水平的提升会增强碳减排效应。原因在于人工智能技术为绿色产业增添了新动能，其具有速度快、处理信息量大等特点，在高技术产业、环保产业均有应用；人工智能的自动化控制以及精确计算等为降低能耗、节约能源，实现绿色生产、生活方式转变提供了新的途径。考虑行业智能化提升（P31）后，预计 2028 年实现碳达峰，对应的峰值约为 105 亿吨，同样助推碳中和目标的实现，2060 年碳排量将降至 37 亿吨左右。

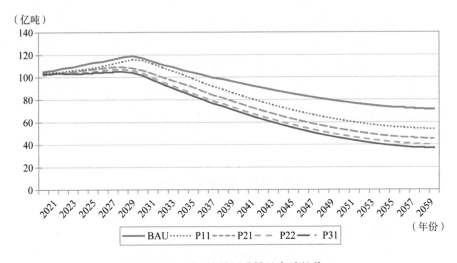

图 7 - 1　不同情景下碳排放变动趋势

在减排政策驱动下，所有区域均将于 2030 年实现碳达峰，但步伐不一致。情景 P31 的模拟结果显示（见图 7 - 2），预计东部地区（未包含碳交易试点省份）与较早参与碳交易试点的省份将率先实现碳达峰，对应的峰值分别为 27 亿吨、22 亿吨左右，东北地区、中部地区、西部地区大致于 2029 年实现碳达峰，对应的峰值分别为 11 亿吨、19 亿吨、25 亿吨。强化行政政策和市场机制后，各区域碳排放有收敛趋势，2030 年后逐步下降。其中，东部地区下降较多，下降幅度也最大，相对于 2020 年下降 61.62%，说明东部地区是实现"双碳"约束目标的主要贡献者。

二　工业行业

工业作为主要用能部门之一，2019 年其能源消费占全国终端能源消费的 62%，大力调整工业结构，促进工业转型升级，能够推动工业部门有效降低能耗强度和碳排放。图 7 - 3 列示了各种情景下工业部门

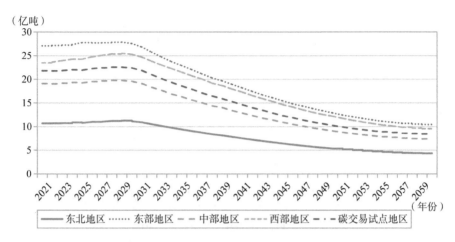

图 7-2 情景 P31 下各区域碳排放变动趋势

碳排放的变动趋势。结果表明，单纯的绿色技术进步不足以实现工业碳排放有效下降，需要结合碳交易或碳税等市场调节机制。在基准情景下，工业终端碳排放将在 2030 年达峰，2060 年相对于 2020 年下降 47%。在考虑了对高耗能行业实行碳市场交易机制的情形后，工业整体将于 2029 年达峰，碳减排效应更加显著；2060 年相对于 2020 年碳排放下降 61%，该情景下工业实际减排量贡献了减排总量的 54.6%。另外，考虑智能化转型的因素后，2060 年工业碳排放量相对于 2020 年下降 63%。这说明工业尤其是制造业绿色转型对中国"双碳"目标的顺利实现具有举足轻重的作用，同时也反映了以智能化为主要特征的新一轮技术革命不仅有利于促进经济增长，同时也能够增强智能化行业对制造业绿色转型的正向影响。

（一）能源行业

在总体能源消费结构中，煤炭一直是中国最主要的能源来源。在工业化快速发展的中前期，煤炭消费比重始终保持在 60% 以上。2020 年煤炭消费比重已降至 57% 左右。从需求结构来看，煤炭需求较大的四大行业为火力发电、钢铁、建材以及化工行业，四大行业近年来的煤炭需求占比已超过 85%。模拟结果显示，在积极的政策情景 P22、P31 下，煤炭部门的碳排放预计于 2028 年前后达峰。通过推算，2060 年煤炭消费将降

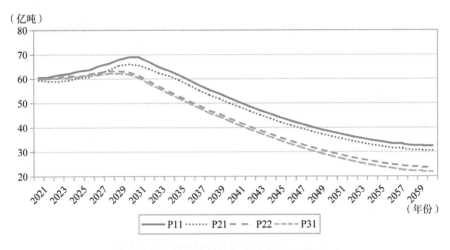

图7-3 工业部门碳排放变动趋势

至3亿—4亿吨的水平，能源结构显著优化。发电部门也是中国碳排放的一大来源，2019年燃煤发电装机容量占发电装机总量的51.8%。预计发电部门碳排放仍将继续增长，于2029年前后达峰。随后脱碳化趋势明显加快，至2060年，发电部门的碳排放为7亿吨左右，电气化水平大幅提升。相对于基准情景，2060年P22情景下各区域煤炭、石油消费大幅下降。其中，碳交易试点地区、西部地区煤炭消费下降最为明显，分别下降22.88%、20.77%，天然气需求也遭受负向冲击，在所有地区表现为萎缩态势；而电力消费有所上升，这在碳交易试点地区表现最为突出。表明在加大节能增效力度的同时，加强电气化替代是实现"双碳"目标的关键。比较不同模拟情景可以发现，征收碳税P21情景对应的峰值低于全面对高耗能行业实行碳交易的P22情景，表明短期内碳税对碳减排的治理效果突出；但从长期来看，实行碳交易的P22情景减排效果要优于征收固定税率的碳税，原因在于碳交易情景下，碳税价格一直处于增长趋势，对企业的倒逼程度不断强化。

（二）制造业

其他重工业主要属于制造业领域，包括钢铁、有色金属等高耗能行业。预测结果显示，其他重工业整体有望在2030年前实现碳达峰，并在2030年后呈快速下降趋势。在强政策情景下，碳排放量将下降至4亿吨左右,相对于峰值下降约3/4。目前,制造业领域中的钢铁、化工、水泥、有色金属等高耗能行业的碳排放量占比较高,以下将围绕这些重点制造行业进行分析。

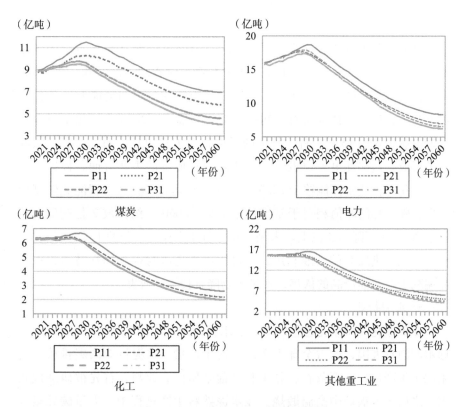

图7-4 主要行业碳排放趋势

1. 钢铁行业

钢铁行业是中国制造业领域中碳排放量最高的行业。未来十年里,钢铁行业整体碳排放量仍然处于上升趋势的主要原因是钢铁产量的持续提升。当前,中国粗钢产量占全球1/2以上,主要分布在河北、江苏、山东、辽宁、山西,加之国内钢铁以高炉—转炉长流程生产工艺为主,导致碳排放量较高。参照发达国家钢铁产业的发展趋势,预计中国的钢铁产量在"十四五"时期进入缓慢增长期,产量在"十四五"时期末达到峰值。从炼钢工艺的视角看,长流程炼钢碳排放量要高于短流程。长流程工艺中，炼铁环节的碳排放占比最高。目前，中国长流程单位炼钢碳排放量为 2.0 吨左右，高于全球钢铁企业的平均排放强度。而电炉钢工艺最为环保，排放系数约为 0.4。未来，需要进一步提升电炉钢占比和应用碳捕捉技术，这将是实现钢铁行业碳中和目标的重要方式。

2. 化工行业

目前，化工行业碳排放量占工业部门的比重约为 10%，占全国碳排放量的 6% 左右。化工行业主要分为原料端、过程端、产品端三个方面。其中，过程端是碳排放的重要来源，以耗电为主，当前的能源结构仍以煤电为主，过程端耗电相当于间接带动煤炭需求。2020 年，化工行业耗电量占制造业的 13% 左右，其中的耗电行业大户包括电石、肥料、氯碱等子行业。这些耗电大户也是推高边际减排成本的主要方面。根据测算结果，化工行业整体能够于 2030 年前实现碳达峰，且考虑智能化转型因素后，碳达峰的峰值相对于基准情景更低，2060 年约排放 2 亿吨碳，相较于 2021 年下降 2/3 以上。未来，化工行业实现碳中和的主要途径包括：在原料端推进煤炭的高效利用；在过程端推进碳封存和捕捉技术；在产品端减少对石油产品的依赖，促进生物降解技术的研发。

3. 水泥行业

在工业化和城镇化进程的双重需求推动下，中国于 21 世纪起成为全球水泥消费大国，约占全球 1/2 的水泥生产量。水泥行业的碳排放主要来源于生产过程，石灰石、黏土和其他杂质作为原料，首先被研磨成粉末，之后送入锅炉中高温煅烧。在水泥熟料生产过程中，大量碳元素与氧结合，释放出 CO_2，生产过程产生的碳排放量约占整个水泥行业的 90%。2020 年，中国水泥生产量为 23.8 亿吨，行业碳排放量为 13.9 亿吨，约占碳排放总量的 14% 左右；生产每吨水泥的碳排放量为 0.6 吨左右，人均水泥消费量为 1.7 吨，高于 0.55 吨的国际平均水平。从区域来看，水泥产量主要集中在广东、江苏、山东、四川、安徽等地。预计"十四五"时期，"两新一重"（新型基础设施建设、新型城镇化建设、交通水利等重大工程建设）政策会推动水泥消费基本保持稳定或小幅上涨，预计产销量会稳定在 23 亿吨左右；从长期来看，预计 2030 年水泥消费会稳步下降至 16 亿吨左右。水泥行业实现零排放同样需要依赖碳捕捉技术，同时还有赖于大力推动发展散装水泥。相关数据显示，仅 1978—

2008 年全国累计生产散装水泥 37.42 亿吨，实现 CO_2 减排 2 亿多吨。2018 年，中国散装水泥使用率达 67%。

4. 有色金属行业

该行业的碳排放主要集中在电解环节，主要金属品种包括铜、铝、铅、锌，可以分为采矿、选矿、冶炼等过程。根据中国有色金属工业协会的统计数据，2020 年中国有色金属工业的碳排放量为 6.5 亿吨左右。其中，电解铝约为 4.2 亿吨，占有色金属工业碳排放总量的 65%。电解铝行业主要使用火电作为电力来源，生产每吨铝产生的碳排放量为 13 吨，火电环节产生的碳排放占排放总量的 86%。由此可知，电解铝行业是有色金属工业领域实现碳达峰的关键。从区域分布来看，电解铝产量主要集中在山东、新疆、内蒙古、广西、云南，五省份占全国的 65.6%。这些地区也是未来促进电解铝行业减排的重点区域。通过优化工艺和碳捕捉、发展清洁能源替代等，有色金属行业有望在 2030 年前实现碳达峰。实现碳中和，需要有色金属行业继续优化产业布局，推动电解铝产能向可再生电力富集地区转移；促进余热回收等综合节能技术创新，加快智能化转型和提升智能化管理水平，同时持续优化工艺流程控制。

三 碳交易机制下区域碳定价

碳排放权交易需要相应的碳价作为支撑，根据模拟结果，预计未来要实现碳达峰目标，需要逐步增加碳交易价格，但由于各地区的资源禀赋、碳排放量存在差异，因此，制定碳排放价格一方面应坚持以市场为根本导向，另一方面还需因地制宜。至 2030 年，各地区的平均碳价应上升至 90 元/吨左右才能实现碳达峰；而实现 2060 年碳中和，需要逐年制定更高的碳价，预计各地区平均超过 2000 元/吨，碳信用的重要性进一步凸显。从各地区的模拟结果来看，以 P31 情景为例（见表 7-3），中部、西部地区的碳定价相对更高，2060 年均超过 2800 元/吨，其次是其他实行碳交易试点的地区。

表7-3   碳交易机制下 P31 情景下区域碳价趋势   （单位：元/吨）

	东北地区	东部地区	中部地区	西部地区	碳交易试点地区
2021 年	26.69	27.88	30.34	29.36	24.11
2025 年	43.32	41.10	42.73	39.59	37.45
2030 年	93.56	91.97	97.03	91.64	86.79
2035 年	245.14	241.07	259.17	238.71	234.42
2040 年	326.63	318.13	366.67	334.27	316.39
2045 年	555.28	532.33	642.54	578.58	545.60
2050 年	943.05	894.61	1092.37	994.31	943.41
2055 年	1547.77	1441.27	1797.34	1678.85	1567.49
2060 年	2497.40	2259.41	2867.15	2807.54	2539.89

四 碳减排政策对制造业的影响

本章以情景 P31 为例，分析 2060 年碳减排政策相对于基准政策情景主要变量的变动情况。从制造业行业的产出来看，如表7-4所示，碳减排对能源部门的负面冲击最大，各区域煤炭、石油部门产出降幅均在20%以上，中部地区的石油部门产出相对于基准政策情景萎缩45.5%；电力部门的产出也受到负面冲击，相对于基准情景下降6%左右，其中，中部地区下降较多，达8.5%，而之前参与碳交易试点地区实现正增长。这进一步印证了"双碳"目标实现过程中电力对化石能源重要的替代效应。从各制造业的产出来看，多数制造行业产出受到负面冲击，其中，多数地区的化学产品、其他重工业相对于基准政策情景下降幅度较大，例如西部地区分别下降7.7%、9.1%。相较而言，较早实行碳交易试点的省份整体上制造业产出降幅较小。总体来看，各区域内部以及之间的不同产业受到的冲击呈明显分化趋势。模拟结果还显示，在未考虑主要行业的智能化水平情景下，各地区制造业的降幅有所扩大。这表明智能化不仅能够为工业增长提供新动能，而且能够加快推动制造业实现结构转型升级和高质量发展。

表 7 - 4 　　　　　P31 情景下各区域制造业产出相对于基准
政策情景变动（2060 年） 　　　（单位:%）

	东北地区	东部地区	中部地区	西部地区	碳交易试点地区
食品和烟草业	-0.904	-1.120	-0.068	2.257	-2.020
化学产品	-7.286	-5.663	-4.841	-7.704	-3.286
通用设备	-5.649	-3.932	-6.989	-6.810	0.202
专用设备	-4.662	-3.255	-5.505	-6.848	-0.089
交通运输设备	-1.278	-2.419	-5.750	-3.585	-0.221
电气机械和器材	-5.504	-3.184	-4.386	-6.035	-0.171
通信设备、计算机和其他电子设备	-7.893	-2.362	-5.144	-1.216	-0.214
仪器仪表	-8.218	-4.124	-4.697	-6.131	-0.011
其他轻工业	-4.582	-3.502	-1.933	-1.379	-1.677
其他重工业	-10.439	-6.005	-7.963	-9.126	-4.652
金属制品业	-5.091	-4.410	-5.784	-7.526	-2.634
其他制造产品	-10.463	-5.728	-4.706	-2.639	-1.195

从制造业领域的投资变动来看，相对于基准政策情况，所有地区多数制造业投资需求表现为正增长，少数行业（如化学产品、其他重工业等）的投资为负增长。以 P31 情景为例（见表 7 - 5），东部地区化学产品、其他重工业投资分别下降 1.0%、1.3%，而碳交易试点省份整体上分别下降 0.08%、0.45%。通用设备、专用设备、交通运输设备、电气机械和器材等高新技术产业大多表现为正向增长。另外，从区域来看，东北地区中，交通运输设备、食品和烟草业投资需求增长较多；东部地区中，食品和烟草业，通信设备、计算机和其他电子设备表现为较大幅度的提升；中部地区中，其他轻工业、电气机械和器材、食品和烟草业增幅较大；西部地区中，增幅较大的为通信设备、计算机和其他电子设备，其他制造产品，其他轻工业。综上，相对于基准政策情景，高耗能行业投资需求显著下降，各区域高新技术行业投资需求大多得到鼓励，尤其是通信设备、计算机和其他电子设备以及交通运输设备投资需求增长较为显著。

表7-5　　　　　　　**P31 情景下各区域制造业投资**

相对于基准政策情景变动（2060 年）　　　　（单位:%）

	东北地区	东部地区	中部地区	西部地区	碳交易试点地区
食品和烟草业	2.906	1.113	2.999	2.447	0.385
化学产品	-1.722	-1.013	1.176	-0.750	-0.077
通用设备	0.404	0.476	0.309	0.726	1.762
专用设备	0.231	0.024	0.351	0.751	1.779
交通运输设备	3.932	0.111	0.158	1.690	1.814
电气机械和器材	0.152	0.040	1.508	1.474	1.935
通信设备、计算机和其他电子设备	3.108	0.821	1.053	5.292	2.423
仪器仪表	-2.247	-0.447	1.039	0.384	2.949
其他轻工业	0.008	-0.295	2.723	3.610	-0.005
其他重工业	-2.220	-1.335	-0.731	-1.214	-0.452
金属制品业	0.008	-0.809	-0.013	0.079	-0.386
其他制造产品	-5.637	-1.970	0.305	4.268	-0.429

　　对于就业而言，表7-6直观地显示，各区域多数制造行业的就业受到负向冲击。一方面，碳减排政策倒逼传统高耗能制造行业转型，降低了高耗能部门的劳动力需求；另一方面，智能化尤其是工业机器人的应用对现有行业内低端技能的劳动需求形成了替代。智能化对劳动的影响取决于生产率效应、替代效应以及新工作创造效应，一般而言，智能化引致的生产率效应为正，而替代效应为负，其对劳动需求的影响并不确定。这一结果表明在碳减排政策以及行业智能化水平提升的共同作用下，多数制造行业的劳动需求受到负向冲击，化学产品、其他重工业等高耗能产业的劳动力需求在所有区域表现为负增长。相较而言，中部、西部欠发达地区劳动力需求受到的负面冲击相对更大，可能反映了中部、西部地区人力资本水平相对不高、易被智能化装备替代的事实。另外，较早实行碳交易试点的省份整体上受到的劳动力需求负面冲击较小，大多数高新技术产业的劳动需求反而实现了正增长。例如，相对于基准政策情景，通用设备、专用设备、交通运输设备行业的劳动需求分别增长1.97%、1.1%、0.96%。因此，在实现"双碳"目标和推广工业机器人

应用过程中,需要认真评估其对不同区域不同制造行业的劳动力需求的不利影响,在目标收益与成本之间寻求平衡。

表 7-6　　　　　P31 情景下各区域制造业就业
相对于基准政策情景变动 (2060 年)　　　　　(单位:%)

	东北地区	东部地区	中部地区	西部地区	碳交易试点地区
食品和烟草业	0.385	-0.165	1.748	-0.770	-1.141
化学产品	-2.478	-2.122	-4.288	-0.994	-3.201
通用设备	-1.379	-1.187	-3.018	-3.519	1.969
专用设备	-0.098	-1.357	-3.075	-3.240	1.105
交通运输设备	-1.398	-0.121	-3.317	-1.439	0.963
电气机械和器材	-1.800	-1.626	-5.148	-4.082	0.115
通信设备、计算机和其他电子设备	-5.707	-3.530	-4.543	-3.510	-1.328
仪器仪表	-5.764	-5.144	-5.173	-3.942	-1.294
其他轻工业	0.014	0.198	1.607	0.944	0.658
其他重工业	-2.154	-2.591	-2.929	-0.949	-2.362
金属制品业	0.650	0.262	-0.390	-3.440	1.430
其他制造产品	1.199	2.362	2.401	3.199	4.394

第五节　本章小结

实现 2030 年前碳达峰、2060 年前碳中和是中国融入新时代全球产业链、构建人类命运共同体的关键抉择,将给中国经济社会带来深刻变革。从现有研究来看,实现"双碳"目标主要依赖于非化石能源比重大幅提升、碳税和碳交易、终端部门电气化替代、节能减排技术、碳封存以及捕捉技术、森林碳汇等。鉴于工业部门是产业部门中碳排放的重要来源,本章综合考虑绿色技术创新、能源效率、碳税与碳交易等手段和工具,通过构建基于中国的多区域 CGE 模型,设定多种政策情景研究了工业碳减排在实现"双碳"目标中的贡献,重点识别其中的实现路径。研究发现:(1)随着能源效率和绿色技术进步水平不断提升,产业结构转型加快,基准情景下,中国总体上将于 2030 年实现碳达峰,对应的峰值为

120 亿吨左右，并于 2060 年降至 71 亿吨的水平。这表明仅依靠能源效率和温和的绿色技术进步不足以实现碳中和目标。考虑将高耗能行业全面纳入碳交易市场后，碳排放峰值会继续下降，中国提前于 2028 年实现碳达峰，对应的峰值约为 107 亿吨，2060 年将降至 40 亿吨左右的水平。（2）从行业层面看，考虑将高耗能行业全面纳入碳交易市场后，工业整体将于 2029 年达峰，2060 年相对于 2020 年碳排放下降 61%，工业实际减排量贡献了减排总量的 54.6%，加入智能化因素会强化这一效应。本章还对钢铁、化工、水泥、有色金属四大高耗能行业进行了重点分析。对于化工行业，整体能够于 2030 年前实现碳达峰，且考虑智能化转型因素后，碳达峰的峰值相对于基准情景更低，相较于 2021 年下降 2/3 以上。发展绿色制造是中国实现"双碳"目标的关键所在，也是保持制造业比重基本稳定的重要途径。（3）从区域层面看，在强政策情景下，东部地区（未包含碳交易试点省份）与较早参与碳交易试点的省份将率先实现碳达峰，具体对应的峰值为 27 亿吨与 22 亿吨左右，东北地区、中部地区、西部地区大致于 2029 年实现碳达峰，对应的峰值分别为 11 亿吨、19 亿吨、25 亿吨。东部地区是实现"双碳"约束目标的主要贡献来源。（4）多数地区的制造业就业受到负面冲击，其中，中西部欠发达地区受到的负面冲击较大，但通过推动智能化可以减弱这一负面效应。此外，研究发现，实现"双碳"目标，需要重视碳信用的关键作用，逐年制定更高的碳价，并根据各地区的生态资源禀赋以及相应的环境承载力制定区域差异性碳价。

根据上述研究结论，得出如下政策启示：一是重视战略规划导向作用，完善绿色制造法律法规。绿色制造具有系统性、长期性、战略性。亟须围绕"双碳"总体约束目标，对整个绿色制造产业链进行重构规划，特别是对于绿色制造发展水平较为薄弱的中部、西部地区，制定中长期技术路线图和配套运行规范，为工业绿色制造中长期发展提供全面参考。对于钢铁、化工、有色金属等高耗能行业，研究以结构调整、产业升级为主线的合理需求和总量控制，提出全局性的工业绿色发展规划。

二是加强绿色自主技术创新，突破一批关键核心技术。研究发现，仅依靠温和的绿色进步不足以实现碳中和目标。需要围绕钢铁、化工、有色金属、水泥等高耗能领域，以节能环保、清洁生产、清洁能源等为重点率先突破，实施一批绿色制造重点示范项目，推进关键节能减排技术示范推广和改造升级。重点推进与生产工艺及节能环保装备相关的技术研发应用，重点研发智能、高效的清洁生产工艺。选择一批铸、锻、焊、热行业的龙头企业及若干典型地区，实施节能技术装备与应用示范工程；针对基础制造工艺缺失的关键工序开展生产工艺绿色化改造；建立数字化、柔性化、绿色高效的数字化工厂，优先在制造装备集聚地区建立专业化的基础制造工艺中心。

三是优化绿色金融政策体系，引导资源向绿色制造倾斜。发展绿色制造需要大量投资，离不开金融资源支持。应进一步完善绿色金融政策框架和激励机制，加强绿色金融顶层设计，尽快出台"绿色金融法"，明确绿色金融范畴、基本原则、发展目标和要求、重点推进方向、保障措施等。重点支持高耗能行业应用节能高效工艺技术，鼓励制造企业进行传统能源改造，支持开发利用可再生能源。重点支持有色金属、化工等重点行业企业实施清洁化改造，尤其加大钢铁等行业超低排放改造力度。加快再制造关键工艺技术装备研发应用与产业化推广。坚持以市场为导向，探索将排污权、碳交易权等纳入抵质押担保范围。创新和推广绿色金融产品，鼓励保险机构探索创新环境污染责任保险、绿色企业环保节能设备首台（套）重大技术装备综合保险、碳保险等绿色保险产品和服务。

四是重视智能化技术的作用。人工智能已成为国际竞争的焦点。研究发现，智能化在减缓"双碳"目标对工业行业的负面冲击中发挥着重要作用。应深刻把握人工智能技术的特点和发展趋势，加快智能化的基础理论研究，在理论、方法、工具、系统上取得颠覆性突破。避免实行区域"一刀切"政策，应加大对中部、西部地区智能化转型的政策倾斜力度，避免区域间差距过大。培育壮大人工智能产业，促进智能化与工业特别是制造业深度融合发展；同时，注重在绿色低碳等领域培育新的经济增长点，打造竞争新优势。

五是加快构建新型电力系统。研究认为，加快电气化替代也是实现"双碳"目标的重要途径之一。"双碳"目标倒逼作用下，全社会电气化水平将持续提升，需要加快推动形成以新能源为主的电力供应格局。为此，大力发展风电、太阳能、生物质能、氢能等清洁能源，加快储能技术、特高压传输技术的研发应用，打造智慧能源平台，提高电源的稳定性和电力系统的灵活性。

　　六是重视碳交易和碳税的搭配作用。研究认为，固定碳税的短期减排效应更为显著，但碳交易机制的长期效果更为明显。碳交易和碳税作为常用的市场化减排工具，建议将二者结合起来统筹规划。当前，全国层面的碳市场仅纳入电力行业，需要逐步纳入更多的高耗能行业，如钢铁、化工、水泥、有色金属等，根据行业碳排放量或者碳排放强度有序扩大碳交易市场覆盖范围。此外，由于各区域所处的发展阶段不同，需要关注碳价对区域的差异性影响，尽量减少短期内碳减排政策带来的负面冲击。

第 八 章

主要结论、政策建议与展望

面对当前资源、环境、生态的突出矛盾，必须树立以绿色低碳发展为目标的生态文明理念，走可持续发展道路。技术进步特别是绿色技术进步是转变经济发展方式、推动低碳经济发展、促进生态文明建设的关键因素。科技创新必须建立在生态环境保护与资源高效利用的基础上。

第一节 主要结论

技术进步对不同污染气体的影响具有差异性。国内自主研发并没有充分发挥出抑制 SO_2 排放的作用，存在着国内自主研发与 SO_2 排放的倒"U"形关系。也就是说，技术进步对 SO_2 排放的作用存在拐点。在该拐点以前，技术进步促进了 SO_2 排放，加重了环境污染。这可能是由于，一方面 SO_2 污染更多地表现为一定的区域性特征，另一方面中国当前的专利授权更多地偏向于污染型技术而非绿色技术进步。而超过该拐点后，国内自主研发则会显著地减少 SO_2 排放。另外，外商直接投资与国内企业对国外技术的消化吸收能力显著地抑制了 SO_2 排放，表明外商直接投资带来了先进的绿色减排技术，当地企业通过学习、消化、吸收，最终为己所用，抑制了本地区的污染排放。从空间效应上看，某一地区的自主研发水平提高以及外商直接投资增加有利于减少相邻地区的 SO_2 排放，但邻近地区企业的消化吸收能力对其他相邻地区 SO_2 的抑制效应并没有发挥出来，在促进环境质量改善方面，与技术引进形成互补优势的能力尚待提高。对于 $PM_{2.5}$ 而言，研究发现存在着显著的"N"形曲线，自主研发对降低 $PM_{2.5}$ 浓度具有显著作用。通过对比不难发现，不同来源的技术进步对不同污染气体影响不同；与 SO_2 不同的发现还在于，其他邻近地区的国外技术引进水平增加不利于抑制 $PM_{2.5}$ 浓度。

通过测度能源环境约束下的城市层面绿色全要素生产率指数，研究发现，整体上中国城市层面的绿色全要素生产率指数呈现出收敛趋势，东部地区最高，西部地区次之，中部地区最低。东部地区是中国能源技术水平最高的地区，由于产业转移效应，东部地区一些高排放、高消耗产业流入中部地区，造成中部地区的绿色全要素生产率低于西部地区。实证结果表明，技术进步与绿色全要素生产率之间存在非线性关系。二者之间的关系取决于五个门限变量和城市的自然资源禀赋。当人均实际收入超过门槛后，国内技术进步会偏向更多的污染型技术，而非清洁技术；产业结构的变化促使国内技术进步更倾向于污染型技术进步；资本积累增加到一定程度后会加剧国内技术进步对绿色全要素生产率的不利影响；当能源消费达到一定程度时，企业更有可能从事绿色技术创新和利用清洁技术；开放程度越高，意味着国内外市场竞争越激烈，企业更有可能开展研发和采用更多的清洁技术。从不同技术进步的影响来看，国内技术进步会降低绿色全要素生产率，这种负面影响在资源依赖型城市比在非资源依赖型城市更为突出。外商直接投资带来的技术转让可能会根据具体的经济发展状况促进或阻碍绿色全要素生产率的增长，而吸收能力的影响虽然很小，却是积极的。此外，外商直接投资技术转移和吸收能力的结果因城市自然资源禀赋的不同而存在很大差异。人力资本的增加可以提高绿色全要素生产率，但资本积累增加和能源价格上涨则不然。环境规制强度增大和产业结构升级也会促进中国绿色全要素生产率增长。

通过构建 CGE 模型研究发现，单纯的绿色技术进步与能源使用效率提高并不会降低 SO_2 污染水平，需要辅之以 SO_2 税以及其他政策工具。随着绿色技术进步和能源效率的提高，实现特定减排目标所需要的 SO_2 税税率也会相应提高，具体而言，SO_2 税税率与 SO_2 减排控制目标的关系表现出明显的非线性特征。相对于基准情景，要实现30%的 SO_2 减排目标，在2017年、2030年的 SO_2 税税率需要分别达到6278.07元/吨、17442.36元/吨。另外，研究还发现，控制 SO_2 排放，同时还可以减少 CO_2 和 $PM_{2.5}$ 的排放，即减少 SO_2 的同时可以带来其他气体减排的协同效益。与其他的政策工具相比，从长期来看，控制能源强度也是降低 SO_2 排放的重要途径之一。当前国家发改委制定的对污染排放企业征收 630 元/吨的 SO_2 税对 SO_2 减排的作用非常小，如不采取其他管控措施，SO_2 排放量仍将以较快的速度上升。多种政策工具模拟结果也暗含了，以市场机制治理大气污染减排是合理的而且是可行的。政府在制定相应的政策时应当充分考虑政策的连续性。

研究还发现，通过征收碳税与绿色低碳技术进步的政策组合能够实现 2015 年中国在巴黎气候变化大会上提出的 2030 年相对于 2005 年碳排放强度下降 60%、65% 的控制目标。实现该目标整体上会对经济增长造成一定的负面影响，会抑制煤炭和石油部门的产出、就业水平，通过提升能源价格来降低对化石能源的需求。但实现该目标有利于清洁能源行业的发展，对服务业、建筑业以及重工业的发展也会产生积极的影响。从碳排放的边际减排成本来看，随着碳税税率不断提高，其边际减排成本逐步下降。短期的碳边际减排成本高于长期。中国碳排放的长期边际减排成本为 200—250 元。诱导型技术进步的研究表明，由于经济体制内部可能存在内生技术进步，通过改变生产要素的相对价格进而影响不同生产要素的生产率，从而减轻碳减排政策对经济增长的负面影响。因此，政府部门在制定相关政策时，有必要考虑内生技术进步对碳排放的积极影响。

中国总体上将于 2030 年实现碳达峰，对应的峰值为 120 亿吨左右，并于 2060 年降至 71 亿吨的水平。这表明仅依靠能源效率和温和的绿色技术进步不足以实现碳中和目标。考虑将高耗能行业全面纳入碳交易市场后，碳排放峰值会继续下降，中国将提前于 2028 年实现碳达峰，对应的峰值约为 107 亿吨，2060 年将降至 40 亿吨左右的水平。考虑将高耗能行业全面纳入碳交易市场后，工业整体将于 2029 年达峰，2060 年相对于 2020 年碳排放下降 61%，工业实际减排量贡献了减排总量的 54.6%，加入智能化因素会强化这一效应。在强政策情景下，东部地区（未包含碳交易试点省份）与较早参与碳交易试点的省份将率先实现碳达峰，多数地区的制造业就业受到负面冲击，其中，中部、西部欠发达地区受到的负面冲击较大。此外，实现"双碳"目标需要重视碳信用的关键作用。

从长期来看，绿色技术进步是推进中国低碳经济发展、促进生态文明建设的根本手段。政府应通过政策引导促使绿色技术进步朝环境友好型和资源节约型方向发展。

第二节　政策建议

一　提高绿色研发投入比重，完善绿色技术创新体系

"十四五"规划要求，构建市场导向的绿色技术创新体系，实施绿色技术创新攻关行动。鉴于绿色技术进步具有较高的环境价值，应加大对国内企业绿色技术创新的研发投入力度，增加绿色专利申请和授权的比重，促使其发挥对污染减排与能源效率的正向作用，进而实现不同城市之间的绿色技术外溢。对于绿色技术专利，要建立绿色专利审批快速通道，缩短绿色专利的审核期，尽可能减少绿色专利从授权到实际应用的时间。对于参与绿色研发的人员，要创造条件让其参与国际交流，使其积极学习国外先进的绿色环保技术知识，鼓励国内环保企业与高校科研人员实现良性互动，优化人力资本配置，增进绿色技术知识传播，以提高国内企业对先进环保技术的消化吸收能力。相较于发达国家，中国的节能环保技术发展起步较晚，与西方发达国家还存在明显的差距。这就要求政府将绿色研发资源集聚起来，制定一套符合中国国情的绿色技术创新体系，为绿色研发提供政策倾斜。原因在于企业要进行绿色技术创新，在研发初期一般会减少自身利润，可能会承担较大的研发风险，甚至付出高昂的机会成本。这就需要政府在财政资金许可的范围内，为绿色研发提供充足的资金，解决绿色研发人员的后顾之忧。要设定完善的奖惩机制，及时整改那些以污染型技术研发为主、追求短期利益的企业，并根据污染水平进行相应的惩罚；对于那些积极发展低碳等绿色技术的企业，给予一定的绿色补贴，真正推动研发投入向绿色化方向发展。

二　调整招商引资政策，提升外商直接投资准入门槛

"十三五"规划提出，引资与引技、引智并举。"十四五"规划提出，更大力度吸引和利用外资，发挥重大外资项目示范效应，支持外资企业设立研发中心和参与承担国家科技计划项目。在引进外商直接投资的过程中，进一步调整招商引资政策，更加注重外商直接投资的"质"。尽管在研究中发现，外商直接投资有利于显著地降低 SO_2 污染，但不利于雾霾污染的减少。外商直接投资对不同污染的影响存在差异，可能是外商直

接投资关于 SO_2 污染减排的技术与工艺优于本土企业。要让外商直接投资发挥出更加积极的节能环保作用，不能片面地以追求 GDP 为目标，应当根据发达国家对跨国企业制定的能源强度标准，在中国各地实行更加严格的环境准入机制，并加强环境监管。完善外资企业产业准入目录，督促外资污染型企业改造现有的落后设备，实现技术的更新换代，禁止外商直接投资进入不利于生态环保的产业。通过政策优惠吸引一批环保型的外资企业到中国来，鼓励外商投资企业进入环保领域发展核电、风电以及可再生能源技术等清洁能源技术，鼓励外资企业与国内环保型企业进行研发合作，增强外商直接投资对中国不同城市的绿色技术溢出效应，进而实现外资环保企业与中国生态文明建设的"双赢"。

三　扩大清洁能源消费比重，提高能源利用效率

目前中国的煤炭消费比重在不少省份仍占主导地位，如山西、河北等。以山西省为例，该地区的煤炭消费比重常年保持在90%以上，而天然气、风能、太阳能等清洁能源的比重非常低。"十四五"规划提出，加快发展非化石能源，将非化石能源占能源消费总量的比重提高到20%左右。要有效地促进生态文明建设、减少环境污染，就必须改变以煤炭为主的消费结构。各级地方政府应当根据本地区的实际情况，因地制宜，制定行之有效的可再生能源发展战略，发展具有比较优势的新能源产业，通过调整优质能源的比重来实现能源供给的多元化。新能源的发展需要相应完备的配套设施以及财政支持，如新能源动力汽车需要配以充电桩。鼓励新能源企业建立技术联盟共享资源，共同抵御市场风险。对于规模较大、发展前景良好的新能源产业，加大产业补贴力度以及创新融资支持力度。考虑到技术对能源效率存在非线性影响，政府在制定提高能源效率的相关政策时，要考虑到各城市经济发展水平的差异性，针对不同的城市制定相应的节能政策。

四　适时开征环境税，制定差别化税率

本书通过模拟认为，在中国征收环境税对于改善空气污染状况具有良好的效果。例如，对山西省征收 SO_2 税发现具有经济上的可行性。在征收环境税时，首先要考虑环境税税率，根据"污染者付费"原则，在

提高效率的同时要兼顾公平。税率的制定要适度，一方面，要考虑到征税对污染排放型企业的负面影响不应过大，由于能源投入在整个产业中的比重较大，过高的环境税会对经济发展和就业造成较大的负面影响，对企业的竞争力构成威胁，减少企业绿色技术创新的激励，不利于经济的可持续发展。另一方面，过低的环境税税率不能有效地实现减排目标。应采用循序渐进的方式，根据经济发展水平与产业结构调整的状况对税率进行动态调整。其次，在制定环境税时也应当辅以其他配套措施，例如碳排放交易制度、税收返还等。再次，还应注意与其他环境税密切配合。本书发现某一污染气体的减排会对其他污染气体产生显著的协同效应，因此，政府在制定环境税率时也应充分考虑到对其他污染物征税产生的经济影响，尽量减少对经济的负面效应。最后，不同地区的污染水平不同，因此应根据不同地区的实际情况制定差别化税率。

五　强化生态环保意识，转变居民消费方式

生态文明建设需要全社会共同参与，只有得到广大群众的支持才能有望实现预期目标。其一，应积极开展生态环保相关的宣传教育活动，鼓励社会各界积极参与，充分发挥媒体的传播功能，改变传统的资源用之不竭的消费观念，牢固树立"绿水青山就是金山银山"的生态文明理念，加强对消费者行为的监督。在生态环境遭到破坏的情景下，能够使经济主体以积极的行为感染其他社会成员。其二，积极宣传绿色消费理念，改变居民传统的消费方式，强化消费者的环保意识。"十四五"规划提出，顺应居民消费升级趋势，培育新型消费，发展绿色消费。应把绿色消费作为考核地方政府工作人员的重要标准之一，对绿色环保产品实行税收优惠政策，而对那些不利于环境保护的高碳产品征收高额税。此外，要完善监督机制，为居民的绿色消费提供良好的制度支撑。

第三节　长效机制建设

传统的生产型技术进步在促进经济增长的同时，也带来了环境污染与资源损耗。绿色技术进步摒弃了单纯以追求经济增长为目标的粗放型发展方式，更加注重强调节能环保，合乎时代潮流，是促进中国形成环

境保护和能源节约空间格局、实现经济转型升级的根本途径。换言之，从节能减排的视角讲，生态文明建设的关键是大力发展环境友好型、资源节约型技术创新。

从长期来讲，以绿色技术创新推动中国生态文明建设需要良好的制度保障或顶层设计，其中涉及激励型制度、行政命令型制度、绿色专利保护制度以及其他相关法律法规制度。理性的经济主体决定了其在对一项技术研发进行投入时会考虑到成本收益原则。具体而言，绿色技术创新具有知识溢出和环境保护的双重外部性，如若没有良好的经济激励制度和惩戒性制度作为保障，很可能会出现企业投资意愿不足的状况，进而导致节能环保型技术从研发至最终得到广泛应用难以实现。因此，相关部门在构建绿色技术创新的长效机制时，应同时采用"胡萝卜＋大棒"的策略，以有效提升企业的绿色技术创新成效，避免或减少研发资源错配。对于企业来讲，从事绿色技术创新研发周期较长、风险较大，还需要较多的资金投入，在短期内难以带来显著的收益。这就需要政府在财政和税收上分别建立长期的激励和优惠措施，开辟"绿色通道"，减轻企业进行绿色技术研发的资金压力，提高企业投入绿色技术创新的积极性。通过设计合理的环境税或构建全国范围的排放权交易市场，激励企业从事绿色技术创新，坚持"污染者付费原则"，将企业的环境污染成本内生化，推动企业淘汰落后的产品和设备，将征收的环境税用于企业的绿色技术创新。在绿色技术专利方面，应着力确立绿色专利对照标准，构建符合绿色专利技术的制度体系，对于国家重点支持的相关战略性新兴产业（如节能环保、新能源以及新能源汽车等）的专利申请给予优先审查的措施。拓宽绿色技术创新投融资渠道，例如政府可通过发行环境债券的方式筹集用于攻克特定环境技术难题的专项资金。规范和培育绿色技术专利市场，杜绝绿色专利侵权行为，鼓励与国外绿色技术市场对接，为绿色技术市场的健康发展营造良好的市场环境。另外，还需要构建企业绿色技术创新评价体系，完善绿色技术创新评价机制，具体建立以环保为导向的企业绩效管理考核机制，强调企业的环境贡献。在相关法律法规建设上，建立和完善与绿色技术创新相关的法律规章制度。在推进企业进行绿色改造的过程中，做到有法必依、违法必究。在提高国内外企业污染排放标准的同时，加大对经济主体违法排污行为的惩戒力度。

此外，由于不同政策工具之间存在差异性和互补性，其长期效果和短期效果可能有所不同，短期政策可能会削弱长期政策目标的有效性。因此，应加强政府部门和科研工作者的通力合作，对不同的技术政策、环境政策以及市场机制等政策工具进行有效整合，充分发挥绿色技术推动生态文明建设的积极作用，实现最佳效果。

第四节　研究展望

本书是从节能和减排的视角系统地考察了技术进步推动生态文明建设的有益探索，利用计量建模方法进行实证分析与运用 CGE 模型进行反事实模拟，深入分析了城市层面技术进步对环境污染的空间溢出效应、技术进步对能源效率的非线性关系，以及绿色技术进步在推动未来区域空气污染治理中所发挥的重要作用。然而，由于笔者时间、精力和水平有限，本书仍有一些需要拓展的地方。

第一，尽管本书首次使用了城市层面的专利数据来度量知识存量，限于现有城市层面其他统计数据的缺乏，本书没有将专利数据划分为绿色专利与其余专利两类，未能以统计数据深入探讨绿色专利是否能够有效地抑制环境污染、提高能源效率。收集城市层面的绿色专利数据是一项繁重而复杂的工作，未来可以从中国专利数据库中获得相关绿色专利数据来构建城市绿色专利数据库。

第二，本书在测度能源效率指标时，受城市层面统计数据的限制，使用了电力消费作为能源投入的指标。尽管电力消费能够合理地反映一个城市的能源需求情况，但可能存在一定的偏差。未来可以从多个渠道收集城市层面更为详细的不同品种能源的消费数据，以及收集不同种类的环境污染物，通过构建环境污染综合指数来表征非期望产出，以获得城市层面更加准确的绿色全要素生产率指标。

参考文献

一 中文文献

白俊红、吕晓红，2015，《FDI 质量与中国环境污染的改善》，《国际贸易问题》第 8 期。

白俊红、聂亮，2017，《技术进步与环境污染的关系——一个倒 U 形假说》，《研究与发展管理》第 3 期。

包庆德，2011，《消费模式转型：生态文明建设的重要路径》，《中国社会科学院研究生院学报》第 2 期。

包群、彭水军，2006，《经济增长与环境污染：基于面板数据的联立方程估计》，《世界经济》第 11 期。

蔡虹、许晓雯，2005，《我国技术知识存量的构成与国际比较研究》，《研究与发展管理》第 4 期。

曹静，2009，《走低碳发展之路：中国碳税政策的设计及 CGE 模型分析》，《金融研究》第 12 期。

陈劭锋等，2010，《二氧化碳排放演变驱动力的理论与实证研究》，《科学管理研究》第 1 期。

陈诗一，2012，《中国各地区低碳经济转型进程评估》，《经济研究》第 8 期。

陈震等，2011，《技术进步对我国碳排放绩效影响动态效应研究》，《中国管理科学》专辑。

陈子寅，2013，《技术进步、碳排放与能源消费相关关系研究——基于非线性面板门限模型》，硕士学位论文，大连理工大学。

成金华、李世祥，2010，《结构变动、技术进步以及价格对能源效率的影响》，《中国人口·资源与环境》第 4 期。

邓翠华，2012，《论中国工业化进程中的生态文明建设》，《福建师范大学学报》（哲学社会科学版）第 4 期。

冯泰文、孙林岩、何哲，2008，《技术进步对中国能源强度调节效应的实证研究》，《科学学研究》第 5 期。

高宏霞、杨林、付海东，2012，《中国各省经济增长与环境污染关系的研究与预测》，《经济学动态》第 2 期。

高振宇、王益，2006，《我国能源生产率的地区划分及影响因素分析》，《数量经济技术经济研究》第 9 期。

谷树忠、胡咏君、周洪，2013，《生态文明建设的科学内涵与基本路径》，《资源科学》第 1 期。

郭文、孙涛，2013，《中国工业行业生态全要素能源效率研究》，《管理学报》第 11 期。

国涓、郭崇慧、凌煜，2010，《中国工业部门能源反弹效应研究》，《数量经济技术经济研究》第 11 期。

国家统计局编，2023，《中国统计年鉴（2023）》，中国统计出版社。

何建坤，2021，《碳达峰碳中和目标导向下能源和经济的低碳转型》，《环境经济研究》第 1 期。

何建武、李善同，2009，《节能减排的环境税收政策影响分析》，《数量经济技术经济研究》第 1 期。

何小钢、张耀辉，2012，《中国工业碳排放影响因素与 CKC 重组效应——基于 STIRPAT 模型的分行业动态面板数据实证研究》，《中国工业经济》第 1 期。

何晓萍，2011，《中国工业的节能潜力及影响因素》，《金融研究》第 10 期。

贺彩霞、冉茂盛，2009，《环境污染与经济增长——基于省际面板数据的区域差异研究》，《中国人口·资源与环境》第 2 期。

贺菊煌、沈可挺、徐嵩龄，2002，《碳税与二氧化碳减排的 CGE 模型》，《数量经济技术经济研究》第 10 期。

胡鞍钢，2021，《中国实现 2030 年前碳达峰目标及主要途径》，《北京工业大学学报》（社会科学版）第 3 期。

胡军峰、赵晓丽、欧阳超，2011，《北京市能源消费与经济增长关系研究》，《统计研究》第 3 期。

黄勤、曾元、江琴，2015，《中国推进生态文明建设的研究进展》，《中国人口·资源与环境》第 2 期。

姜磊、季民河，2011，《基于空间异质性的中国能源消费强度研究——资源禀赋、产业结构、技术进步和市场调节机制的视角》，《产业经济研究》第 4 期。

雷宏、李智，2017，《技术进步对二氧化碳排放的影响效应研究——基于省级面板门限模型》，《中南财经政法大学学报》第 3 期。

李博、张文忠、余建辉，2016，《考虑环境约束的中国资源型城市全要素能源效率及其差异研究》，《自然资源学报》第 3 期。

李多、董直庆，2016，《绿色技术创新政策研究》，《经济问题探索》第 2 期。

李健、刘安琦、苑清敏，2017，《考虑非期望产出的京津冀石化产业投入产出效率分析》，《干旱区资源与环境》第 9 期。

李凯杰、曲如晓，2012，《技术进步对中国碳排放的影响——基于向量误差修正模型的实证研究》，《中国软科学》第 6 期。

李锴、齐绍洲，2011，《贸易开放、经济增长与中国二氧化碳排放》，《经济研究》第 11 期。

李兰冰，2015，《中国能源绩效的动态演化、地区差距与成因识别——基于一种新型全要素能源生产率变动指标》，《管理世界》第 11 期。

李力等，2016，《FDI 对城市雾霾污染影响的空间计量研究——以珠三角地区为例》，《管理评论》第 6 期。

李廉水、周勇，2006，《技术进步能提高能源效率吗？——基于中国工业部门的实证检验》，《管理世界》第 10 期。

李玲、陶锋，2011，《污染密集型产业的绿色全要素生产率及影响因素——基于 SBM 方向性距离函数的实证分析》，《经济学家》第 12 期。

李强、王洪川、胡鞍钢，2013，《中国电力消费与经济增长——基于省际面板数据的因果分析》，《中国工业经济》第 9 期。

李树、陈刚，2013，《环境管制与生产率增长——以 APPCL2000 的修订为例》,《经济研究》第 1 期。

李小平、卢现祥,2010,《国际贸易、污染产业转移和中国工业 CO_2 排放》,《经济研究》第 45 期。

李小胜、宋马林、安庆贤,2013,《中国经济增长对环境污染影响的异质性研究》,《南开经济研究》第 5 期。

李子豪、刘辉煌,2011,《外商直接投资、技术进步和二氧化碳排放——基于中国省际数据的研究》,《科学学研究》第 10 期。

廖曰文、章燕妮,2011,《生态文明的内涵及其现实意义》,《中国人口·资源与环境》第 S1 期。

林伯强,2003,《电力消费与中国经济增长:基于生产函数的研究》,《管理世界》第 11 期。

林伯强,2003,《结构变化、效率改进与能源需求预测——以中国电力行业为例》,《经济研究》第 5 期。

林伯强、蒋竺均,2009,《中国二氧化碳的环境库兹涅茨曲线预测及影响因素分析》,《管理世界》第 4 期。

林伯强、李江龙,2015,《环境治理约束下的中国能源结构转变——基于煤炭和二氧化碳峰值的分析》,《中国社会科学》第 9 期。

林伯强、魏巍贤、李丕东,2007,《中国长期煤炭需求:影响与政策选择》,《经济研究》第 2 期。

林伯强、姚昕、刘希颖,2010,《节能和碳排放约束下的中国能源结构战略调整》,《中国社会科学》第 1 期。

刘丹丹,2015,《全要素视角下中国西部地区能源效率及影响因素》,《中国环境科学》第 6 期。

刘凤朝、刘源远、潘雄锋,2007,《中国经济增长和能源消费的动态特征》,《资源科学》第 5 期。

刘广亮、董会忠、吴宗杰,2017,《异质性技术进步对中国碳排放的门槛效应研究》,《科技管理研究》第 15 期。

刘慧、陈光,2004,《企业绿色技术创新:一种科学发展观》,《科学学与科学技术管理》第 8 期。

刘瑞翔、安同良,2012,《资源环境约束下中国经济增长绩效变化趋势与因素分析》,《经济研究》第 11 期。

刘晓音、赵玉民，2012，《环境规制背景下的企业绿色技术创新探析》，《技术经济与管理研究》第 2 期。

刘亦文、胡宗义，2015，《农业温室气体减排对中国农村经济影响研究——基于 CGE 模型的农业部门生产环节征收碳税的分析》，《中国软科学》第 9 期。

刘宇、肖宏伟、吕郢康，2015，《多种税收返还模式下碳税对中国的经济影响——基于动态 CGE 模型》，《财经研究》第 1 期。

逯雅雯，2016，《自主创新、技术引进对区域二氧化碳排放效率的影响研究》，硕士学位论文，大连理工大学。

吕燕、王伟强、许庆瑞，1994，《绿色技术创新：21 世纪企业发展的机遇与挑战》，《科学管理研究》第 6 期。

罗会军、范如国、罗明，2015，《中国能源效率的测度及演化分析》，《数量经济技术经济研究》第 5 期。

罗良文、李珊珊，2013，《FDI、国际贸易的技术效应与我国省际碳排放绩效》，《国际贸易问题》第 8 期。

马丽梅、刘生龙、张晓，2016，《能源结构、交通模式与雾霾污染——基于空间计量模型的研究》，《财贸经济》第 1 期。

马丽梅、张晓，2014，《中国雾霾污染的空间效应及经济、能源结构影响》，《中国工业经济》第 4 期。

马树才、李国柱，2006，《中国经济增长与环境污染关系的 Kuznets 曲线》，《统计研究》第 8 期。

马素琳、韩君、杨肃昌，2016，《城市规模、集聚与空气质量》，《中国人口·资源与环境》第 5 期。

彭水军、包群，2006，《经济增长与环境污染》，《财经问题研究》第 8 期。

彭水军、包群，2006，《中国经济增长与环境污染——基于广义脉冲响应函数法的实证研究》，《中国工业经济》第 5 期。

彭向刚、向俊杰，2015，《中国三种生态文明建设模式的反思与超越》，《中国人口·资源与环境》第 3 期。

齐绍洲、林屾、崔静波，2018，《环境权益交易市场能否诱发绿色创新？——基于我国上市公司绿色专利数据的证据》，《经济研究》第

12 期。

齐志新、陈文颖，2006，《结构调整还是技术进步？——改革开放后我国能源效率提高的因素分析》，《上海经济研究》第 6 期。

秦炳涛，2014，《中国区域能源效率研究——地级市的视角》，《世界经济文汇》第 1 期。

屈小娥，2009，《中国省际全要素能源效率变动分解——基于 Malmquist 指数的实证研究》，《数量经济技术经济研究》第 8 期。

任松彦等，2016，《基于 CGE 模型的广东省重点行业碳排放上限及减排路径研究》，《生态经济》第 7 期。

邵帅、杨莉莉、曹建华，2010，《工业能源消费碳排放影响因素研究——基于 STIRPAT 模型的上海分行业动态面板数据实证分析》，《财经研究》第 11 期。

邵帅等，2016，《中国雾霾污染治理的经济政策选择——基于空间溢出效应的视角》，《经济研究》第 9 期。

申萌、李凯杰、曲如晓，2012，《技术进步、经济增长与二氧化碳排放：理论和经验研究》，《世界经济》第 7 期。

沈利生、唐志，2008，《对外贸易对我国污染排放的影响——以二氧化硫排放为例》，《管理世界》第 6 期。

盛斌、吕越，2012，《外国直接投资对中国环境的影响——来自工业行业面板数据的实证研究》，《中国社会科学》第 5 期。

师博、沈坤荣，2013，《政府干预、经济集聚与能源效率》，《管理世界》第 10 期。

师应来、胡晟明，2017，《技术进步、经济增长对二氧化碳排放的动态分析》，《统计与决策》第 16 期。

石敏俊等，2013，《碳减排政策：碳税、碳交易还是两者兼之？》，《管理科学学报》第 9 期。

时佳瑞等，2015，《基于 CGE 模型的碳交易机制对我国经济环境影响研究》，《中国管理科学》第 S1 期。

史丹，2018，《绿色发展与全球工业化的新阶段：中国的进展与比较》，《中国工业经济》第 10 期。

史丹、李少林，2020，《排污权交易制度与能源利用效率——对地级及以上城市的测度与实证》，《中国工业经济》第 9 期。

史丹等，2008，《中国能源效率地区差异及其成因研究——基于随机前沿生产函数的方差分解》，《管理世界》第 2 期。

隋建利、米秋吉、刘金全，2017，《异质性能源消费与经济增长的非线性动态驱动机制》，《数量经济技术经济研究》第 11 期。

汤维祺、钱浩祺、吴力波，2016，《内生增长下排放权分配及增长效应》，《中国社会科学》第 1 期。

童玉芬、王莹莹，2014，《中国城市人口与雾霾：相互作用机制路径分析》，《北京社会科学》第 5 期。

涂正革，2008，《环境、资源与工业增长的协调性》，《经济研究》第 2 期。

万伦来、黄志斌，2003，《推动绿色技术创新，促进经济可持续发展——"全国绿色技术创新与社会经济发展研讨会"综述》，《自然辩证法研究》第 2 期。

汪旭晖、刘勇，2007，《中国能源消费与经济增长：基于协整分析和 Granger 因果检验》，《资源科学》第 5 期。

王班班、齐绍洲，2014，《有偏技术进步、要素替代与中国工业能源强度》，《经济研究》第 2 期。

王兵、吴延瑞、颜鹏飞，2010，《中国区域环境效率与环境全要素生产率增长》，《经济研究》第 5 期。

王兵、朱宁，2011，《不良贷款约束下的中国银行业全要素生产率增长研究》，《经济研究》第 5 期。

王灿、陈吉宁、邹骥，2005，《基于 CGE 模型的 CO_2 减排对中国经济的影响》，《清华大学学报》（自然科学版）第 12 期。

王灿发，2014，《论生态文明建设法律保障体系的构建》，《中国法学》第 3 期。

王惠等，2016，《研发投入对绿色创新效率的异质门槛效应——基于中国高技术产业的经验研究》，《科研管理》第 2 期。

王立平、管杰、张纪东，2010，《中国环境污染与经济增长：基于空间动态面板数据模型的实证分析》，《地理科学》第 6 期。

王敏、黄滢，2015，《中国的环境污染与经济增长》，《经济学》（季刊）

第 2 期。

王秋彬，2010，《工业行业能源效率与工业结构优化升级——基于 2000—2006 年省际面板数据的实证研究》，《数量经济技术经济研究》第 10 期。

王腾、严良、易明，2017，《中国能源生态效率评价研究》，《宏观经济研究》第 7 期。

王为东、王冬、卢娜，2022，《中国碳排放权交易促进低碳技术创新机制的研究》，《中国人口·资源与环境》第 2 期。

王维国、范丹，2012，《中国区域全要素能源效率收敛性及影响因素分析——基于 Malmqulist-Luenberger 指数法》，《资源科学》第 10 期。

王文举、向其凤，2014，《中国产业结构调整及其节能减排潜力评估》，《中国工业经济》第 1 期。

王勇、王恩东、毕莹，2017，《不同情景下碳排放达峰对中国经济的影响——基于 CGE 模型的分析》，《资源科学》第 10 期。

王曾，2010，《人力资本、技术进步与 CO_2 排放关系的实证研究——基于中国 1953—2008 年时间序列数据的分析》，《科技进步与对策》第 22 期。

魏楚、沈满洪，2007，《能源效率及其影响因素基于 DEA 的实证分析》，《管理世界》第 8 期。

魏巍贤、杨芳，2010，《技术进步对中国二氧化碳排放的影响》，《统计研究》第 7 期。

魏巍贤等，2016，《技术进步和税收在区域大气污染治理中的作用》，《中国人口·资源与环境》第 5 期。

魏一鸣、廖华，2010，《能源效率的七类测度指标及其测度方法》，《中国软科学》第 1 期。

吴延兵，2008，《自主研发、技术引进与生产率——基于中国地区工业的实证研究》，《经济研究》第 8 期。

邢毅，2015，《经济增长、能源消费和信贷投放的动态关系研究——基于碳排放强度分组的省级面板实证分析》，《金融研究》第 12 期。

徐春，2010，《对生态文明概念的理论阐释》，《北京大学学报》（哲学社会科学版）第 1 期。

徐国泉、姜照华，2007，《技术进步、结构变化与美国能源效率的关系》，《科学学与科学技术管理》第 3 期。

徐士元，2009，《技术进步对能源效率影响的实证分析》，《科研管理》第 6 期。

徐盈之、管建伟，2011，《中国区域能源效率趋同性研究：基于空间经济学视角》，《财经研究》第 1 期。

许广月，2010，《碳排放收敛性：理论假说和中国的经验研究》，《数量经济技术经济研究》第 9 期。

许和连、邓玉萍，2012，《外商直接投资导致了中国的环境污染吗?》，《管理世界》第 2 期。

许庆瑞、王毅，1999，《绿色技术创新新探：生命周期观》，《科学管理研究》第 1 期。

杨发明、吕燕，1998，《绿色技术创新的组合激励研究》，《科研管理》第 1 期。

杨骞、刘华军，2014，《技术进步对全要素能源效率的空间溢出效应及其分解》，《经济评论》第 6 期。

杨万平、袁晓玲，2008，《对外贸易、FDI 对环境污染的影响分析——基于中国时间序列的脉冲响应函数分析：1982～2006》，《世界经济研究》第 12 期。

杨子晖、田磊，2017，《"污染天堂"假说与影响因素的中国省际研究》，《世界经济》第 5 期。

姚西龙，2013，《技术进步、结构变动与制造业的二氧化碳排放强度》，《暨南学报》（哲学社会科学版）第 3 期。

姚西龙、于渤，2011，《规模效率和技术进步对 CO_2 排放影响的实证》，《中国人口·资源与环境》第 12 期。

叶阿忠等，2015，《空间计量经济学》，厦门大学出版社。

叶谦吉，1987，《真正的文明时代才刚刚起步——叶谦吉教授呼吁开展"生态文明建设"》，《中国环境报》第 23 期。

俞可平，2005，《科学发展观与生态文明》，《马克思主义与现实》第 4 期。

袁晓玲、张宝山、杨万平，2009，《基于环境污染的中国全要素能源效率研究》,《中国工业经济》第 2 期。

张兵兵、徐康宁,2013,《技术进步与 CO_2 排放:基于跨国面板数据的经验分析》,《中国人口·资源与环境》第 9 期。

张成等,2011,《环境规制强度和生产技术进步》,《经济研究》第 2 期。

张翠菊、张宗益,2015,《能源禀赋与技术进步对中国碳排放强度的空间效应》,《中国人口·资源与环境》第 9 期。

张翠菊、张宗益、覃明锋,2016,《能源禀赋、技术进步与碳排放强度——基于空间计量模型的研究》,《系统工程》第 11 期。

张海洋,2005,《中国工业部门 R&D 吸收能力与外资技术扩散》,《管理世界》第 6 期。

张捷、赵秀娟,2015,《碳减排目标下的广东省产业结构优化研究——基于投入产出模型和多目标规划模型的模拟分析》,《中国工业经济》第 6 期。

张克中、王娟、崔小勇,2011,《财政分权与环境污染:碳排放的视角》,《中国工业经济》第 10 期。

张瑞、秦书生,2010,《我国生态文明的制度建构探析》,《自然辩证法研究》第 8 期。

张少华、蒋伟杰,2016,《能源效率测度方法:演变、争议与未来》,《数量经济技术经济研究》第 7 期。

张生玲等,2017,《中国雾霾空间分布特征及影响因素分析》,《中国人口·资源与环境》第 9 期。

张伟、吴文元,2011,《基于环境绩效的长三角都市圈全要素能源效率研究》,《经济研究》第 10 期。

张伟、朱启贵、高辉,2016,《产业结构升级、能源结构优化与产业体系低碳化发展》,《经济研究》第 12 期。

张文彬、李国平,2015,《异质性技术进步的碳减排效应分析》,《科学学与科学技术管理》第 9 期。

张晓娣,2014,《增长、就业及减排目标约束下的产业结构优化研究》,《中国人口·资源与环境》第 5 期。

张宇、蒋殿春,2014,《FDI、政府监管与中国水污染——基于产业结构与技术进步分解指标的实证检验》,《经济学》(季刊)第 2 期。

赵楠、贾丽静、张军桥，2013，《技术进步对中国能源利用效率影响机制研究》，《统计研究》第 4 期。

赵其国、黄国勤、马艳芹，2016，《中国生态环境状况与生态文明建设》，《生态学报》第 19 期。

中国社会科学院工业经济研究所课题组，2011，《中国工业绿色转型研究》，《中国工业经济》第 4 期。

周光迅、周夏，2010，《生态危机背景下的生态道德建设》，《浙江社会科学》第 5 期。

朱佩誉、凌文，2016，《不同碳排放达峰情景对产业结构的影响——基于动态 CGE 模型的分析》，《财经理论与实践》第 5 期。

二　外文文献

Aatola, P., M. Ollikainen, A. Toppinen, 2013, "Price Determination in the EU ETS Market: Theory and Econometric Analysis with Market Fundamentals", *Energy Economics*, Vol. 36.

Acemoglu, D., D. Autor, 2011, "Skills, Tasks and Technologies: Implications for Employment and Earnings", in Handbook of Labor Economics, *Elsevier*.

Acemoglu, D., 2002, "Directed Technical Change", *The Review of Economic Studies*, Vol. 69.

Acemoglu, D., 2007, "Equilibrium Bias of Technology", *Econometrica*, Vol. 75.

Acemoglu, D. et al., 2012, "The Environment and Directed Technical Change", *The American Economic Review*, Vol. 102.

Acemoglu, D. et al., 2016, "Transition to Clean Technology", *Journal of Political Economy*, Vol. 124.

Acemoglu, D., P. Aghion, D. Hémous, 2014, "The Environment and Directed Technical Change in a North-South Model", *Oxford Review of Economic Policy*, Vol. 30.

Adams, S., E. K. M. Klobodu, E. E. O. Opoku, 2016, "Energy Consumption, Political Regime and Economic Growth in Sub-Saharan Africa", *Energy Policy*, Vol. 96.

Aghion, P. A. et al. , 2016, "Carbon Taxes, Path Dependency, and Direct-ed Technical Change: Evidence from the Auto Industry", *Journal of Political Economy*, Vol. 124.

Aghion, P. , P. Howitt, 1989, "A Model of Growth through Creative Destruction", *Econometrica*, Vol. 60.

Akaike, H. , 1978, "A Beyesian Analysis of the Minimun AIC Procedure", *Annals of the Insititute of Statistical Mathematics*, Vol. 30.

Akbostancı, E. , S. Türüt-Aşık, G. . Tunç, 2009, "The Relationship between Income and Environment in Turkey: Is There an Environmental Kuznets Curve?", *Energy Policy*, Vol. 37.

Alfaro, L. et al. , 2004, "FDI and Economic Growth: The Role of Local Financial Markets", *Journal of international economics*, Vol. 64.

Allan, C. , A. B. Jaffe, I. Sin, 2014, "Diffusion of Green Technology: A Survey", SSRN Working Paper.

Altinay, G. , E. Karagol, 2005, "Electricity Consumption and Economic Growth: Evidence from Turkey", *Energy Economics*, Vol. 27.

Ang, J. B. , 2007, "CO_2 Emissions, Energy Consumption, and Output in France", *Energy Policy*, Vol. 35.

Ang, J. B. , 2009, "CO_2 Emissions, Research and Technology Transfer in China", *Ecological Economics*, Vol. 68.

Anselin, L. , 1988, "Lagrange Multiplier Test Diagnostics for Spatial Dependence and Spatial Heterogeneity", *Geographical Analysis*, Vol. 20.

Antonakakis, N. , I. Chatziantoniou, G. Filis, 2017, "Energy Consumption, CO_2 Emissions, and Economic Growth: An Ethical Dilemma", *Renewable and Sustainable Energy Reviews*, Vol. 68.

Antweiler, W. , B. R. Copeland, M. S. Taylor, 2001, "Is Free Trade Good for the Environment?", *The American Economic Review*, Vol. 91.

Apergis, N. et al. , 2015, "Energy Efficiency of Selected OECD Countries: A Slacks Based Model with Undesirable Outputs", *Energy Economics*, Vol. 51.

Arrow, K. J. , 1962, "The Economic Implications of Learning by Doing", *The Review of Economic Studies*, Vol. 29.

Asafu-Adjaye, J., 2000, "The Relationship between Energy Consumption, Energy Prices and Economic Growth: Time Series Evidence from Asian Developing Countries", *Energy Economics*, Vol. 22.

Autor, D., A. Salomons, 2018, "Is Automation Labor-Displacing? Productivity Growth, Employment, and the Labor Share", NBER Working Paper.

Azman-Saini, W. N. W., A. Z. Baharumshah, S. H. Law, 2010, "Foreign Direct Investment, Economic Freedom and Economic Growth: International Evidence", *Economic Modelling*, Vol. 27.

Azman-Saini, W. N. W., S. H. Law, 2010, "FDI and Economic Growth: New Evidence on the Role of Financial Markets", *Economics letters*, Vol. 107.

Bergman, L., 2005, "CGE Modeling of Environmental Policy and Resource Management", in Handbook of Environmental Economics, Elsevier.

Berndt, Jorgenson, 1978, "How Energy, and Its Cost, Enter Productivity Equation", *IEEE Spectrum*, Vol. 15.

Bhattacharya, M. et al., 2016, "The Effect of Renewable Energy Consumption on Economic Growth: Evidence from Top 38 Countries", *Applied Energy*, Vol. 162.

Birdsall, N., D. Wheeler, 1993, "Trade Policy and Industrial Pollution in Latin America: Where Are the Pollution Havens?", *The Journal of Environment & Development*, Vol. 2.

Bollen, J., 2015, "The Value of Air Pollution Co-Benefits of Climate Policies: Analysis with a Global Sector-Trade CGE Model Called WorldScan", *Technological Forecasting and Social Change*, Vol. 90.

Borensztein, E., J. De Gregorio, J. W. Lee, 1998, "How Does Foreign Direct Investment Affect Economic Growth?", *Journal of international Economics*, Vol. 45.

Bosetti, V. et al., 2006, "WITCH a World Induced Technical Change Hybrid Model", *The Energy Journal*, Vol. 27.

Bouznit, M., M. D. P. Pablo-Romero, 2016, "CO_2 Emission and Economic Growth in Algeria", *Energy Policy*, Vol. 96.

Boyd, G. A., J. X. Pang, 2000, "Estimating the Linkage between Energy Efficiency and Productivity", *Energy Policy*, Vol. 28.

Boyd, R., K. Krutilla, W. K. Viscusi, 1995, "Energy Taxation as a Policy Instrument to Reduce CO_2 Emissions: A Net Benefit Analysis", *Journal of Environmental Economics and Management*, Vol. 29.

Bras, B., 1997, "Incorporating Environmental Issues in Product Design and Realization", *Industry and Environment*, Vol. 20.

Braun, E., D. Wield, 1994, "Regulation as a Means for the Social Control of Technology", *Technology Analysis & Strategic Management*, Vol. 6.

Brännlund, R., T. Ghalwash, J. Nordström, 2007, "Increased Energy Efficiency and the Rebound Effect: Effects on Consumption and Emissions", *Energy Economics*, Vol. 29.

Brucal, A., B. Javorcik, I. Love, 2016, "Pollution Haven or Halo? FDI-Induced Effects on Manufacturing Plants in Indonesia", University of Oxford, Mimeo.

Calderon, S. et al., 2016, "Achieving CO_2 Reductions in Colombia: Effects of Carbon Taxes and Abatement Targets", *Energy Economics*, Vol. 56.

Calel, R., 2020, "Adopt or Innovate: Understanding Technological Responses to Cap-and-Trade", *American Economic Journal: Economic Policy*, Vol. 12.

Caselli, F., W. J. Coleman, 2006, "The World Technology Frontier", *The American Economic Review*, Vol. 96.

Caves, D. W., L. R. Christensen, W. E. Diewert, 1982, "The Economic Theory of Index Numbers and the Measurement of Input, Output, and Productivity", *Econometrica: Journal of the Econometric Society*, Vol. 50.

Chambers, R. G., Y. Chung, R. Färe, 1996, "Benefit and Distance Functions", *Journal of Economic Theory*, Vol. 70.

Charnes, A., W. W. Cooper, E. Rhodes, 1978, "Measuring the Efficiency of Decision Making Units", *European Journal of Operational Research*, Vol. 2.

Cheng, B. et al., 2015, "Impacts of Carbon Trading Scheme on Air Pollutant Emissions in Guangdong Province of China", *Energy for Sustainable Development*, Vol. 27.

Chen, S. Y., J. Golley, 2014, "'Green' Productivity Growth in China's Industrial Economy", *Energy Economics*, Vol. 44.

Chen, S. Y. , S. B. Lai, C. T. Wen, 2006, "The Influence of Green Innovation Performance on Corporate Advantage in Taiwan", *Journal of Business Ethics*, Vol. 67.

Chung, Y. H. , R. Färe, S. Grosskopf, 1997, "Productivity and Undesirable Outputs: A Directional Distance Function Approach", *Journal of Environmental Management*, Vol. 51.

Coe, D. T. , E. Helpman, A. W. Hoffmaister, 1997, "North-south R&D Spillovers", *The Economic Journal*, Vol. 107.

Coers, R. , M. Sanders, 2013, "The Energy-GDP Nexus: Addressing an Old Question with New Methods", *Energy Economics*, Vol. 36.

Cole, M. A. , R. J. Elliott, J. Zhang, 2011, "Growth, Foreign Direct Investment, and the Environment: Evidence from Chinese Cities", *Journal of Regional Science*, Vol. 51.

Colletaz, G. , C. Hurlin, 2006, "Threshold Effect in the Public Capital Productivity: An International Panel Smooth Transition Approach", *Working paper*.

Copeland, B. R. , M. S. Taylor, 2004, "Trade, Growth, and the Environment", *Journal of Economic Literature*, Vol. 42.

Cui, L. B. et al. , 2014, "How Will the Emissions Trading Scheme Save Cost for Achieving China's 2020 Carbon Intensity Reduction Target?", *Applied Energy*, Vol. 136.

Dai, H. et al. , 2011, "Assessment of China's Climate Commitment and Non-Fossil Energy Plan Towards 2020 Using Hybrid AIM/CGE Model", *Energy Policy*, Vol. 39.

Decaluwé, B. et al. , 2010, "PEP-1-t. Standard PEP Model: Single-Country, Recursive Dynamic Version", Politique Économique et Pauvreté/Poverty and Economic Policy Network, Université Laval, Québec.

Dong, B. et al. , 2018, "On the Impacts of Carbon Tax and Technological Progress on China", *Applied Economics*, Vol. 50.

Dong, H. et al. , 2017, "Exploring Impact of Carbon Tax on China's CO_2 Reductions and Provincial Disparities", *Renewable and Sustainable Energy Reviews*, Vol. 77.

Dong, H. J. et al. , 2015, "Pursuing Air Pollutant Co-Benefits of CO_2 Mitigation in China: A Provincial Leveled Analysis", *Applied Energy*, Vol. 144.

Eichner, T. , R. Pethig, 2009, "Efficient CO_2 Emissions Control with Emissions Taxes and International Emissions Trading", *European Economic Review*, Vol. 53.

Eisenack, K. , O. Edenhofer, M. Kalkuhl, 2012, "Resource Rents: The Effects of Energy Taxes and Quantity Instruments for Climate Protection", *Energy Policy*, Vol. 48.

Engelbrecht, H. J. , 1997, "International R&D Spillovers, Human Capital and Productivity in OECD Economies: An Empirical Investigation", *European Economic Review*, Vol. 41.

Eskeland, G. S. , A. E. Harrison, 2003, "Moving to Greener Pastures? Multinationals and the Pollution Haven Hypothesis", *Journal of Development Economics*, Vol. 70.

Fan, Y. , H. Liao, Y. M. Wei, 2007, "Can Market Oriented Economic Reforms Contribute to Energy Efficiency Improvement? Evidence from China", *Energy Policy*, Vol. 35.

Farrell, M. J. , 1957, "The Measurement of Productive Efficiency", *Journal of the Royal Statistical Society*, Vol. 120.

Filippini, M. , F. Heimsch, 2016, "The Regional Impact of a CO_2 Tax On Gasoline Demand: A Spatial Econometric Approach", *Resource and Energy Economics*, Vol. 46.

Fischer, C. , M. Springborn, 2011, "Emissions Targets and the Real Business Cycle: Intensity Targets versus Caps or Taxes", *Journal of Environmental Economics Management*, Vol. 62.

Fisher-Vanden, K. et al. , 2006, "Technology Development and Energy Productivity in China", *Energy Economics*, Vol. 28.

Fisher-Vanden, K. et al. , 2004, "What Is Driving China's Decline in Energy

Intensity?", *Resource and Energy Economics*, Vol. 26.

Freeman, M., 1997, "Performance Measurement and Financial Incentives for Community Behavioral Health Services Provision", *International Journal of Public Administration*, Vol. 20.

Färe, R., S. Grosskopf, C. A. Pasurka Jr, 2007, "Environmental Production Functions and Environmental Directional Distance Functions", *Energy*, Vol. 32.

Fu, X., 2008, "Foreign Direct Investment, Absorptive Capacity and Regional Innovation Capabilities: Evidence from China", *Oxford Development Studies*, Vol. 36.

Garbaccio, R. F., M. S. Ho, D. W. Jorgenson, 1999, "Why Has the Energy-Output Ratio Fallen in China?", *The Energy Journal*.

Garcia-Gusano, D., H. Cabal, Y. Lechon, 2015, "Evolution of NO(x) and SO_2 Emissions in Spain: Ceilings versus Taxes", *Clean Technologies and Environmental Policy*, Vol. 17.

Geary, R. C., 1954, "The Contiguity Ratio and Statistical Mapping", *Incorporated Statistician*, Vol. 5.

Gerlagh, R. et al., 2004, "Impacts of CO_2-taxes in an Economy with Niche Markets and Learning-by-doing", *Environmental and Resource Economics*, Vol. 28.

Gerlagh, R., O. Kuik, 2014, "Spill or Leak? Carbon Leakage with International Technology Spillovers: A CGE Analysis", *Energy Economics*, Vol. 45.

Getis, A., J. K. Ord, 1992, "The Analysis of Spatial Association by Use of Distance Statistics", *Geographical Analysis*, Vol. 24.

Ghali, K. H., M. I. El-Sakka, 2004, "Energy Use and Output Growth in Canada: A Multivariate Cointegration Analysis", *Energy Economics*, Vol. 26.

Giovanis, E., 2013, "Environmental Kuznets Curve: Evidence from the British Household Panel Survey", *Economic Modelling*, Vol. 30.

Girma, S., 2005, "Absorptive Capacity and Productivity Spillovers from FDI: A Threshold Regression Analysis", *Oxford Bulletin of Economics and Statistics*, Vol. 67.

Gonzalez, A., T. Terasvirta, D. V. Dijk, 2005, "Panel Smooth Transition Regression Models", Working Paper.

Goulder, L. H. , S. H. Schneider, 1999, "Induced Technological Change and the Attractiveness of CO$_2$ Abatement Policies", *Resource and Energy Economics*, Vol. 21.

Greening, L. A. , D. L. Greene, C. Difiglio, 2000, "Energy Efficiency and Consumption—The Rebound Effect—A Survey", *Energy Policy*, Vol. 28.

Grossman, G. M. , A. B. Krueger, 1995, "Economic Growth and the Environment", *The Quarterly Journal of Economics*, Vol. 110.

Grossman, G. M. , A. B. Krueger, 1991, "Environmental Impacts of a North American Free Trade Agreement", NBER Working Paper.

Grossman, G. M. , E. Helpman, 1991, *Innovation and Growth in the Global Economy*, MIT Press.

Haeckel, E. , 1866, *Generelle Morphologie der Organismen: Allgemeine Grundzüge der organischen Formen-Wissenschaft, mechanisch begründet durch die von Charles Darwin reformierte Descendenz-Theorie*, Berlin: Georg Reimer.

Hall, R. E. , C. I. Jones, 1999, "Why do Some Countries Produce So Much More Output Per Worker than Others?", *The Quarterly Journal of Economics*, Vol. 114.

Hansen, B. E. , 1999, "Threshold Effects in Non-Dynamic Panels: Estimation, Testing, and Inference", *Journal of Econometrics*, Vol. 93.

Harbaugh, W. T. , A. Levinson, D. M. Wilson, 2002, "Reexamining the Empirical Evidence for an Environmental Kuznets Curve", *Review of Economics and Statistics*, Vol. 84.

Harrod, R. F. , 1939, "An Essay in Dynamic Theory", *The Economic Journal*, Vol. 49.

Hicks, J. , 1932, *The Theory of Wages*, Springer.

Hilton, F. H. , A. Levinson, 1998, "Factoring the Environmental Kuznets Curve: Evidence from Automotive Lead Emissions", *Journal of Environmental Economics and Management*, Vol. 35.

Honma, S. , J. L. Hu, 2012, "Total-Factor Energy Efficiency of Regions in Japan", *Energy Policy*, Vol. 46.

Hsieh, C. T. , P. J. Klenow, 2009, "Misallocation and Manufacturing TFP in

China and India", *The Quarterly Journal of Economics*, Vol. 124.

Hu, A. G., G. H. Jefferson, Q. Jinchang, 2005, "R&D and Technology Transfer: Firm-Level Evidence from Chinese Industry", *Review of Economics and Statistics*, Vol. 87.

Huang, B. N., M. J. Hwang, C. W. Yang, 2008, "Causal Relationship between Energy Consumption and GDP Growth Revisited: A Dynamic Panel Data Approach", *Ecological Economics*, Vol. 67.

Huang, J., D. Du, Q. Tao, 2017, "An Analysis of Technological Factors and Energy Intensity in China", *Energy Policy*, Vol. 109.

Hu, J. L., S. C. Wang, 2006, "Total-Factor Energy Efficiency of Regions in China", *Energy Policy*, Vol. 34.

Inglesi-Lotz, R., 2016, "The Impact of Renewable Energy Consumption to Economic Growth: A Panel Data Application", *Energy Economics*, Vol. 53.

Jaffe, A. B., R. G. Newell, R. N. Stavins, 2002, "Environmental Policy and Technological Change", *Environmental and Resource Economics*, Vol. 22.

Jorgenson, D. W., P. J. Wilcoxen, 1993, "Reducing US Carbon Emissions: An Econometric General Equilibrium Assessment", *Resource and Energy Economics*, Vol. 15.

Jung, H. S., E. Thorbecke, 2003, "The Impact of Public Education Expenditure on Human Capital, Growth, and Poverty in Tanzania and Zambia: A General Equilibrium Approach", *Journal of Policy Modeling*, Vol. 25.

Kahsai, M. S. et al., 2012, "Income Level and the Energy Consumption-GDP Nexus: Evidence from Sub-Saharan Africa", *Energy Economics*, Vol. 34.

Kaldor, N., 1957, "A Model of Economic Growth", *The Economic Journal*, Vol. 67.

Kasman, A., Y. S. Duman, 2015, "CO_2 Emissions, Economic Growth, Energy Consumption, Trade and Urbanization in New EU Member and Candidate Countries: A Panel Data Analysis", *Economic Modelling*, Vol. 44.

Keller, W., 2010, "International Trade, Foreign Direct Investment, and Technology Spillovers", in Handbook of the Economics of Innovation, Vol. 2. North-Holland.

Kemp, R. , A. Arundel, 1998, "Survey Indicators for Environmental Innovation", IDEA Working Paper.

Kemp, R. , L. Soete, 1992, "The Greening of Technological Progress: An Evolutionary Perspective", *Futures*, Vol. 24.

Kennedy, C. , 1964, "Induced Bias in Innovation and the Theory of Distribution", *The Economic Journal*, Vol. 74.

Kim, Y. D. , H. O. Han, Y. S. Moon, 2011, "The Empirical Effects of a Gasoline Tax on CO_2 Emissions Reductions from Transportation Sector in Korea", *Energy Policy*, Vol. 39.

Kiuila, O. , 2003, "Economic Repercussions of Sulfur Regulations in Poland", *Journal of Policy Modeling*, Vol. 25.

Kollenberg, S. , L. Taschini, 2016, "Emissions Trading Systems with Cap Adjustments", *Journal of Environmental Economics and Management*, Vol. 80.

Kraft, J. , A. Kraft, 1978, "On the Relationship between Energy and GNP", *The Journal of Energy and Development*, Vol. 3.

Krugman, P. , 1991, "Increasing Returns and Economic Geography", *Journal of Political Economy*, Vol. 99.

Kuznets, S. , 1955, "Economic Growth and Income Inequality", *The American Economic Review*, Vol. 45.

Lanoie, P. , M. Patry, R. Lajeunesse, 2008, "Environmental Regulation and Productivity: Testing the Porter Hypothesis", *Journal of productivity analysis*, Vol. 30.

Lee, C. C. , 2005, "Energy Consumption and GDP in Developing Countries: A Cointegrated Panel Analysis", *Energy Economics*, Vol. 27.

Lee, M. , N. Zhang, 2012, "Technical Efficiency, Shadow Price of Carbon Dioxide Emissions, And Substitutability for Energy in the Chinese Manufacturing Industries", *Energy Economics*, Vol. 34.

Letchumanan, R. , F. Kodama, 2000, "Reconciling the Conflict between Thepollution-Haven'hypothesis and an Emerging Trajectory of International Technology Transfer", *Research Policy*, Vol. 29.

Liang, Q. M. , Y. Fan, Y. M. Wei, 2007, "Carbon Taxation Policy in China: How to Protect Energy-and Trade-Intensive Sectors?", *Journal of Policy Modeling*, Vol. 29.

Li, H., J. F. Shi, 2014, "Energy Efficiency Analysis on Chinese Industrial Sectors: An Improved Super-SBM Model with Undesirable Outputs", *Journal of Cleaner Production*, Vol. 65.

Li, K., B. Lin, 2017, "Economic Growth Model, Structural Transformation, and Green Productivity in China", *Applied Energy*, Vol. 187.

Li, L. B., J. L. Hu, 2012, "Ecological Total-Factor Energy Efficiency of Regions in China", *Energy Policy*, Vol. 46.

Lin, B., H. Zhao, 2016, "Technological Progress and Energy Rebound Effect in China's Textile Industry: Evidence and Policy Implications", *Renewable and Sustainable Energy Reviews*, Vol. 60.

Lin, B., K. Du, 2014, "Decomposing Energy Intensity Change: A Combination of Index Decomposition Analysis and Production-Theoretical Decomposition Analysis", *Applied Energy*, Vol. 129.

Lin, B., M. Moubarak, 2014, "Renewable Energy Consumption-Economic Growth Nexus for China", *Renewable and Sustainable Energy Reviews*, Vol. 40.

Lin, B., X. Liu, 2013, "Reform of Refined Oil Product Pricing Mechanism and Energy Rebound Effect for Passenger Transportation in China", *Energy Policy*, Vol. 57.

Li, N. et al., 2016, "The Prospects of China's Long-Term Economic Development and CO_2 Emissions under Fossil Fuel Supply Constraints", *Resources Conservation & Recycling*, Vol. 121.

List, J. A., C. A. Gallet, 1999, "The Environmental Kuznets Curve: Does One Size Fit All?", *Ecological Economics*, Vol. 31.

Liu, H. H. et al., 2017, "The Impact of Resource Tax Reform on China's Coal Industry", *Energy Economics*, Vol. 61.

Liu, Y., X. Hu, K. Feng, 2016, "Economic and Environmental Implications of Raising China's Emission Standard for Thermal Power Plants: An Environmentally Extended CGE Analysis", *Resources, Conservation and Recycling*, Vol. 121.

Liu, Y. , Y. Lu, 2015, "The Economic Impact of Different Carbon Tax Revenue Recycling Schemes in China: A Model-Based Scenario Analysis", *Applied Energy*, Vol. 141.

Liu, Z. et al. , 2015, "Steps to China's Carbon Peak", *Nature*, Vol. 522.

Lovell, C. A. K. , 1993, "Production Frontiers and Productive Efficiency", *The Measurement of Productive Efficiency*, Vol. 3.

Lucas, R. E. , 1988, "On the Mechanics of Economic Development", *Journal of Monetary Economics*, Vol. 22.

Ma, C. , D. I. Stern, 2008, "China's Changing Energy Intensity Trend: A Decomposition Analysis", *Energy Economics*, Vol. 30.

Magdoff, F. , 2011, "Ecological Civilization", *Monthly Review*, Vol. 62.

Martinez-Zarzoso, I. , A. Bengochea-Morancho, 2004, "Pooled Mean Group Estimation of an Environmental Kuznets Curve for CO_2", *Economics Letters*, Vol. 82.

Meng, S. , 2014, "How May a Carbon Tax Transform Australian Electricity Industry? A CGE Analysis", *Applied Economics*, Vol. 46.

Milt, A. W. , P. R. Armsworth, 2017, "Performance of a Cap And Trade System for Managing Environmental Impacts of Shale Gas Surface Infrastructure", *Ecological Economics*, Vol. 131.

Molinos-Senante, M. , N. Hanley, R. Sala-Garrido, 2015, "Measuring the CO_2 Shadow Price for Wastewater Treatment: A Directional Distance Function Approach", *Applied Energy*, Vol. 144.

Moran, P. A. , 1950, "Notes on Continuous Stochastic Phenomena", *Biometrika*, Vol. 37.

Morrison, R. , 1995, *Ecological Democracy*, South End Press.

Nam, K. M. et al. , 2013, "Carbon Co-benefits of Tighter SO_2 and NOx Regulations in China", *Global Environ Chang*, Vol. 23.

Nam, K. M. et al. , 2010, "Measuring Welfare Loss Caused by Air Pollution in Europe: A CGE Analysis", *Energy Policy*, Vol. 38.

Narayan, S. , 2016, "Predictability within the Energy Consumption-Economic Growth Nexus: Some Evidence from Income and Regional Groups", *Economic Modelling, Vol. 54.

Nasr, A. B., R. Gupta, J. R. Sato, 2015, "Is There an Environmental Kuznets Curve for South Africa? A Co-Summability Approach Using a Century of Data", *Energy Economics*, Vol. 52.

Nestor, D. V., C. A. Pasurka, 1995, "CGE Model of Pollution Abatement Processes for Assessing the Economic Effects of Environmental Policy", *Economic Modelling*, Vol. 12.

Nordhaus, W. D., 2006, "After Kyoto: Alternative Mechanisms to Control Global Warming", *The American Economic Review*, Vol. 96.

Nordhaus, W. D., 2011, "The Architecture of Climate Economics: Designing a Global Agreement on Global Warming", *Bulletin of the Atomic Scientists*, Vol. 67.

Nugent, J. B., C. V. S. K. Sarma, 2002, "The Three E'S—Efficiency, Equity, and Environmental Protection—In Search of 'Win-Win-Win' Policies: A CGE Analysis of India", *Journal of Policy Modeling*, Vol. 24.

Oh, D. H., 2010, "A Global Malmquist-Luenberger Productivity Index", *Journal of Productivity Analysis*, Vol. 34.

Paelinck, J., 1978, "Spatial Econometrics", *Economics Letters*, Vol. 1.

Park, R. E., E. W. Burgess, 1921, *Introduction to the Science of Society*, Chicago: University of Chicago.

Patterson, M. G., 1996, "What Is Energy Efficiency? Concepts, Indicators and Methodological Issues", *Energy Policy*, Vol. 24.

Paul, S., R. N. Bhattacharya, 2004, "Causality between Energy Consumption and Economic Growth in India: A Note on Conflicting Results", *Energy Economics*, Vol. 26.

Pizer, W. A., 2002, "Combining Price and Quantity Controls to Mitigate Global Climate Change", *Journal of Public Economics*, Vol. 85.

Popp, D., I. Hascic, N. Medhi, 2011, "Technology and the Diffusion of Renewable Energy", *Energy Economics*, Vol. 33.

Popp, D., 2002, "Induced Innovation and Energy Prices", *The American Economic Review*, Vol. 92.

Porter, M. E., 1991, "America's Green Strategy", *Scientific American*, Vol. 264.

Rafiq, S., R. Salim, I. Nielsen, 2016, "Urbanization, Openness, Emissions, and Energy Intensity: A Study of Increasingly Urbanized Emerging Economies", *Energy Economics*, Vol. 56.

Romer, P. M., 1990, "Endogenous Technological Change", *Journal of Political Economy*, Vol. 98.

Romer, P. M., 1986, "Increasing Returns and Long-Run Growth", *Journal of Political Economy*, Vol. 94.

Saboori, B., J. Sulaiman, S. Mohd, 2012, "Economic Growth and CO_2 Emissions in Malaysia: A Cointegration Analysis of the Environmental Kuznets Curve", *Energy Policy*, Vol. 51.

Schäfer, A., 2005, "Structural Change in Energy Use", *Energy Policy*, Vol. 33.

Schumpeter, J. A., 1934, *The Theory of Economic Development*, New York: Oxford University Press.

Schurr, S. H., 1984, "Productive Efficiency and Energy Use: An Historical Perspective", *Annals of Operations Research*, Vol. 2.

Schwarz, G., 1978, "Estimating the Dimension of a Model", *The Annals of Statistics*, Vol. 6.

Selden, T. M., D. Song, 1994, "Environmental Quality and Development: Is There a Kuznets Curve for Air Pollution Emissions?", *Journal of Environmental Economics and Management*, Vol. 27.

Shafik, N., S. Bandyopadhyay, 1992, "Economic Growth and Environmental Quality: Time-Series and Cross-Country Evidence", World Bank Publications.

Shahbaz, M. et al., 2017, "The CO_2 – Growth Nexus Revisited: A Nonparametric Analysis for the G7 Economies over Nearly Two Centuries", *Energy Economics*, Vol. 65.

Shi, B. et al., 2018, "Innovation Suppression and Migration Effect: The Unintentional Consequences of Environmental Regulation", *China Economic Review*, Vol. 49.

Shinkuma, T., H. Sugeta, 2016, "Tax versus Emissions Trading Scheme in the

Long Run", *Journal of Environmental Economics and Management*, Vol. 75.

Shiu, A., Lam P. L., 2004, "Electricity Consumption and Economic Growth in China", *Energy Policy*, Vol. 32.

Shrivastava, P., 1995, "Environmental Technologies and Competitive Advantage", *Strategic Management Journal*, Vol. 16.

Sioshansi, F. P., 1986, "Energy, Electricity, and the US Economy: Emerging Trends", *The Energy Journal*, Vol. 7.

Smiech, S., M. Papiez, 2014, "Energy Consumption and Economic Growth in the Light of Meeting the Targets of Energy Policy in the EU: The Bootstrap Panel Granger Causality Approach", *Energy Policy*, Vol. 71.

Song, M. L. et al., 2013, "Bootstrap-DEA Analysis of BRICS'Energy Efficiency Based on Small Sample Data", *Applied Energy*, Vol. 112.

Soytas, U., R. Sari, 2003, "Energy Consumption and GDP: Causality Relationship in G-7 Countries and Emerging Markets", *Energy Economics*, Vol. 25.

Thepkhun, P. et al., 2013, "Thailand's Low-Carbon Scenario 2050: The AIM/CGE Analyses of CO_2 Mitigation Measures", *Energy Policy*, Vol. 62.

Thoenig, M., T. Verdier, 2003, "A Theory of Defensive Skill-Biased Innovation and Globalization", *The American Economic Review*, Vol. 93.

Tone, K., 2001, "A Slacks-Based Measure of Efficiency in Data Envelopment Analysis", *European Journal of Operational Research*, Vol. 130.

Tone, K., 2003, "Dealing with Undesirable Outputs in DEA: A Slacks-Based Measure (SBM) Approach", GRIPS Research Report Series.

Van Vuuren, D. et al., 2006, "Exploring the Ancillary Benefits of the Kyoto Protocol for Air Pollution in Europe", *Energy Policy*, Vol. 34.

Van Weenen, J., 1997, "Sustainable Product Development: Opportunities for Developing Countries", *Industry and Environment*, Vol. 20.

Walter, I., J. L. Ugelow, 1979, "Environmental Policies in Developing Countries", Ambio.

Wang, K. M., 2012, "Modelling the Nonlinear Relationship between CO_2 Emissions from Oil and Economic Growth", *Economic Modelling*, Vol. 29.

Weisbach, D. A., 2012, "Should Environmental Taxes Be Precautionary?",

Social Science Electronic Publishing, Vol. 65.

Weitzman, M. L. , 1974, "Prices vs. Quantities", *The Review of Economic Studies*, Vol. 41.

Wei, Z. , L. Hulin, A. Xuebing, 2011, "Ecological Civilization Construction Is the Fundamental Way to Develop Low-Carbon Economy", *Energy Procedia*, Vol. 5.

Wier, M. et al. , 2005, "Are CO_2 Taxes Regressive? Evidence from the Danish Experience", *Ecological Economics*, Vol. 52.

Wing, I. S. , 2006, "Representing Induced Technological Change in Models for Climate Policy Analysis", *Energy Economics*, Vol. 28.

Wittneben, B. B. F. , 2009, "Exxon Is Right: Let Us Re-Examine Our Choice for a Cap-And-Trade System over a Carbon Tax", *Energy Policy*, Vol. 37.

Wong, Y. L. A. , L. Lewis, 2013, "The Disappearing Environmental Kuznets Curve: A Study of Water Quality in the Lower Mekong Basin (LMB)", *Journal of Environmental Management*, Vol. 131.

Wurlod, J. D. , J. Noailly, 2018, "The Impact of Green Innovation on Energy Intensity: An Empirical Analysis for 14 Industrial Sectors in OECD Countries", *Energy Economics*, Vol. 71.

Xie, B. C. et al. , 2014, "Dynamic Environmental Efficiency Evaluation of Electric Power Industries: Evidence from OECD (Organization for Economic Cooperation and Development) and BRIC (Brazil, Russia, India and China) Countries", *Energy*, Vol. 74.

Xie, J. , S. Saltzman, 2000, "Environmental Policy Analysis: An Environmental Computable General-Equilibrium Approach for Developing Countries", *Journal of Policy Modeling*, Vol. 22.

Xie, R. H. , Y. J. Yuan, J. J. Huang, 2017, "Different Types of Environmental Regulations and Heterogeneous Influence on 'Green' Productivity: Evidence from China", *Ecological Economics*, Vol. 132.

Xu, Y. , T. Masui, 2009, "Local Air Pollutant Emission Reduction and Ancillary Carbon Benefits of SO_2 Control Policies: Application of AIM/CGE Model to China", *European Journal of Operational Research*, Vol. 198.

Yang, C. H. et al. , 2012, "Environmental Regulations, Induced R&D, and Productivity: Evidence from Taiwan's Manufacturing Industries", *Resource and Energy Economics*, Vol. 34.

Young, A. , 2003, "Gold into Base Metals: Productivity Growth in the People's Republic of China during the Reform Period", *Journal of Political Economy*, Vol. 111.

Zhang, C. et al. , 2011, "Productivity Growth and Environmental Regulations-Accounting for Undesirable Outputs: Analysis of China's Thirty Provincial Regions Using the Malmquist-Luenberger Index", *Ecological Economics*, Vol. 70.

Zhang, J. et al. , 2011, "Energy Saving and Emission Reduction: A Project of Coal-Resource Integration in Shanxi Province, China", *Energy Policy*, Vol. 39.

Zhang, X. et al. , 2017, "The Role of Multi-Region Integrated Emissions Trading Scheme: A Computable General Equilibrium Analysis", *Applied Energy*, Vol. 185.

Zhang, Y. J. et al. , 2015, "Direct Energy Rebound Effect for Road Passenger Transport in China: A Dynamic Panel Quantile Regression Approach", *Energy Policy*, Vol. 87.

Zhang, Z. X. , 1998, "Macroeconomic Effects of CO_2 Emission Limits: A Computable General Equilibrium Analysis for China", *Journal of Policy Modeling*, Vol. 20.

Zheng, M. et al. , 2005, "Seasonal Trends in $PM_{2.5}$ Source Contributions in Beijing, China", *Atmospheric Environment*, Vol. 39.

Zoundi, Z. , 2017, "CO_2 Emissions, Renewable Energy and The Environmental Kuznets Curve, A Panel Cointegration Approach", *Renewable and Sustainable Energy Reviews*, Vol. 72.